Volker Warschburger
Christian Jost

Nachhaltig erfolgreiches E-Marketing

IT-Professional

hrsg. von Helmut Dohmann, Gerhard Fuchs und Karim Khakzar

Die Reihe bietet aktuelle IT-Themen in Tuchfühlung mit den Erfordernissen der Praxis. Kompetent und lösungsorientiert richtet sie sich an IT-Spezialisten und Entscheider, die ihre Unternehmen durch effizienten IT-Einsatz strategisch voranbringen wollen. Die Herausgeber sind selbst als engagierte FH-Professoren an der Schnittstelle von IT-Wissen und IT-Praxis tätig. Die Autoren stellen durchweg konkrete Projekterfahrung unter Beweis.

Der erste Titel der Reihe ist

Die Praxis des E-Business
hrsg. von Helmut Dohmann, Gerhard Fuchs und Karim Khakzar

Nachhaltig erfolgreiches E-Marketing
von Volker Warschburger und Christian Jost

Produktionscontrolling mit SAP®-Systemen
von Jürgen Bauer

Weitere Titel sind in Vorbereitung.

Vieweg

Volker Warschburger
Christian Jost

Nachhaltig erfolgreiches E-Marketing

Online Marketing als Managementaufgabe: Grundlagen und Realisierung

Die Deutsche Bibliothek – CIP-Einheitsaufnahme
Ein Titeldatensatz für diese Publikation ist bei
Der Deutschen Bibliothek erhältlich.

1. Auflage Dezember 2001

Softcover reprint of the hardcover 1st edition 2001

Der Verlag Vieweg ist ein Unternehmen der Fachverlagsgruppe BertelsmannSpringer.
www.vieweg.de

Die Wiedergabe von Gebrauchsnamen, Handelsnamen, Warenbezeichnungen usw. in diesem Werk berechtigt auch ohne besondere Kennzeichnung nicht zu der Annahme, dass solche Namen im Sinne der Warenzeichen- und Markenschutz-Gesetzgebung als frei zu betrachten wären und daher von jedermann benutzt werden dürften.

Höchste inhaltliche und technische Qualität unserer Produkte ist unser Ziel. Bei der Produktion und Auslieferung unserer Bücher wollen wir die Umwelt schonen: Dieses Buch ist auf säurefreiem und chlorfrei gebleichtem Papier gedruckt. Die Einschweißfolie besteht aus Polyäthylen und damit aus organischen Grundstoffen, die weder bei der Herstellung noch bei der Verbrennung Schadstoffe freisetzen.

Konzeption und Layout des Umschlags: Ulrike Weigel, www.CorporateDesignGroup.de
Gedruckt auf säurefreiem Papier.

ISBN 978-3-322-90294-8   ISBN 978-3-322-90293-1 (eBook)
DOI 10.1007/978-3-322-90293-1

Vorwort

Neue Medien wie das Internet, das mobile Internet, das interaktive Fernsehen oder bedienerfreundliche Kiosksysteme am Point of Sale beziehungsweise am Point of Interest durchdringen zunehmend das tägliche Leben. Dies gilt sowohl für den Privatbereich als auch insbesondere im Geschäftsleben.

Im Privatbereich informieren sich viele Kaufinteressenten über das gewünschte Produkt via der neuen Medien. Zunehmend erfolgen auch die Käufe von Gütern über die neuen Medien; besonders zu erwähnen sind hier der Kauf von Büchern, Audio-CD's, Reisen aber auch Gütern des täglichen Bedarfs über das Internet. Auch Bankgeschäfte wie Überweisungen, Festgeldanlagen oder Aktienorders werden vielfach bereits online abgewickelt.

In Unternehmen werden sukzessive alle Geschäftsprozesse durch die neuen Medien beeinflusst. Dies gilt sowohl für die Geschäftprozesse zu externen Partnern wie Lieferanten, Banken oder Kunden als auch für die vielfältigen internen Prozesse. Bespiele aus dem Unternehmensbereich sind elektronische Marktplätze, elektronische Beschaffungssysteme, Online-Shops oder auch die elektronische Sendungsverfolgung im Rahmen der Distributionspolitik.

Es wird somit deutlich, dass sowohl im Bereich des Handels mit Privatkunden als auch im Rahmen des Handels zwischen Unternehmen die neuen Medien eine wesentliche Rolle bei der Gestaltung und Abwicklung der Geschäftsprozesse spielen. Dies bedeutet aber, dass sich die Unternehmen unabhängig von ihrem Zielgruppenfocus über die Einsatzmöglichkeiten der neuen Medien und hier insbesondere des Internets Gedanken machen müssen. Dabei sind alle Bestandteile der Wertschöpfungskette in diese Überlegungen mit einzubeziehen. Zum einen soll der Einsatz der neuen Medien das akquisitorische Potenzial des Unternehmens stärken und zum anderen Rationalisierungspotenziale realisieren.

Ziel des vorliegenden Buches ist es, die Möglichkeiten des Einsatzes der neuen Medien bei der letzten Stufe der betrieblichen Wertschöpfungskette - ***dem Marketing*** - systematisch und umfassend aufzuzeigen. Dabei liegt der Schwerpunkt eindeutig auf der betriebswirtschaftlichen Seite; technische Fragen werden allenfalls rudimentär behandelt. Weiterhin erfolgt eine Konzentration auf die Einsatzmöglichkeiten der neuen Medien innerhalb des Marketing-Mix. „Klassische" Marketing-Aspekte werden ebenfalls nur ansatzweise behandelt. Dies bedeutet aber keinesfalls, dass diesen Aspekten keine Bedeutung zukommt. Im Sinne eines ganzheitlichen Marketing ergänzen die neuen Medien in den meisten Fällen das traditionelle Marketing. Da es aber sehr viele gute Bücher zum Marketing gibt und die Einbeziehung klassischer Marketing-Fragestellungen den Rahmen dieses Buches sprengen würden, haben wir uns bewusst auf die neuen Medien konzentriert.

Im ersten Kapitel wird zunächst auf die Grundlagen des E-Marketing eingegangen. Neben Begriffsdefinitionen stehen die Prozessgestaltungsformen des E-Marketing sowie die Merkmale eines erfolgsorientierten E-Marketing im Mittelpunkt der Ausführungen.

Kapitel 2 ist der E-Marketing Strategie gewidmet. Ein wesentliches Anliegen des Buches ist es, ein Konzept für ein nachhaltig erfolgreiches Marketing mit neuen Medien aufzuzeigen. Diese Nachhaltigkeit ist nur dadurch zu erreichen, dass die E-Marketing Strategie mit der strategischen Ausrichtung des Unternehmens abzustimmen ist. Hierzu sind zunächst mögliche Chancen und Risiken des E-Business aufzuzeigen und darauf aufbauend geeignete Strategien zu eruieren. Diese Strategien müssen anschließend im Unternehmen auch umgesetzt werden; hierfür bietet die Balanced Scorecard einen geeigneten Ansatz.

Im folgenden Kapitel 3 behandeln wir das Themengebiet Elektronische Marktforschung. Der Einsatz neuen Medien gibt den Unternehmen zahlreiche Möglichkeiten zur Erstellung von Nutzer- und Nutzungsprofilen, wobei sowohl primäre als auch sekundäre Marktforschungsmethoden zum Einsatz kommen können.

Die weiteren Kapitel des Buches beschäftigen sich dann mit der Ausgestaltung der marketingpolitischen Instrumente beim Einsatz der neuen Medien. In Kapitel 4 wird die Produktpolitik behandelt. Es werden Einsatzmöglichkeiten der neuen Medien im Bereich der Produktinnovationen und –variationen detailliert aufgezeigt. Auch im Bereich der Produkt- beziehungsweise Sortimentspräsentation bieten die neuen Medien durch ihre multimedialen Möglichkeiten zahlreiche Chancen. Ein Schwerpunkt des Kapitels liegt auf der individuellen Produktkonzeption. Hier werden Fragestellungen des One-To-One Marketing, des Mass-Customization sowie des Einsatzes von Produktkonfiguratoren behandelt. Den Abschluss des Kapitels bilden Ausführungen zur Kundendienst- und Garantieleistungspolitik.

Die Kontrahierungspolitik ist Gegenstand des 5. Kapitels. Hier werden zum einen unternehmensgestützte Preisstrategien und zum andern käufergestützte Preiseinwirkungsstrategien detailliert dargestellt und diskutiert. Auch auf Fragen der Rabattierung sowie der Zahlungsabwicklung wird eingegangen.

Kapitel 6 beschäftigt sich mit der Distributionspolitik. Dabei steht unter anderem die Frage im Vordergrund, warum sich die Logistikprozesse durch den Einsatz der neuen Medien vielfach gravierend verändern und welche Rolle Logistikdienstleistern in diesem Zusammenhang zukommen kann. Ferner wird auf mögliche Kanalkonflikte zwischen traditionellen und Online-Vertriebskanälen eingegangen.

Das abschießende Kapitel 7 ist der Kommunikationspolitik gewidmet. Auf diesem Gebiet ist der Einsatz der neuen Medien in vielen Unternehmen schon weit fortgeschritten. Wir wollen hier die Möglichkeiten von Pull- und Push-Strategien aufzeigen. Ferner sollen die Chancen einer individualisierten Kommunikationspolitik erläutert werden.

Im Rahmen des Einsatzes der neuen Medien wachsen die marketingpolitischen Instrumente immer engen zusammen, so dass an manchen Stellen der Ausführungen Querverbindungen erforderlich sind. Eine eindeutige Zuordnung zu einer Instrumentengruppe ist nicht immer möglich.

Das vorliegende Buch wendet sich insbesondere an Marketingverantwortliche in Unternehmen, die mit strategischen Fragestellungen befasst sind. Von Interesse dürfte es auch für Berater und Projektverantwortliche in den Bereichen IT, Controlling und New Economy sein. Ferner richtet sich das Buch an Geschäftsführer und Vorstände, die sich einen Überblick über die Einsatzmöglichkeiten der neuen Medien im Marketing verschaffen wollen, um mögliche Chancen zu nutzen beziehungsweise drohenden Risiken begegnen zu können. Letztlich wendet sich das Buch an Studierende der Betriebswirtschaftslehre, der Wirtschaftsinformatik und anderer Fachrichtungen, die sich mit Fragestellungen des E-Business befassen.

Zu einem Buch über E-Marketing gehört konsequenterweise auch ein entsprechender Webauftritt, der weiterführende Informationen aber auch neue Entwicklungen auf dem Gebiet des E-Marketing liefert. Unter der Webadresse **http://www.ch-jost.de** werden wir sie diesbezüglich kontinuierlich informieren und freuen uns, wenn sie diesen elektronischen Zusatzinformationskanal nutzen.

Wir danken den Herausgebern Prof. Dr. Dohmann, Prof. Fuchs und Prof. Dr. Khakzar für die Unterstützung bei der Erstellung des vorliegenden Buches.

Schlitz, Treischfeld – im Herbst 2001

Prof. Dr. Volker Warschburger

Volker.Warschburger@informatik.fh-fulda.de

Christian Jost

Christian-Jost@Ch-Jost.de

Inhaltsverzeichnis

Grundlagen des E-Marketing

1.1 Auswirkungen der neuen Medien im Marketing

Neue Medien wie Internet, Mobiles Internet, interaktives Fernsehen oder bediener-freundliche Kiosksysteme am Point of Sale oder Point of Interest durchdringen zunehmend das Unternehmensgeschehen. Eine Abkoppelung von dieser Entwicklung bedeutet für den Großteil der Unternehmen bereits auf mittlere Sicht einen Verlust an Wettbewerbsfähigkeit bis hin zum Ausscheiden aus dem Markt.

Neue

- Produkte
- Dienstleistungen
- Wettbewerber
- Geschäftsmodelle
- Organisationsformen

sind unter anderem die Folge der technologischen Entwicklung.

Des weiteren werden in dem durch das Electronic Business geprägten Wettbewerbsumfeld die Geschäftsbeziehungen zwischen zwei Handelspartnern, gleich welcher Art, durch die zunehmende Informationstransparenz infolge der weltweiten Verbreitung der Daten im Netz einem häufig eher begrenztem temporären Charakter unterstellt. Es besteht tendenziell eine größere Gefahr des Verlustes an Kundenbindung.

Dies resultiert aus der Tatsache, dass die Unternehmen und somit auch die potenziellen Konkurrenzunternehmen nur einen Mausklick voneinander entfernt sind. Der Kunde muss demzufolge in vielen Fällen keinen erhöhten Aufwand betreiben, um ein weiteres Unternehmen mit einem Synonymprodukt zur Realisierung seiner Produktwünsche zu kontaktieren. Kurze und direkte Wege von einer Unternehmung zu dem Kunden sowie auch in umgekehrter Richtung sind die Folge, wie Abbildung 1.1 verdeutlicht. Durch die Distributionsformen der sogenannten Old-Economy ist dies dort weniger anzutreffen, so dass ein potenzieller Kunde einen Wechsel zu einer Konkurrenzunternehmung infolge eines längeren Kontaktionsweges eventuell vermeidet.

Branchen wie der Buchhandel, der Musikhandel, der Verkauf von Reisen, Tickets oder Finanzdienstleistungen werden schon heute sehr stark vom Einsatz neuer Medien geprägt. Ebenso werden durch die technologischen Anforderungen an das Geschäftsmodell des E-Business neue Geschäftsfelder wie Internet Provider, Suchmaschinen, Software Agenten oder Multimedia Agenturen geschaffen, welche als Infrastrukturkomponenten einer E-Business-orientierten Wirtschaftsausrichtung fungieren.

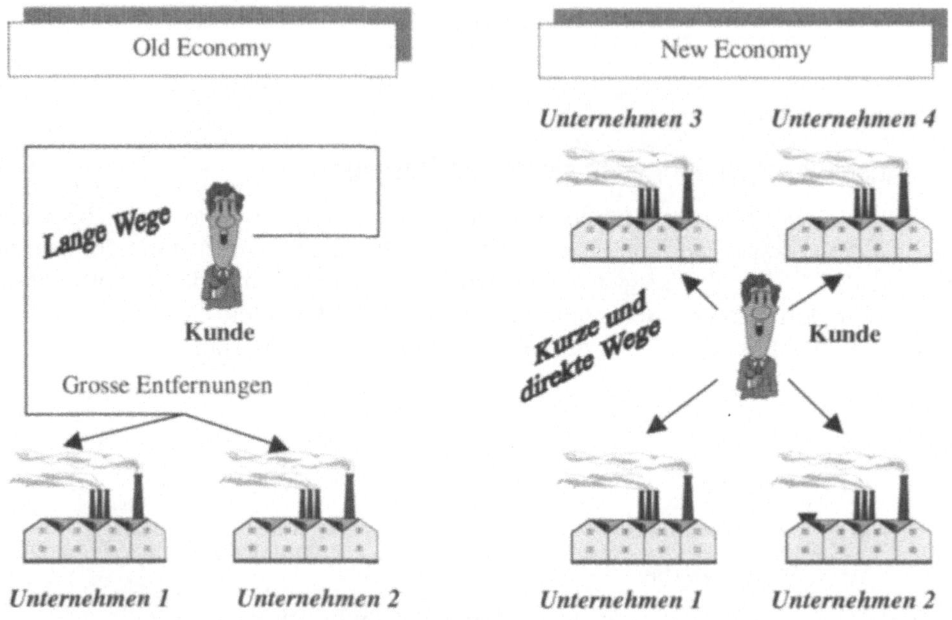

Abbildung 1.1:   Kundenwege Old Economy versus New Economy

Wer in diesem technologiegeprägten, extrem dynamischen Umfeld wettbewerbsfähig bleiben will, muss sich mit den neuen Medien und den sich hieraus ergebenden Chancen und Risiken intensiv beschäftigen und geeignete Reaktionspotenziale zur Nutzung dieser Chancen beziehungsweise zur Abwehr der Risiken sowohl von der technischen aber auch von der Management- und Organisationsseite her aufbauen.

Es ist infolge der ***kurzen Geschäftsbeziehungswege*** und der existenten Informationstransparenz nicht mehr selbstverständlich, dass sich für ein Produkt oder eine Dienstleistung die Kunden von selbst finden, wie dies in den Achtzigerjahren bei den meisten Unternehmen der Fall gewesen ist[1].

Vielmehr müssen sich die Unternehmen verstärkt fragen, wie sie die Bedürfnisse ihrer potenziellen Kunden befriedigen können; ***eine unbeirrbare Ausrichtung der gesamten Wertschöpfungskette auf die Belange der Kunden ist vorzunehmen***[2].

---

[1] Vgl. Hermanns, A. / Thurm, M.: Customer Relationship Marketing, Controlling 2000, S. 469

[2] Vgl. Hermanns, A. / Flory, M.: Elektronische Kundenintegration im Business-to-Business-Bereich, 1997 Ettlingen, S. 603

In diesem Zusammenhang kann man die These aufstellen, dass die Kundenorientierung die Ausrichtung des Unternehmens dominiert. Somit fungiert der Kunde als Agitationszentrum aller unternehmenspolitischen Aktivitäten, um so mehr, wenn die ***Besonderheiten einer E-Business-Geschäftskonzeption*** betrachtet werden:

> ➢ Schnelligkeit der Informationsversorgung
>
> ➢ Informationstransparenz
>
> ➢ Kurze Geschäftswege
>
> ➢ Non-Emotionale Geschäftsbeziehungen durch elektronische Kontaktionsformen
>
> ➢ Direkte, vergleich- und messbare Konkurrenzpotenziale
>
> ➢ Erwartungshaltung der Kunden an für sie bequeme Geschäftstransaktionen

Aus diesem Grunde ist es zumindest mittelfristig von großer Bedeutung, eine spezielle ***Electronic-Marketingkonzeption*** in die Unternehmenspolitik zu integrieren. Nur so kann eine konsequente Ausrichtung aller Unternehmensaktivitäten an den Wünschen und Anforderungen der potenziellen Kunden sowie die Verankerung dieses Gedankengutes in der jeweiligen Unternehmensführungsphilosophie vorgenommen werden.

1.2 Begriffsdefinitionen

Durch die Neuausrichtung der Geschäftsmodelle von Unternehmen auf das Konzept des Electronic Business ist es erforderlich, auch das Marketing auf diese neue Art des Kundenkontaktes beziehungsweise des Prozesses der Befriedigung der Kundenbedürfnisse anzupassen.

Versammelt man 10 sogenannte E-Experten an einem Tisch zu einem Gespräch hinsichtlich der Definition und Umschreibung der Begrifflichkeit des E-Business, so wird man in der Regel zehn unterschiedliche Definitionen für diese unternehmensprägende Form der Ausrichtung der Geschäftsstrategie erhalten.

Abbildung 1.2:   Die E-Business Begriffsproblematik

Deshalb sollen im Folgenden kurz einige Begriffe, die für das Verständnis der folgenden Ausführungen notwendig sind, erläutert werden.

E-Business

Als **E-Business** bezeichnet man die umfassende automatische Abwicklung von Geschäftsprozessen zwischen Unternehmen einerseits und Unternehmen und Endverbrauchern andererseits.

Es ist ein Konzept zur Nutzung von bestimmten Informations- und Kommunikationstechnologien zur elektronischen Integration und Verzahnung unterschiedlicher Wertschöpfungsketten oder unternehmensübergreifender Geschäftsprozesse sowie zum Management von Geschäftsprozessen[3].

Wie Abbildung 1.3[4] verdeutlicht, lässt sich das E-Business in diverse Untergruppierungen unterteilen, wobei es sich stets um *elektronisierte Geschäftsprozesse* zwischen zwei Partnern handelt. Der agierende Part wird dabei als *Initiator des Geschäftsprozesses*, der aufnehmende Part auch als *Akzeptor der Geschäftsprozessinitiative* bezeichnet.

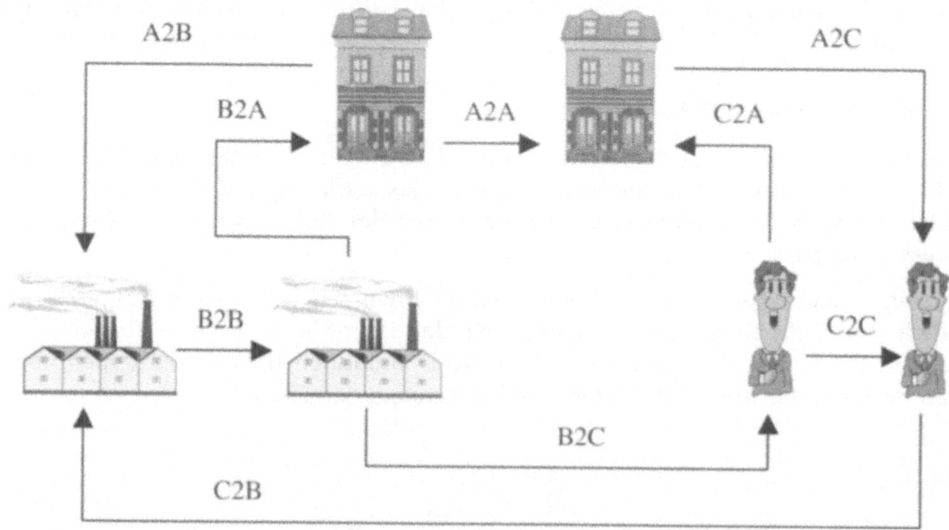

---

[3] Vgl. Webagency: Was ist e-Commerce?, http://www.webagency.de/ infopool/e-commerce-knowhow/ak981021.htm Stand: 26.11.1999

[4] Der Begriff der Administration kann sowohl für Behörden- als auch Regierungsprozesse herangezogen werden, da diese vom Grundsatz her identisch sind. In der Literatur wird demzufolge auch vielfach von sogenannten *Consumer oder Business to Government* Beziehungen gesprochen.

Abbildung 1.3:   E-Business Untergruppierungen

In der nachfolgenden Tabelle 1.1 werden Beispiele für die einzelnen Untergruppierungen des E-Business angeführt.

Jede dieser vorgestellten Untergruppierungen des E-Business stellt andere Anforderungen an den Marketingprozess, da sich die Ebene der Bedürfnisbefriedigung grundlegend unterscheidet. Daher sollten diese speziellen Ausprägungen des E-Business bei der Erarbeitung einer Marketingkonzeption für die unternehmensspezifischen Zielgruppen beachtet werden.

Kürzel	*Ausprägung*	*Beispiele*
A2A	*Administration to Administration*	Geschäftsprozesse auf Behördenebene, zum Beispiel zwischen Land und Kommune (Austausch von Informationen und Dokumenten)
A2B	*Administration to Business*	Ausschreibung eines Gewerbegebietes
A2C	*Administration to Consumer*	Anbietung von Baugrundstücken, elektronischer Bürgerservice
B2A	*Business to Administration*	Umsatzsteuervoranmeldung für die Steuerbehörde, Gewerbeanmeldungen, Bauantragsverfahren
C2A	*Consumer to Administration*	Virtuelle Behördengänge, Beantragung eines Reisepasses, Meldeverfahren
B2B	*Business to Business*	Automatisiertes Bestellwesen von Materialien
B2C	*Business to Consumer*	Online-Shop als Verkaufsfunktion für den Kunden
C2C	*Consumer to Consumer*	Elektronische Kleinanzeigebörse, Kontaktbörsen
C2B	*Consumer to Business*	Verbesserungsvorschläge für Unternehmen

Tabelle 1.1:   Untergruppierungen des E-Business

Beispiel:

> Von ***B2B-Marketingansprachen*** wird erwartet, dass sie das Produkt näher und umfassend erläutern, das heißt den potenziellen Kunden vom Produkt stark informationsorientiert überzeugen.

> ***B2C-Unternehmen*** kommunizieren ihre Produkte oder auch Marken in der Regel mit Unterhaltungsfaktoren, welche den Endverbraucher auf die entsprechende Webseite locken sollen, um diesen dann dort durch Mehrwerte wie Rabatte auf die Aktionsangebote aber auch durch interaktive Spiele zum Kauf zu bewegen.

E-Marketing

Als ***Electronic-Marketing***, kurz ***E-Marketing***, bezeichnet man die innovative Nutzung der neuen, interaktiven, digitalen Informations- und Kommunikationsmedien im Marketing.

Statt von E-Marketing wird häufig auch von ***Online-Marketing*** gesprochen. Dies wird beispielsweise definiert als interaktives Marketing über elektronische Netzwerke oder Nutzung von Online-Medien für das Marketing.[5]

Der Begriff des E-Marketing ist jedoch wesentlich weiter gefasst und bezieht unter anderem auch Medienkomponenten wie CD-ROM's oder POS-Kiosksysteme mit ein, so dass dieser eher dem Charakter des E-Business als übergreifendes Geschäftsmodell gerecht wird. Unter anderem ist es auch durch die Nutzung der neuen interaktiven Medien möglich, einen elektronischen Marktplatz aufzubauen, in welchem bei Vorliegen bestimmter Voraussetzungen alle Schritte marktlicher Transaktionen bis hin zur Distribution der Erzeugnisse durchgeführt werden können.

Trotz dieser Möglichkeiten wird das digitale Marketing auf absehbare Zeit das klassische Marketing ergänzen und ***nicht*** ersetzen.

Im Mittelpunkt des E-Marketing sollten in keinem Fall die Fragen stehen

> ➤ „Was ist technisch machbar?"

> ➤ „Was hat unsere Konkurrenz auf diesem Gebiet gemacht?"

sondern:

> 📖 ***Welche Bedürfnisse haben unsere Kunden und wie können wir diese Bedürfnisse mit den neuen Technologien***

---

[5] Vgl. Link, J.: Zur zukünftigen Entwicklung des Online Marketing, in Link, J. (Hrsg.): Wettbewerbsvorteile durch Online Marketing, 1998 Berlin u.a., S.7.

> **besser befriedigen als bisher und damit Wettbewerbs-
> vorteile erzielen?**[6]

Diese Argumentation soll anhand des folgenden Zitats untermauert werden[7]:

> *„Es ist jedoch eine Illusion zu glauben, dass es im Electronic Commerce in ers-
> ter Linie auf den Informatikeinsatz ankommt. So neu und speziell der Markt-
> platz Internet sein mag, so alt sind doch die betriebswirtschaftlichen Heraus-
> forderungen, an denen viele Anbieter scheitern."*

Die Definition des E-Marketing dokumentiert, dass der Einsatz der neuen Medien sowohl in der **Marktforschung** als auch bei der Gestaltung des **Marketing-Mix** möglich ist.

Bereits in den folgenden Unterkapiteln sollen einige Beispiele dies verdeutlichen. Auch hier gilt, dass eine scharfe Abgrenzung der einzelnen Instrumente nicht mög-lich ist ☞ beispielsweise im Bereich der Produktpräsentation, die sowohl den Be-reich Produktpolitik als auch den Bereich Werbung betrifft. Auch die klassische Auf-teilung der Kommunikationspolitik in Werbung, Verkaufsförderung und PR wächst im Netz immer mehr zusammen.

1.3 Prozessgestaltungsformen des E-Marketing

Kernaufgabe des Marketing ist es, aufbauend auf den Ergebnissen der Marktfor-schung den Marketing-Mix, also das Zusammenspiel der marketingpolitischen In-strumente, möglichst optimal zu gestalten. Hierbei muss der Kunde/der Interessent über seinen gesamten Entscheidungsprozess begleitet werden. Korrespondierend zu diesem Entscheidungsprozess hat das Unternehmen einen entsprechenden beglei-tenden Prozess aus der eigenen Sichtweise für diesen Vorgang zu definieren, so dass eine Schnittstelle zwischen den beiden Institutionen Kunde – Unternehmen geschaf-fen werden kann.

Diese prozessorientierte Marketingsicht wird in Abbildung 1.4 nochmals grafisch un-terlegt.

---

[6] Dies ist umso wichtiger, da die Zielgruppen- und Kundenansprache vom **Push-** zum **Pull-Prinzip** übergegangen ist, so dass dem potenziellen Konsumenten mehr und mehr eine akti-ve Rolle bei der Geschäftsprozessausgestaltung zukommt.

Vgl. Fink, D.: Einführung in das Electronic Marketing – von der Technik zum Nutzen; in Wamser, C. / Fink, D. (Hrsg.): Marketing-Management mit Multimedia, 1997 Wiesbaden, Seite 14

[7] Vgl. Rosenthal, D.: E-Commerce spart keine Kosten, in 1998 PC Guide, Seite 17

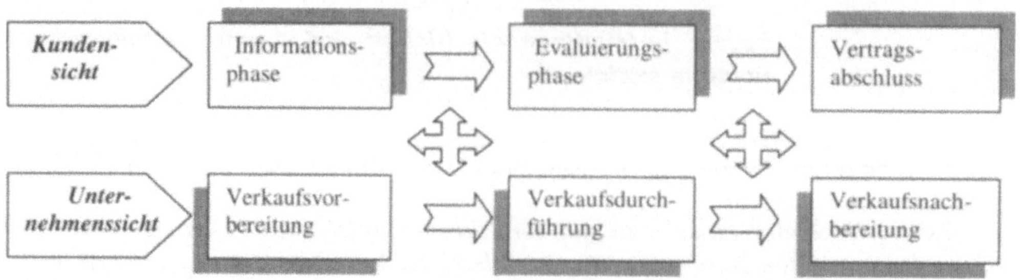

Abbildung 1.4:   Prozessgetriebene Marketingsicht

Die ***Verkaufsvorbereitung*** umfasst die Aktivitäten des Unternehmens, die dazu dienen, das Leistungsangebot dem Kunden/Interessenten bekannt zu machen. Sie zielt auf die *Informations- und die Evaluierungsphase* beim Kunden.

Als ***Verkaufsdurchführung*** wird die rechtliche und physische Abwicklung der Geschäfte bezeichnet, das heißt der Austausch von Ware/Leistung und Geld. *Diese Phase betrifft den Übergang von der Evaluierungsphase zum Vertragsabschluss.*

Die ***Nachbereitungsphase*** oder der After-Sales-Service umfasst die Dienstleistungen nach dem erfolgten Geschäftsabschluss, also zum Beispiel Garantie- und Kulanzverhalten, Kundendienst, Ersatzteilversorgung, Hotlines, kostenlose Updates und vieles mehr. Diese Leistungen sollen dann natürlich auch wieder als Argument in der Verkaufsvorbereitung eingesetzt werden.

Für der Gestaltung der durchzuführenden Marketing-Aktivitäten ist als Handlungsempfehlung das sogenannte ***AIDA – Konzept*** heranzuziehen, um den Entscheidungsprozess beim Kunden anzustoßen und zu beeinflussen.

📖	**A** ➲	attention	➲	Erzeugung von Aufmerksamkeit
📖	**I** ➲	interest	➲	Wecken von Interesse für die angebotene Leistung
📖	**D** ➲	desire	➲	Wecken von Wunschgefühlen und Verlangen
📖	**A** ➲	action	➲	Ausführung der Transaktion

Im Zuge einer E-Marketing-Konzeption sind unter anderem für diese Handlungsempfehlungen die folgenden Unterstützungsfunktionen heranzuziehen, dargestellt in Tabelle 1.2[8].

---

[8] Vgl. Steimer, F.: Mit eCommerce zum Markterfolg, 2000 München u.a., Seite 85

Geht man zu der Ebene der ***Prozessgestaltung*** über, so stehen dem Marketing in Tabelle 1.3 aufgeführte Instrumente zur Verfügung, die hier bereits kurz aus E-Marketinggesichtspunkten dargestellt werden sollen.

Aktionsschritt	*Unterstützungsfunktion – Beispiele*
Attention	➢ Erzeugung von „Stoppereffekten"an Verkaufspunkten durch Audio- und Videoeffekte ➢ Animierung zur weiterführenden Informationsabfrage durch Multimedia-Effekte, Hyperlinks, Computeranimationen, Laufschriften u.a. ➢ Befriedigung des Aktualitätsverlangen durch kontinuierlich aktualisierte Online Information
Interest	➢ Selektier- und Individualisierbarkeit von Information ➢ Plausible Darstellungen und individuell steuerbare Informationsvertiefung und –verdichtung ➢ Verfügbarkeit globaler Informationsquellen ➢ Vergleichbarkeit konkurrierender Information
Aktionsschritt	*Unterstützungsfunktion – Beispiele*
Desire	➢ Maßschneidern auf den Informationsbedarf eines speziellen Nutzers ➢ Benutzerindividuelle, iterative Konfiguration von Produkten und Dienstleistungen ➢ Zeit- und anlassbedingter Abruf von Informationen ➢ Beliebige Reproduzierbarkeit von Informationen ➢ Multimedia-Kostproben ➢ Multimediale Produkt- und Unternehmenspräsentation
Action	➢ Computergestützter Konfigurator ➢ Elektronische Kataloge mit Online-Bestellung ➢ Teleshopping/Online-Bestellmöglichkeit ➢ Anbieten von Add-on- Funktionen ➢ Online Auslieferung digitalisierbarer Produkte

Tabelle 1.2: Möglichkeiten des E-Marketing im Rahmen des AIDA-Konzeptes

In den sich anschließenden Kapiteln wird jeweils explizit auf deren Eigenarten und deren Ausgestaltungsformen eingegangen.

Instrumente des Marketing	*E-Business orientierte Beispiele*
Marktforschung	📖 Diskussionsforen 📖 Virtuelle Testmärkte 📖 Desk Research im Internet 📖 Online Befragungen
Produkt- und Sortiments politik	📖 Virtuelle Kataloge 📖 Produkt-Konfiguratoren 📖 Virtuelle Produkte 📖 Elektronische Beipackzettel 📖 Virtuelle Sortimente
Kontrahierungspolitik	📖 Online Versteigerungen 📖 Virtuelle Agenten 📖 Online Zahlungssysteme
Distributionspolitik	📖 Malls, virtuelle Shops 📖 POS-Kiosksysteme 📖 Elektronischer Versand 📖 Tracking Systeme
Kommunikationspolitik	📖 Home-Pages 📖 Pull Werbung im Netz 📖 Push Werbung im Netz 📖 Advertainment 📖 Virtuelle Hauptversammlungen

Tabelle 1.3:   Beispiele für den Einsatz neuer Medien im Marketing

1.4 Erfolgsorientiertes E-Marketing

Eine Marketingkonzeption gleich welcher Art und gleich welcher Mediennutzung sollte immer den Anspruch haben, erfolgsorientiert ausgerichtet zu sein, so dass sich die Bedürfniseruierungsphase beziehungsweise die Kundenbedürfnisbefriedigungsphase durch einen Mehrwert für die Unternehmung niederschlägt.

Hierzu ist es unter anderem erforderlich, die Vor- aber auch die Nachteile des jeweiligen Mediums zu kennen, um dieses erfolgsorientiert einsetzen zu können.[9] Dabei gilt, die Vorteile entsprechend auszubauen und zu nutzen sowie die Nachteile entsprechend zu vermeiden. Abbildung 1.5 zeigt, dass die Betrachtung der Vor- und Nachteile des E-Marketing zu seiner erfolgreichen Ausgestaltung führen soll.

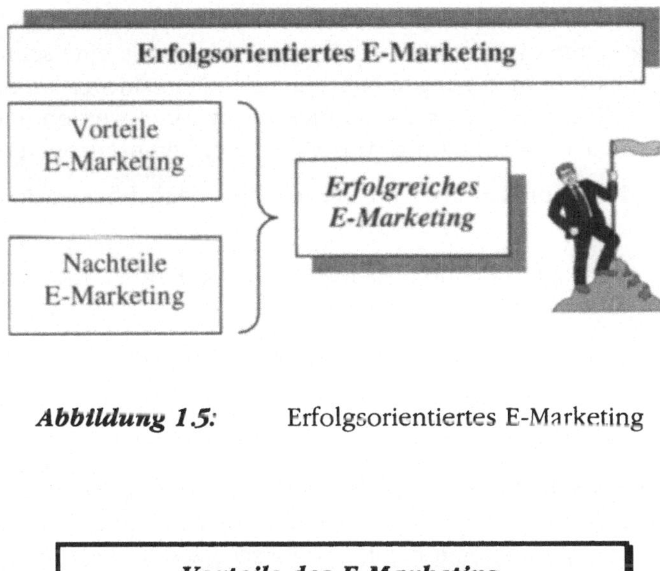

Abbildung 1.5:   Erfolgsorientiertes E-Marketing

Vorteile des E-Marketing

➢ Aufhebung geographischer Schranken der Kommunikation und damit weltweite Präsenz

➢ Rund-um-die-Uhr-Präsentation und Transaktionsmöglichkeiten

➢ Chance der Individualisierung des Marketing, das heißt vom Mass-Marketing hin zum Relationship-Marketing oder One-to-One-Marketing

  ↳ Der einzelne Kunde mit seinen individuellen Bedürfnissen und Wünschen wird stärker in den Mittelpunkt gerückt. Dies kann unter anderem durch ***personalisierte Websites*** oder auch auf die Bedürfnisse des Individuums abgestimmte Werbebotschaften geschehen. Als Gefahrenpotenzial bei dieser Personalisierung fungiert jedoch der Aspekt des gläsernen Kunden, dem nicht bewusst ist, welche Daten über ihn gespeichert respektive wei-

---

[9] Vgl. Zu den Vor- und Nachteilen z.B. Link, J.: Zur zukünftigen Entwicklung des Online Marketing; in Link, J. (Hrsg.): Wettbewerbsvorteile durch Online Marketing, 1998 Berlin u.a., Seite 18 ff.

tergegeben werden. Hier sind die entsprechenden Unternehmen gefordert, einem **kundenorientierten E-Business Konzept** nachzugehen, welches unter anderem auch auf Wunsch des Kunden die gespeicherten Daten über ihn via Hyperlink offen legt.

➢ Interaktivität, welche aber aus Unternehmenssicht auch gelebt werden muss, denn gerade durch die Interaktivität erwartet der Kunde eine schnelle und visuell unterstützte Befriedigung seiner Wünsche. Demzufolge sollte eine EMail-Anfrage eines Kunden binnen 24 Stunden beantwortet werden und nicht durch verschiedene Bearbeitungsprozesse länger herausgezögert werden.

➢ Verbesserte Kommunikations- und Informationsmöglichkeiten durch multimediale Ansprache

➢ Verbesserte Corporate-Identity, Nachweis von Modernität, Kundennähe und Innovationsbereitschaft

➢ Zeitnahe Erlangung detaillierter Marktkenntnisse durch Auswertung der Daten

➢ Rationalisierungspotenziale

➢ Verbesserter Workflow

➢ Möglichkeit der Schaffung von Zusatznutzen[10], den sogenannten Value Added Services, welche als E-Business orientierte Unterscheidungsmerkmale von potenziellen Konkurrenten eine nicht zu unterschätzende Bedeutung auch als Wettbewerbsstrategie erlangen.

Nachteile des E-Marketing

➢ Schwellenängste bestimmter Zielgruppen gegenüber den neuen Technologien

➢ Bestimmte Zielgruppen sind noch nicht erreichbar

➢ Sicherheitsbedenken bezüglich Datenschutz, Zahlungsabwicklung, Rechtssicherheit

➢ Starke Pull - Orientierung

➢ Derzeit noch existierende technische Restriktionen (zum Beispiel: Bandbreite) führen zu einer geringen Beeindruckung von Interessenten

➢ Erhöhte Marketingaufwendungen durch Parallelität alter und neuer Medien

➢ Verstärkte Transparenz und damit erhöhter Wettbewerbsdruck

---

[10] Zum Beispiel: Advertainment, Informatorische Produktbeschreibungen, kostenlose Finanzinformationen, Routenplaner, SMS-Versand, und dergleichen mehr

> Unmittelbare Vergleichbarkeit führt zu Preisdruck

> Notwendigkeit der Anpassung interner Prozesse an die Möglichkeiten des E-Marketing/E-Business; gleichzeitig resultieren hieraus aber vielfach auch Rationalisierungspotenziale

> Veränderte Mitarbeiterprofile notwendig

> Hohe Kundenwechselgefahr durch verkürzte und transparente Kundenwege via Mausklick; Kundenbindung wird zunehmend schwieriger

Die aufgezeigten Vor- und Nachteile des E-Marketing machen deutlich, dass die Gestaltung von E-Marketing-Systemen sorgfältig in die Unternehmensstrategie eingepasst und mit den klassischen Marketing-Maßnahmen abgestimmt werden muss, um geschäftprozessbeeinflussende Prozessbrüche zu vermeiden.

Dabei sollten bei der Konzipierung von E-Marketing-Auftritten folgende Spielregeln für ein erfolgreiches E-Marketing beachtet werden[11]:

1. ***Pull-Marketing***, das heißt der Interessent initiiert den Kommunikationsprozess; Push-Strategien sowohl über die klassischen als auch über die neuen Medien (Banner-Werbung) dienen als sogenannter ***door-opener***

2. ***Dialogmarketing***

3. ***Individualmarketing***

4. ***Real-time-Marketing***

5. ***Integriertes Marketing***, das heißt sowohl Einbindung in das klassische Marketing als auch Abstimmung aller Unternehmensfunktionen auf die Anforderungen des E-Marketing (zum Beispiel: Logistik, Produktion)

6. ***Vernetztes Marketing***, indem Allianzen mit anderen Unternehmen aber auch Suchmaschinen eingegangen werden, um den eigenen Web-Auftritt bekannt zu machen

7. ***Value-added Marketing***; der Interessent muss einen Zusatznutzen durch das Angebot erhalten (zum Beispiel: Online Spiele oder detaillierte Börseninformationen, Depotanzeige, und vieles mehr)

---

[11] Vgl. Wamser, C./Fink, D.: Marketing-Management mit Multimedia, 1997 Wiesbaden, S. 47 ff.

8.   **Bedienerfreundlichkeit** (kundenorientiertes statt technikorientiertes[12] E-Marketing)

---

[12] Unter einem **technikorientierten E-Marketing** versteht man ein sehr grafiksensitives und Zusatztools nutzendes Marketing, welches zum einen häufig einen schnellen Webseiten-Aufbau als auch eine ganzheitliche Betrachtungsweise (sogenannte Plug-Ins fehlen) verhindert.

2 E-Marketing Strategie

Zu Beginn des Jahres 2000 herrschte eine regelrechte Euphorie bezüglich der Perspektiven des Internets und des elektronischen Handels. Insbesondere die Börse honorierte weitgehend ohne kritische Hinterfragung jede Geschäftsidee, die auf dem Internet basierte. Start-Up Unternehmen schossen wie Pilze aus dem Boden und gingen nach kürzester Zeit an die Börse. Schnelligkeit hieß die Devise. Die Hauptsache war zunächst, dass man im Internet präsent war und dies durch entsprechende marketingpolitische Aktivitäten auch publik machte. Strategische Aspekte spielten in dieser Phase – wenn überhaupt – nur eine untergeordnete Rolle. Quick- and Dirty-Lösungen wurden realisiert, um den First – Mover – Effekt für das eigene Unternehmen nutzen zu können. Unternehmen der so titulierten Old-Economy wurden als behäbig bezeichnet, weil sie sich mit ihren E-Marketing Konzepten wesentlich mehr Zeit ließen.

Die Euphorie verflog jedoch sehr rasch wieder, erste Internet-Start-Ups gerieten in wirtschaftliche Schieflage und sehr schnell wurden die Geschäftsmodelle der Unternehmen auf ihre Fähigkeit, langfristig Gewinne zu erzielen kritisch hinterfragt. Es rückten klassische betriebswirtschaftliche Fragestellungen wie Marktforschung, Produktpositionierung, Kundengewinnung und Kundenbindung, Nachhaltigkeit des Geschäftsmodells, Kopierbarkeit des Geschäftsmodells, Umsatzentwicklung und Gewinnentwicklung in den Vordergrund. Spätestens hier wurde klar, dass eine E-Marketing Lösung oder ein E-Business[13] Geschäftsmodell - ob von einem Start-Up oder von einer etablierten Unternehmung der Old Economy - im Rahmen einer sorgfältigen strategischen Analyse konzipiert werden muss.

Ein gänzlicher Verzicht auf E-Marketing Aktivitäten kommt weder im B-to-B Geschäft noch im B-to-C Geschäft aufgrund der durch das Internet angestoßenen Umwälzungsprozesse in der Gesellschaft in Frage. Die E-Marketing-Konzeption muss in die Unternehmensstrategie eingepasst werden. ***Dabei bezeichnet man als Unternehmensstrategien Verhaltensweisen zur Schaffung und Erhaltung von Erfolgspotenzialen eines Unternehmens***[14].

Im Rahmen der Strategieentwicklung wird festgelegt,

    ✎   mit welchen Produkten,

---

[13] Da das E-Marketing elementarer Bestandteil einer umfassenden E-Business Konzeption ist, wird im Zusammenhang mit der strategischen Planung auch häufig der weitergehende Begriff E-Business Strategie verwendet.

[14] Vgl. dazu z.B. Hans, L. / Warschburger, V., Controlling – 2. Auflage, 2000 München Wien, S. 62

↳   auf welchen Märkten,

↳   mit welchem Mitteleinsatz und

↳   mit welchen Aktivitäten

das Unternehmen beziehungsweise ein betrachteter Unternehmensteilbereich in Zukunft tätig sein soll.

Während bei Start-Up Firmen für das ganze Unternehmen die Strategien neu zu definieren sind und auf bisherige Strategien keine Rücksicht genommen werden muss, liegt dies bei Old-Economy Unternehmen anders. Hier sind die im Zuge der E-Business Pläne diskutierten Strategien mit den bisherigen Strategien abzustimmen und gegebenenfalls Anpassungen vorzunehmen. Dass es auch bei letztgenannten Unternehmen Defizite gibt, zeigt eine Untersuchung aus dem Jahr 2000[15]. Hier geben 64 % der befragten deutschen Groß- und mittelständischen Unternehmen an, über keine E-Business Strategie zu verfügen, wie Abbildung 2.1 zeigt.

Um Strategien entwickeln zu können, ist es zunächst notwendig, im Rahmen einer Situationsanalyse[16] die ***Chancen und Risiken***, die sich aus den Entwicklungen des Internet ergeben zu eruieren. Ferner ist hier zu überprüfen, über welche ***Reaktionspotenziale*** zur Nutzung der Chancen beziehungsweise zur Vermeidung oder Abwehr der Risiken das Unternehmen verfügt und welche Reaktionspotenziale noch aufzubauen sind.

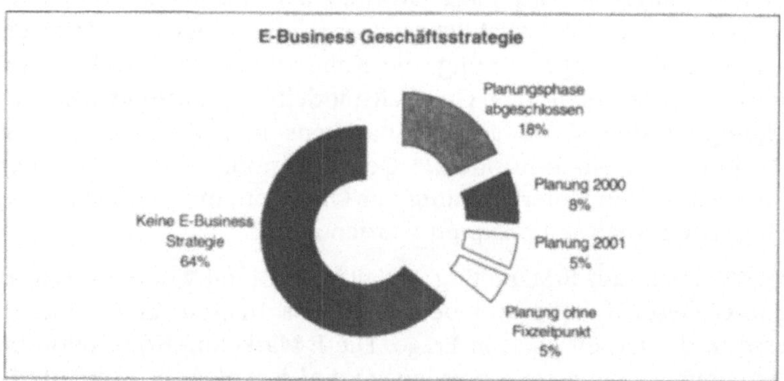

Abbildung 2.1:   Die E-Business-Geschäftsstrategien deutscher
Groß- und mittelständischer Unternehmen[17]

---

[15] Quelle: Electronic Business in Deutschland, Meta Group 2000

[16] Vgl. dazu z.B. Hans, L. / Warschburger, V., Controlling – 2. Auflage, 2000 München Wien S. 55

[17] Vgl. Hoffmann, A. / Zilch, A.: Unternehmensstrategien nach dem E-Business-Hype, 2000 Bonn, Seite 28

Basierend auf den Ergebnissen dieser Situationsanalyse sind dann geeignete Strategien zu entwickeln und gegebenenfalls mit bisherigen Strategien abzustimmen. Hierbei bedient man sich der *Portfolio-Analyse*[18].

In einem weiteren Schritt ist die Realisierung der Strategien zu planen. Hierfür bietet sich die Anwendung der *Balanced Scorecard* an[19]. Gerade hier wird deutlich, dass eine E-Business Strategie die vier Aspekte Finanzen, Kunden, Prozesse und Innovation/Lernen beinhalten muss. Diese Aspekte müssen ineinander greifen, um erfolgsversprechende Konzepte auf den Markt zu bringen.

In den folgenden Kapitel werden wir auf die genannte Punkte näher eingehen. Ferner wird herausgearbeitet, dass alle Elemente des Marketing-Mix von der strategischen Ausrichtung betroffen werden, um die strategischen Marketing-Ziele umzusetzen.

2.1 Chancen und Risiken des E-Business

Eine E-Business-Strategie sollte stets einen Teil einer Gesamt-Unternehmensstrategie verkörpern und nicht isoliert beziehungsweise losgelöst von den bisherigen Konzepten erfolgen.

Hierbei ist vor allem wichtig, dass die Strategie im Vergleich zu potenziellen Wettbewerbern definiert wird, um anschließend die passenden E-Aktivitäten, auch Reaktionspotenziale genannt, zu entwickeln. Dabei sollte nicht, wie vielfach in der Vergangenheit, die Frage nach der Umsetzbarkeit der neuen technischen Möglichkeiten in dem Unternehmen im Vordergrund stehen. Vielmehr ist es wichtiger, sich mit der Fragestellung zu befassen, wie durch ein E-Business-Konzept die Durchsetzung der allgemeinen Unternehmensstrategie unterstützt werden kann[20].

Es bietet sich aus diesem Grunde an, durch eine *Situationsanalyse*[21] zunächst die Chancen und Risiken für die Verfolgung einer E-Business-Strategie für das eigene Unternehmen zu eruieren. Eine solche Strategie ist natürlich abhängig von den jeweiligen Branchen. Ein Serienfertiger wird mitnichten dieselben Strategien verfolgen wie ein Handels- oder Dienstleistungsunternehmen. Dennoch ergeben sich auch zwischen unterschiedlichen Branchen Synergieeffekte im Hinblick auf die Definition einer E-Business-Strategie. Diese sind zwar nicht 1:1 adaptierbar, doch lassen sie sich durch auf die Branche angepasste Modifikationen als Überlegungspotenziale nutzen.

---

[18] Zu diesem Instrument vgl. u.a. Albach,H.: Strategische Unternehmensplanung bei erhöhter Unsicherheit, in: ZfB 1978, S. 702 ff.; Roventa, P.: Portfolio-Analyse und strategisches Management, 1981 München, Dunst, K.H.: Portfolio-Management - 2. Aufl., 1983 Berlin-New York und Hans, L. / Warschburger, V.: 2000 Controlling, S. 62

[19] Vergleiche zur Balanced Scorecard insbesondere Kaplan, R. / Norton, D.: The Balanced Scorecard, Translating Strategy into Action, 1996 Boston

[20] In Anlehnung an Preißner, A.: Marketing im E-Business, 2001 München Wien, Seite 26

[21] Vergleiche hierzu unter anderem: Hans, L. / Warschburger, V.: Controlling – 2. Auflage, 1998 München, Seite 57 ff.

Die Schwerpunkte der Strategieverfolgung werden in den unterschiedlichen Branchen anders gewichtet, so dass der Marketing-Mix in seinen noch vorzustellenden Ausprägungen jeweils mit unterschiedlichen Detaillierungsstufen zur Anwendung kommt.

So wird ein dienstleistungsorientiertes Unternehmen seinen Schwerpunkt aller Wahrscheinlichkeit nach auf die Kommunikationspolitik legen, wohingegen ein produzierendes Unternehmen seinen Fokus auf die Produktpolitik legen wird. Die nachfolgende Abbildung 2.2 verdeutlicht nochmals die Tatsache, dass durch die Eruierung von E-Business Chancen und Risiken strategische Konzeptionen gebildet werden können.

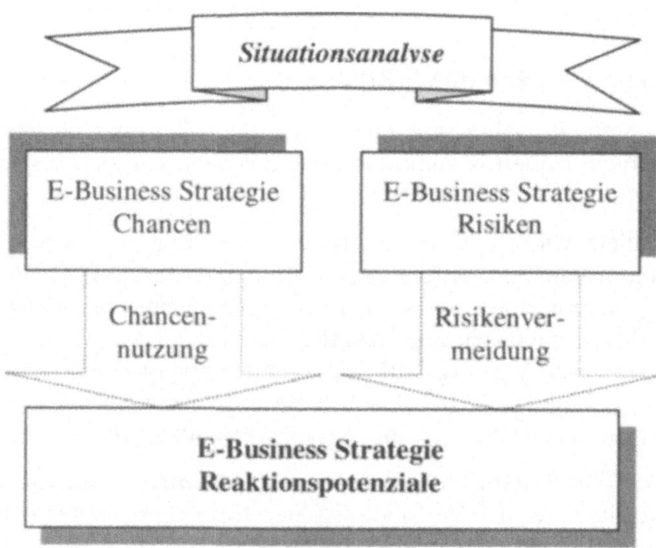

Abbildung 2.2:   Beachtung von Chancen und Risiken einer E-Business-Strategie

Somit werden im Folgenden Chancen und Risiken durch die E-Business-Philosophie für eine Unternehmung aufgeführt, die branchenspezifisch anzupassen beziehungsweise zu selektieren sind.

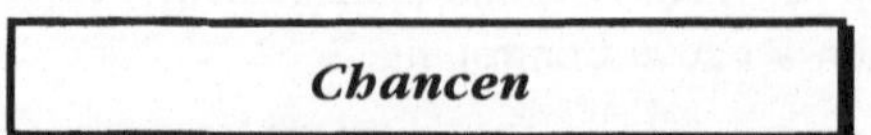

☺   Das Internet erlaubt unter anderem eine kundenorientierte Präsentation des unternehmensspezifischen Leistungsspektrums, wobei Referenzen, Empfehlungen, Produktbeschreibungen und vieles mehr multimedial dargestellt werden können.

☺ Die Wertschöpfungskette eines Produktes kann detailliert durch den Kunden verfolgt werden, wobei eine zeitpunkt-unabhängige Kundenkommunikation möglich ist (zum Beispiel Produktionsfortschritt eines Automobiles). Ebenso lassen sich kundenorientierte Statusberichte über den Produktversand als Schnittstelle zwischen Unternehmen und Kunden realisieren.

☺ Es lassen sich vielfältige Rationalisierungsmöglichkeiten z.B. durch Nutzung der Telearbeit, der elektronischen Wartung, aber auch des elektronischen Bestellwesen bei der Abarbeitung der Wertschöpfungskette erzielen. Des Weiteren können Entwicklungsteams virtuell über Netze an der Entwicklung neuer Produkte arbeiten, wodurch eine quasi Rund-um-die–Uhr Projektarbeit möglich wird. Die Time-to-Market-Spanne kann hierdurch wesentlich reduziert werden.

☺ Kundenindividuelle (marketingspezifische) Betreuungskonzepte vor, während und nach einer Geschäftstransaktion sind möglich (zum Beispiel Produktkonfiguratoren, kundengetriebene After Sales Services wie Newsletter, Downloadmöglichkeiten, etc.).

☺ Erweiterung des Produktspektrums durch virtuelle Unternehmenspartnerschaften / Vertriebspartnerschaften.

☺ Weltweite Marktpräsenzen sowie Direktvertriebsmöglichkeiten sind durch einen Internet-Auftritt möglich, so dass neue Nachfragepotenziale erschlossen werden können.

☺ Für digitale Produkte lassen sich effizientere Vertriebswege als den über den traditionellen Versand auf elektronischem Wege realisieren.

☺ Auf sich ändernde Verbraucheranforderungen kann zeitnah reagiert werden, zum einen da man frühzeitig durch den Kommunikationskanal Internet die notwendigen Informationen hierüber erhält. Zum anderen kann gerade im elektronischen Handel durch eine flexible Sortimentsgestaltung hierauf im Speziellen eingegangen werden.

☺ Durch Mehrwertservices, gleich ob elektronischer oder nicht-elektronischer Art, lassen sich Kundenbindungskonzepte etablieren, welche unter Umständen ebenfalls durch Cross-Selling Möglichkeiten zu einer erhöhten Kundenfrequenz / einem erhöhten Kundenumsatz führen. Gerade Communities oder Kundenforen können hier einen nicht unerheblichen Kundenbindungseffekt hervorrufen.

☺ Dem Kunden werden Agitationsmöglichkeiten zu einer Kontaktaufnahme mit dem Unternehmen an die Hand gegeben, durch welche er nach seinem Ermessen eine Geschäftsbeziehung einleiten kann. Der Belästigungseffekt durch eine marketingorientierte Agitation durch die Unternehmen kann unter Umständen entfallen.

☺ Kundenindividuelle Preisgestaltungsmöglichkeiten sind bei Nutzung des Internet-Vertriebskanales möglich.

☺ Es lassen sich detaillierte Kundenprofile als Nebenprodukt des elektronischen Unternehmensauftrittes erstellen.

Risiken

☹ Die Verfolgung einer E-Business-Philosophie führt zu einer höheren Transparenz zum einen bezüglich des Unternehmensvorgehens und zum anderen für den Kunden. Hieraus entsteht vielfach ein erhöhter Wettbewerbsdruck. Dem Kunden stehen via Mausklick mehrere direkt vergleichbare Unternehmen für eine Produktauswahl zur Verfügung. Des Weiteren lassen sich innovatorische Unternehmenskonzeptionen gerade auf der Produkt- und der Vertriebsebene schneller nachahmen.

☹ Durch eine weitere Zusatzstrategie entsteht ein zusätzlicher Kostenblock insbesondere bei der Anwendung einer Multi-Channel-Strategie[22].

☹ Es können Kanalkonflikte mit traditionellen Vertriebs- und Handelspartnern bei der Nutzung der Direktvertriebsmöglichkeiten geschaffen werden. Abwehrreaktionen dieser Partner auf die eigene Unternehmung sind hierbei in der Regel die Folge.

☹ Persönliche, das heißt zwischenmenschliche, Kundenkontakte können vernachlässigt werden.

☹ Die immer stärkere Modularisierung der Produkte / der Angebote führt zu einer leichten Ersetzbarkeit durch Substitutionsprodukte.

☹ Der verstärkte Wettbewerbsdruck und die Transparenz in den elektronischen Medien führt zu einem deutlich erhöhtem Preisdruck.

☹ Logistische Aktivitäten rücken verstärkt in den Vordergrund, was vielfach auch zu erhöhten Kosten auf diesem Gebiet führt.

☹ Die Kunden zeigen eine erhöhte Sensibilität auf diverse direkte und indirekte Unternehmensfehlleistungen[23]. Dies wird verstärkt durch eine erhöhte Wechselbereitschaft der Kunden zu einer anderen Unternehmung im Rahmen des E-Business-Umfeldes. Als direkte Unternehmensfehlleistungen sind unter anderem verspätete Kundenbelieferungen, fehlerhafte Waren, Sicherheitsrisiken beim elektronischen Zahlungsverkehr, etc. anzusehen. Indirekte Unterneh-

---

[22] Durch die Bereithaltung sowohl des traditionellen aber auch des elektronischen Vertriebskanals entstehen Mehrkosten für die Unternehmung.

[23] Durch das Internet werden Unternehmensfehlleistungen sehr schnell in der breiten Öffentlichkeit publik.

mensfehlleistungen sind dagegen nicht auf den ersten Blick erkennbare Störungen in der Kunden- / Unternehmensbeziehung. Darunter fallen zum Beispiel die Belastungen des Kunden mit versteckten Transportkosten oder aber auch Ad Hoc Meldungen von Aktiengesellschaften, die deren Börsenkurse gezielt manipulieren können, jedoch nicht den Charakter einer informativen unternehmenspolitischen Bedeutung haben.

☹ Eine Stammkundenetablierung lässt sich vielfach nur durch kostensensitive kundenindividuelle Betreuungskonzepte über die gesamte Wertschöpfungskette eines Produktes erreichen.

☹ Ein Risiko- beziehungsweise Schnittstellenmanagement zwischen Unternehmen und Kunden muss etabliert werden, um den steigenden Kundenbedürfnissen gerecht zu werden.

☹ Es besteht die Gefahr einer Über-Hypisierung im Hinblick auf die Umsetzung einer E-Business orientierten Unternehmensstrategie. Dies mündet vielfach in der Nicht-Durchführung von strategischen Grundüberlegungen, um den First-Mover-Effekt einhalten zu können. Auf diese Gefahr wurde bereits in der Einleitungssequenz zu diesem Kapitel hingewiesen.

Aus den eruierten Chancen und Risiken ergeben sich diverse Reaktionspotenziale, die es im Rahmen einer E-Business Strategie und im Speziellen einer E-Marketing Strategie als direkte Schnittstelle zu den Kunden umzusetzen gilt. So lassen sich die festgestellten Chancen durch das E-Business nutzen, wobei die jeweiligen Risikofaktoren im Vorfeld ausgeschaltet werden sollen. Beispielhaft sollen nachfolgende E-Aktivitäten aufgezählt werden, die wiederum branchenspezifisch anzupassen sind.

Reaktionspotenziale

↳ Es ist eine zielgerichtete, auf die Kundenbedürfnisse zugeschnittene Internet-Präsenz im Rahmen einer gesamtheitlichen Unternehmensstrategie umzusetzen. Diese soll eine zielorientierte Unternehmenspositionierung und Unternehmenspräsentation im E-Business Sektor erlauben.

↳ Es sind neue Vertriebslösungen zu etablieren, wobei dem logistischen Part eine verstärkte Bedeutung zugemessen werden sollte.

↳ Es sind neue Datenkommunikationskanäle zu schaffen, die es erlauben, eine Kommunikation sowohl mit Geschäftspartnern als auch mit Kunden im Sinne einer 1:1-Beziehung durchzuführen.

↳ Es sind Produkte zu schaffen, die sich ohne einen kostensensitiven Vor-Ort Service installieren, konfigurieren, warten und betreuen lassen (Stichwort: Telewartung).

↻ Es hat eine Neuausrichtung der Kundenbetreuung zu erfolgen. Dabei muss versucht werden, den Kunden durch elektronische Hilfsmittel umfassend, zielgerichtet und für den Kunden auf bequemen Wege zu betreuen. Dies bedingt unter anderem neue Konzepte hinsichtlich der Kundenansprache.

↻ Es sind bestehende Vertriebssysteme beziehungsweise das Produktspektrum / die Sortimentsstruktur an sich auf den elektronischen Vertriebskanal anzupassen. Dabei sollte jedoch auch der traditionelle Vertriebskanal nicht aus den Augen verloren werden, da Kunden vielfach im Sinne einer Multi-Channel Strategie bedient werden möchten. Gleichzeitig sind jedoch auch virtuelle Verkaufseinrichtungen zu etablieren.

↻ Es ist nach einer Symbiose zwischen den E-Business orientierten Geschäftsbeziehungen, resultierend aus den neuen Vertriebs- sowie Kontaktionskanälen, und den Geschäftsbeziehungen zu traditionellen Handelsmittlern zu suchen. Dabei gilt es Handelskonflikte zu vermeiden und die traditionellen Vertriebssysteme zu erhalten beziehungsweise mit neuen Aufgaben zu betrauen (zum Beispiel: Vor-Ort Servicemaßnahmen).

↻ Es sind Value Added Services anzubieten, da hierüber die Unternehmenspositionierung am Markt mitbestimmt wird. Zum einen können mittels dieser Mehrwertfaktoren Unterscheidungsmerkmale von der Konkurrenz aber auch Grundlagen für Kundenbindungskonzeptionen geschaffen werden.

Die gewonnenen Ergebnisse kann man dann mit der im folgenden Kapitel vorzustellenden Portfolio-Analyse in strategische Entwicklungen umsetzen, welche die entsprechenden Reaktionspotenziale abdecken.

2.2 Portfolio-Modell für das E-Marketing

Nachdem über die strategischen Chancen und Risiken von E-Business-Konzepten diskutiert worden ist, gilt es nun ein Instrument vorzustellen, welches diese Aspekte zur Findung und Festsetzung einer Strategie nutzen kann. Prädestiniert hierzu ist die *Portfolio-Analyse*, die für derartige Auswahlentscheidungen ein leistungsfähiges Instrument darstellt. Sie arbeitet normalerweise zweidimensional, das heißt die entscheidungsrelevanten Sachverhalte müssen nach zwei Klassifizierungsmerkmalen zusammengefasst werden.

Zur Durchführung dieser Portfolio-Analyse bietet es sich an, nach den folgenden in Tabelle 2.1 aufgeführten Schritten vorzugehen.

Eine Möglichkeit der Klassifizierung liegt in der Betrachtung des akquisitorischen Potenzials in Verbindung mit einem entsprechenden Rationalisierungspotenzial durch E-Business-Unternehmenstrategien und im Speziellen durch E-Marketing-Konzeptionen.

(1)	Erstellung einer Argumentenbilanz anhand der beschriebenen Chancen und Risiken
(2)	Gruppierung der Argumente nach zwei strategierelevanten Klassifizierungsmerkmalen
(3)	Gewichtung und Bewertung der relevanten Argumente (Punktbewertungsverfahren)
(4)	Zusammenfassung der Bewertungen nach den beiden Klassifizierungsmerkmalen
(5)	Festlegung der Portfolio – Position
(6)	Auswahl einer geeigneten Strategie anhand der Portfolio – Position

Tabelle 2.1:   Sechs Schritte zur Auswahl einer E-Business-Strategie

Unter dem ***akquisitorischen Potenzial*** werden die Veränderungen des Marktpotenzials aufgrund von E-Business-Konzeptionen auf die jeweilige Branchenstruktur und die Wettbewerbssituation verstanden. Neue digitalisierte Vertriebssysteme erlauben unter Umständen die Abwicklung von Geschäftstransaktionen mit bisher völlig unbekannten Kundengruppen, da durch diese Vertriebssysteme regionale Belieferungsbeschränkungen aufgehoben werden können und zur ortsunabhängigen Kundenbelieferung übergegangen werden kann. Gleichzeitig sind aber eventuelle Handelskonflikte mit existenten Vertriebsstrukturen zu beachten. Ferner werden neue Konkurrenten, die vielfach nicht vor Ort präsent sind, am Markt auftreten. Neue Geschäftsmodelle oder Substitutionsprodukte sind ebenfalls denkbar (virtuelle Reisebüros, Online Brokerage).

Das ***Rationalisierungspotenzial*** hingegen steht für Möglichkeiten zur Verbesserung der Kostensituation für das Unternehmen durch den Einsatz von E-Business-Anwendungen. Gleichzeitig wird hierdurch naturgemäß die strategische Wettbewerbssituation des Unternehmens verbessert. Ein Einsparpotenzial liegt unter anderem in der elektronischen Beschaffung, wo beispielweise in der Literatur von Einsparpotenzialen bei den Transaktionskosten von bis zu 65 % gesprochen wird.[24]

Um diese beiden Klassifizierungsmerkmale näher spezifizieren zu können, sind sogenannte Indikatoren für jedes dieser Merkmale festzulegen. Im Rahmen des Punktbewertungsverfahrens wird anschließend deren Gewichtung innerhalb des Portfolios

---

[24] Vergleiche OECD: The Economic and Social Impact of Electronic Commerce – Chapter 2 „The impact of electronic commerce on the efficiency of the economy", 1999 Paris

vorgenommen, wobei diese in Abhängigkeit von ihrer Bedeutung auf strategische Unternehmensentscheidungen (Chancen, Risiken, Reaktionspotenziale) zu erfolgen hat. Die nachfolgende Tabelle 2.2 soll hier einige Indikatoren auflisten, die unternehmensspezifisch anzupassen sind.

Akquisitorisches Potenzial	Rationalisierungs-Potenzial
Neue Wettbewerber	Logistikkosten
Neue Märkte (zum Beispiel regionaler Ausprägung)	Kosten der Auftragsbearbeitung
Neue Vertriebssysteme	Kosten des Einkaufs
Zusatzleistungen (Value-Added-Services)	Kosten der Kundenbetreuung
Markteintrittsbarrierenveränderungen	Marketingkosten

Tabelle 2.2:   Indikatoren für eine E-Business-Strategie

Nach deren unternehmensspezifischen Auswahl und Gewichtung ist die eigentliche Bewertung der einzelnen Indikatoren vorzunehmen. Ein Vorschlag hinsichtlich einer geeigneten Bewertungsskala liegt zum Beispiel in den Einschätzungen ***gering – mittel – hoch,*** wobei den Kategorien Punktwerte zugeordnet werden. Durch das Punktbewertungsverfahren erhält man für jeden Indikator einen gewichteten Wert, deren Summe pro Klassifizierungsmerkmal die Position innerhalb einer dimensionierten Portfoliomatrix wiedergibt.

Die Umsetzung der beschriebenen Klassifizierungsmerkmale zeigt Abbildung 2.3, deren Portfolio-Matrixfelder im Anschluss näher erläutert werden[25].

---

[25] Vgl. Hans, L. / Warschburger, V.: E-commerce: Chancen und Herausforderungen für das Controlling, in: Scheer, A.W. (Hrsg.): Electronic Business und Knowledge Management – Neue Dimensionen für den Unternehmenserfolg, Heidelberg 1999, S. 291 – 313

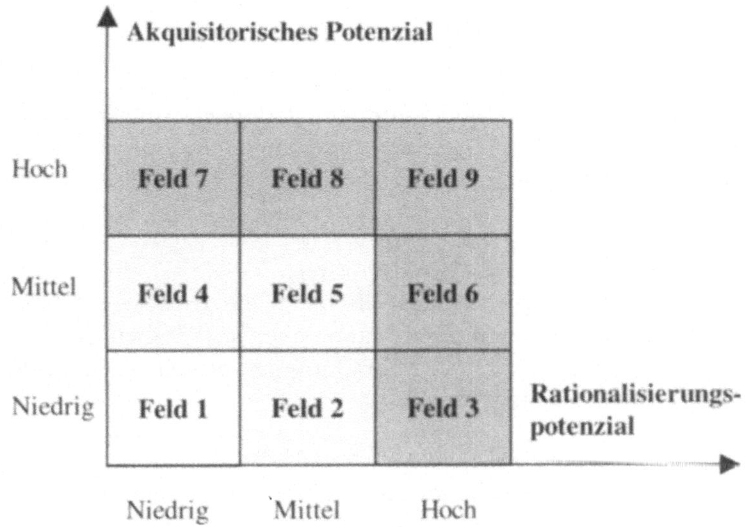

Abbildung 2.3:   E-Business- / E-Marketing-Portfolio

Erläuterung der Portfolio-Felder

Feld 1:

Sowohl das akquisitorische als auch das Rationalisierungspotenzial von E-Business sind gering. Dem E-Business kommt keine strategische Bedeutung zu; vorstellbar ist lediglich die Nutzung des Internets als zusätzliches Präsentationsmedium.

Feld 2:

Das akquisitorische Potenzial ist gering, das Rationalisierungspotenzial wird als mittel eingestuft. Es empfehlen sich einfache, technisch orientierte E-Business-Projekte mit geringen Projektkosten und geringem Projektrisiko. Ein Beispiel wäre ein Workflow-System im Bereich der Auftragsbearbeitung.

Feld 3:

Das akquisitorische Potenzial ist weiterhin gering, aber das Rationalisierungspotenzial wird als hoch angesehen. Hier eignen sich technisch komplexe E-Business-Projekte, die auf die Automatisierung von Prozessabläufen sowohl im Intrabusiness als auch im Bereich des Business-To-Business abzielen.

Feld 4:

Bei mittlerem akquisitorischen und geringem Rationalisierungspotenzial bieten sich in erster Linie Marketingaktivitäten im Internet an. Beispiele hierfür sind Werbung im Internet oder die Möglichkeiten des Internet-Shopping.

Feld 5:

Werden beide Klassifizierungsmerkmale als mittel eingeschätzt, so kommen zu den Marketingaktivitäten auch Maßnahmen im Bereich der Prozessoptimierung hinzu, zum Beispiel Anbindung des Bestellwesen an die innerbetriebliche Auftragsbearbeitung.

Feld 6:

Bei mittlerem akquisitorischen Potenzial und hohen Rationalisierungsmöglichkeiten erfolgt eine entsprechende Ergänzung durch die in Feld 3 beschriebenen Automatisierungsmaßnahmen.

Feld 7:

Bei hohem akquisitorischen Potenzial ist in jedem Fall eine Neuausrichtung der marktbezogenen Unternehmensstrategien auf die Möglichkeiten des E-Business hin vorzunehmen. Die in den voranstehenden Abschnitten beschriebenen Reaktionspotenziale sind auszuschöpfen. Bei geringen Rationalisierungsmöglichkeiten sind diese in erster Linie auf die jeweiligen Kunden auszurichten.

Feld 8:

Mit zunehmender Bedeutung der Rationalisierungsmöglichkeiten erfolgt eine Ergänzung durch entsprechende Maßnahmen der Prozessoptimierung.

Feld 9:

Werden beide Klassifizierungsmerkmale als bedeutend eingeschätzt, so ist eine integrierte E-Business-Lösung über die gesamte Wertschöpfungskette anzustreben.

Ein weiterer Portfolio-Ansatz zur Strategieeruierung betrachtet als Kriterien das **Wertschöpfungspotenzial** und den **Interaktionsmehrwert** durch unternehmensorientierte E-Business-Strategien. Je nachdem wie eine neue oder zusätzliche E-Business Strategie zur Unternehmenswertschöpfung beitragen soll, lassen sich verschiedene Ausprägungen des E-Business realisieren, die von einer einfachen Vorstellungswebsite bis hin zu geschäftsprozessintegrierenden elektronischen Transaktionsmöglichkeiten reichen[26]. Interaktionsprozesse sind in diesem Zusammenhang

---

[26] Vgl. Jost, C.: Strategische Optionen für den E-Business-Einstieg, in: Controlling 2000, Mün-

wichtig, da diese nicht mehr nur eine neue Art des Kontaktes zwischen Kunden und Web-Seite eines Unternehmens bieten, sondern zum anderen der Kunde erwartet, dass im Internet eine Berücksichtigung seiner individuellen Präferenzen stattfindet[27].

Als Portfolio-Felder bieten sich die in Abbildung 2.4 dargestellten Unterscheidungen an.

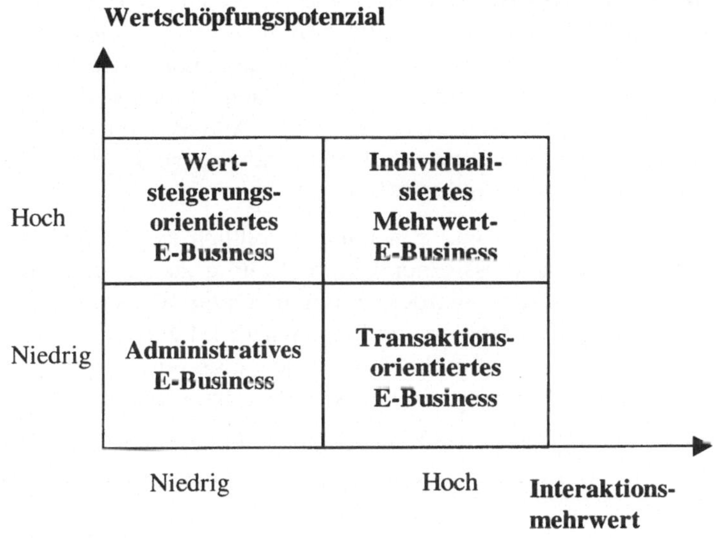

Abbildung 2.4: Wertschöpfungspotenzial-Interaktions-mehrwert-Portfolio

Das ***administrative E-Business*** fungiert als Einstiegsstufe für internetorientierte Unternehmungen. Im Wesentlichen wird hier das Internet wie ein Printmedium genutzt, um durch reine Information über das Web potenzielle Kunden zu gewinnen.

Das ***transaktionsorientierte E-Business*** erlaubt dem Kontakter einer Unternehmung zusätzliche Interaktionsmöglichkeiten auf elektronischem Wege, um zum Beispiel mit der Unternehmung via eines formularbasierten E-Mail-Angebotes in Kontakt zu treten.

Das ***wertsteigerungsorientierte E-Business*** erweitert das herkömmliche Geschäftsmodell um ein virtuelles, wobei als Ziel die onlinetechnische Abwicklung der Kaufbedürfnisse des Kunden im Vordergrund steht. Hierbei ist ein lückenloser elektronischer Informationsfluss über die gesamte Wertschöpfungskette zu integrieren.

Als Beispiele für diese Strategieausrichtung sind unter anderem anzusehen:

---

chen u.a., Seite 450 ff.

[27] Vgl. Gatzke, M.: Das Potenzial des Internets erfolgreich nutzen, aber wie?, http://www.ecin.de/marketing/strategie/anfaenger.html Stand: 04.01.2000

♥   E-Procurement,

♥   Online-Shops,

♥   Auktionssysteme.

Das **individualisierte Mehrwert-E-Business** beinhaltet sowohl ein hohes Wertschöpfungspotenzial bei einem gleichzeitig hohen Interaktionsmehrwert für den anzusprechenden Partner. Durch Individualisierungskonzepte, wie zum Beispiel Produktkonfiguratoren, werden Kunden explizit nach ihren Bedürfnissen bedient. Gleichzeitig sind vielfältige Zusatzangebote (Value Added Services) dem Kunden zu offerieren, um diesen dauerhaft an die Unternehmung zu binden. Hierdurch wird das Wertschöpfungspotenzial erhöht.

Dieser vorgestellte Portfolio-Ansatz soll dabei behilflich sein, einen Einstieg in das oder den Ausbau des E-Business einer Unternehmung zu bewerkstelligen. Zum einen kann hierdurch vermieden werden, mehr in einen Web-Auftritt zu investieren als von den entsprechenden Nutzern verlangt wird und zum anderen, dass man es versäumt, Kunden, die aus Bequemlichkeits- oder anderen Gründen die neuen Medien für ihre Transaktionen nutzen wollen, sachgerecht zu bedienen.

Sind anhand einer strategischen Analyse geeignete Planstrategien für das E-Business ausgewählt worden, so sind anschließend gezielte Maßnahmen zu deren Realisierung zu planen.

Hierzu prädestiniert ist unter anderem die im folgenden Kapitel vorzustellende **Balanced Scorecard Methodik**.

2.3   Balanced Scorecard

Wie die Ausführungen in den letzten Abschnitten gezeigt haben, ist die E-Marketing-Strategie das Ergebnis einer umfassenden strategischen Analyse sowohl der Unternehmensumwelt als auch des eigenen Unternehmens. Ist die Strategie festgelegt, so besteht die weitere wesentliche Aufgabe darin, diese im Unternehmen umzusetzen. Hierzu ist es notwendig, die Strategie für die der Unternehmensleitung nachgelagerten Hierarchieebenen operabel zu machen. Dies bedeutet neben der Kommunikation derselben insbesondere die Ableitung konkreter, strategiekonsistenter Ziele für die einzelnen Unternehmensbereiche. Ohne konkrete Ziele bleibt die Strategie ansonsten für die Bereiche ein „Buch mit 7 Siegeln". Erst durch die Einbindung von bereichsbezogenen Zielen erwacht die Strategie zum Leben.

Zur Strategieumsetzung ist das Konzept der Balanced Scorecard entwickelt worden[28]. Aus der Strategie heraus sollen Handlungen abgeleitet werden. Das Konzept setzt eine aus den visionären Zielvorstellungen des Unternehmens heraus erarbeitete Strategie quasi als Inputgröße voraus. Auch bei der Entwicklung und der Überprüfung von Strategien kann die Balanced Scorecard Hilfestellung leisten[29]; ihr Fokus liegt aber eindeutig auf der Realisierung von Strategien.

Sie ist somit ein Managementprozess zur Strategieumsetzung, der folgende Aufgaben wahrnimmt:[30]

- Transformation der aus der Vision abgeleiteten Strategie in konkrete (bereichsbezogene) strategische Ziele und deren operativen Steuerungsgrößen;

- Unternehmensweite Kommunikation und Herunterbrechen der Strategie auf Basis der definierten strategischen Ziele und Steuerungsgrößen;

- Umsetzung der Strategie in Pläne und Budgets;

- Kontrolle der Zielerreichung und Initiierung von Lernprozessen.

Bei der Erfüllung dieser Aufgaben ist es charakteristisch für die Balanced Scorecard, dass sie unterschiedliche Sichtweisen berücksichtigt; man spricht hier von **Perspektiven**. Neben der traditionellen finanziellen Perspektive werden in der Regel die weiteren Perspektiven Kunden, Interne Prozesse sowie Lernen und Entwicklung berücksichtigt.[31] Für jede dieser Perspektiven sind:

- Ziele

- Kennzahlen

---

[28] Zu diesem Management-Konzept vgl. u.a. Kaplan, R.S. / Norton, D.P.: The Balanced Scorecard, Translating Strategy into Action, 1996 Boston; aus dem amerikanischen übersetzt von Horvath, P.: Balanced Scorecard. Strategien erfolgreich umsetzen, 1997 Stuttgart; vgl. auch Ehrmann, H.: Balanced Scorecard, 2000 Ludwigshafen, Weber, J. / Schäffer, U.: Balanced Scorecard & Controlling - 2. Aufl., 2000 Wiesbaden, Horvath, P. / Gaiser, B.: Implementierungserfahrungen mit der Balanced Scorecard, www.bdu.de/beraterauswahl/fach/fach/38.htm Stand: Juni 2001

[29] Vgl. Ehrmann, H.: Balanced Scorecard, 2000 Ludwigshafen, S. 14

[30] Vgl. Horvath, P. / Gaiser, B.: Implementierungserfahrungen mit der Balanced Scorecard, www.bdu.de/beraterauswahl/fach/fach/38.htm Stand: Juni 2001, S.2

[31] Mit der zunehmenden Akzeptanz des Balanced Scorecard Konzeptes werden auch zunehmend andere Perspektiven gewählt. Letztlich sind im Einzelfall die individuell zweckmäßigen Perspektiven zu bestimmen. Vgl. Horvath, P. / Gaiser, B.: Implementierungserfahrungen mit der Balanced Scorecard, www.bdu.de/beraterauswahl/fach/fach/38.htm Stand: Juni 2001, Seite 7

↻   Vorgaben und

↻   Maßnahmen

festzulegen.

Die aus der Strategie abzuleitenden Ziele sollten zum einen zu einem nachhaltigen Wettbewerbsvorteil führen und zum andern überdurchschnittliche Anstrengungen des Unternehmens beziehungsweise des involvierten Unternehmensteilbereichs erfordern.

Über ***Ursache-Wirkungsketten*** sind die Ziele der einzelnen Perspektiven miteinander verbunden. Oberziele sind dabei die finanziellen Ziele. Die Erreichung dieser Ziele ist möglich, wenn bestimmte kundenbezogene Ziele erfüllt werden. Diese wiederum haben Auswirkungen bei der Zielbildung im Bereich der internen Prozesse. Die Mittel zur Realisierung der Prozessziele sind schließlich der Lern- und Entwicklungsperspektive zuzuordnen.[32]   Generell fungieren wertschöpfende Prozesse als Grundlage für eine kundenorientierte Arbeitsweise der Mitarbeiter einer Unternehmung. Dies führt zu zufriedenen Kunden, die wiederum den finanziellen Erfolg der Unternehmung begründen, wie Abbildung 2.5 zeigt[33]. Durch die Verbundlösung mittels der Ursache-Wirkungsketten der einzelnen Perspektiven wird eine ganzheitliche Strategieumsetzung gewährleistet, die einen eingeengten Blickwinkel auf einzelnen Kennziffern vermeidet.

Abbildung 2.5:   Abhängigkeit der Balanced Scorecard Perspektiven

---

[32] Vgl. auch Krahe, A.: Balanced Scorecard – Baustein zu einem prozessorientierten Controlling, S.118

[33] Vgl. Wiedemann, B. / Büssow, T.: Measuring Market Performance, in: Controlling 2001, München u.a., Seite 213

Als **Messgrößen** sind Kennzahlen auszuwählen, durch die das Verhalten der betroffenen Mitarbeiter in die strategisch gewünschte Richtung gelenkt wird. Die Kennzahl muss ferner das Erreichen des formulierten Ziels messen. Zweckmäßig erscheint eine Kennzahlenzusammenstellung, in der sowohl Spät- als auch Frühindikatoren enthalten sind. Während Spätindikatoren - wie der Marktanteil - messen, ob ein Ziel in der abgelaufenen Periode erreicht wurde, geben die Frühindikatoren Hinweise darauf, ob ein angestrebtes Ziel in der Zukunft geschafft werden kann. Ein möglicher Frühindikator wäre beispielsweise der Anteil pünktlicher Lieferungen.

Für die festgelegten Messgrößen sind dann **Vorgaben** zu bestimmen, also Zielwerte, die in einem bestimmten Zeitraum zu erreichen sind. Diese Vorgabewerte sollten zwar anspruchsvoll und ehrgeizig sein, müssen aber auch glaubhaft erreichbar sein. Ansonsten führen solche Vorgaben eher zu Resignation als zur Motivation.

Um die angestrebten Zielwerte in der vorgegebenen Zeit auch realisieren zu können, sind im nächsten Schritt *Maßnahmen* zu bestimmen, die die Erreichung der Ziele ermöglichen sollen. Dabei sind für die einzelnen Maßnahmen auch die notwendigen Ressourcen bereitzustellen.

Betrachtet man jetzt speziell den Bereich des E-Marketing so wird deutlich, dass auch hier die Balanced Scorecard bei der Realisierung gewählter Strategien sinnvoll eingesetzt werden kann. Unabhängig davon, ob eine E-Marketing-Strategie bisherige Strategien ersetzt oder ergänzt, lassen sich anhand der 4 aufgezeigten Perspektiven Realisierungsansätze aufzeigen. Ausgangspunkt dabei ist – wie oben ausgeführt – eine festgelegte Strategie. Diese kann im Bereich des E-Marketing beispielsweise in der Erschließung neuer regionaler Märkte, in der Erschließung bisher nicht erreichbarer Zielgruppen durch neue Geschäftsmodelle (Online-Banking) u.ä. sein.

Finanzperspektive

Ausgehend von der gewählten Strategie sind als erstes die Ziele der einzelnen Perspektiven zu wählen. Da die finanziellen Ziele die Oberziele darstellen, sind sie zunächst zu bestimmen. In Frage können Umsatz- oder Marktanteilsziele kommen, sofern es um die Erschließung neuer Märkte geht. Gerade was diesen Aspekt angeht, setzen viele Firmen große Hoffnungen in das E-Marketing. In etablierten Märkten sind dagegen die klassischen finanziellen Ziele wie Renditen, Cash Flow, Deckungsbeiträge u.a. dominierend. Das elektronische Marketing kann auf zwei Arten zur Verbesserung dieser Zielgrößen beitragen.

Zum einen kann dies durch Erhöhung der Umsätze zum Beispiel durch die regionale Ausweitung des Vertriebs erfolgen, zum andern aber auch durch Realisierung von Kostensenkungspotenzialen.

Hier wird bereits deutlich, dass unmittelbar die Kunden- und die Prozessperspektive angesprochen werden.

Kundenperspektive

Im Bereich der **Kundenperspektive** sind naturgemäß Ziele wie Kundenzufriedenheit, Kundentreue oder Neukundengewinnung von großer Bedeutung. Hier lassen sich durch das E-Marketing zahlreiche Ansatzpunkte zur Verbesserung der Wettbewerbsstellung erreichen. Zu nennen sind hier Aspekte wie Bequemlichkeit, Schnelligkeit, Rund-um-die-Uhr Verfügbarkeit u.v.m. Hervorzuheben sind dabei auch die möglichen Value-Added-Services, auf die wir später detailliert eingehen werden.

Das E-Marketing erleichtert vielfach die Neukundengewinnung insbesondere in bisher nicht bearbeiteten Marktsegmenten. Allerdings ist die Kundentreue nur schwer herzustellen, da die Konkurrenz im Web nur einen Mausklick entfernt ist. Hier sind im Rahmen von Kundenbindungsmaßnahmen geeignete Abwehrstrategien wie Bonussysteme, gezieltes One-To-One Marketing oder die bereits erwähnten Value-Added-Services einzusetzen.

Prozessperspektive

Im Rahmen der Prozessperspektive ergeben sich durch Einsatz der neuen Medien gravierende Veränderungen der Geschäftsprozesse. Dabei werden nicht nur die internen Geschäftsprozesse sondern auch die Geschäftsprozesse zu externen Partnern wie Lieferanten, Kunden oder auch Banken gravierend verändert. Die Perspektive ist also im Zusammenhang mit den neuen Medien zu erweitern. Kundenansprache, Kundeninformation, Kataloge, Bestellwesen u.v.m. werden über das Internet abgewickelt. Die Betreuung vor als auch nach dem Kauf kann - zumindest partiell - schnell und kostengünstig über das Netz abgewickelt werden.

Im Bereich der Produktentwicklung beziehungsweise Produktinnovation lassen sich die Prozesse durch die Nutzung neuer Medien dramatisch beschleunigen, die Folge davon sind kürzere Time-to-Markets und meist auch Kosteneinsparungen.

Weiterhin können sowohl interne Prozesse als auch die Prozesse zu den Lieferanten durch netzbasierte Lösungen radikal verändert und hierdurch teilweise drastische Kostensenkungen erreicht werden. Dies zeigt unter anderem auch die intensive Diskussion zur Thematik des Supply-Chain-Management. Diese ist ohne die entsprechende IT-Unterstützung der Prozesse nicht denkbar. Hier wird wieder die Verbindung von Prozesszielen zu finanziellen Zielen deutlich.

Lern- und Entwicklungsperspektive

Auch in der Perspektive Lernen und Entwicklung führen die neuen Technologien zu Veränderungen. Beispiele hierfür sind das Distance Learning, das Knowledge-Management oder auch der Einsatz virtueller Teams, die über das Netz kommunizieren und an einer gemeinsamen Aufgabe arbeiten können.

2.4 Marketing-Mix

Durch den Einsatz der neuen Medien verändert sich das Wettbewerbsumfeld der Unternehmen gravierend. In gleichem Maße ist von dieser Elektronisierung der Geschäftsprozesse die Beziehung zwischen Unternehmen und Kunde betroffen, welcher zur Deckung seiner Bedürfnisse über netzbasierte Techniken in der Regel andere Anforderungen an das ***Produkt***, an den ***Preis***, an die ***Distribution*** aber auch an die ***kommunikatorischen Gegebenheiten*** stellt.

Voraussetzung ist demzufolge, dass das Unternehmen Chancen und Risiken in der Zukunft erkennt und darauf aufbauend geeignete Maßnahmen zur Nutzung erkannter Chancen und zur Abwehr erkannter Risiken trifft. Dies erfolgt im Marketing durch gezielten Einsatz des ***Marketing-Mixes, der eine Kombination aus den Marketinginstrumenten ist***, über die das Unternehmen zur Erreichung seiner Marketingziele verfügt[34]. Im Gegensatz zur Marktforschung, welche für die strategische Ausrichtung eines Unternehmens wertvolle Informationen liefert, sind die Marketinginstrumente von operativer Natur, das heißt sie begleiten direkt den Prozess der Befriedigung der Kundenbedürfnisse.

Hierbei wird nach folgenden Instrumentariengruppen beziehungsweise marketingpolitischen Zielerreichungsinstrumente unterschieden:

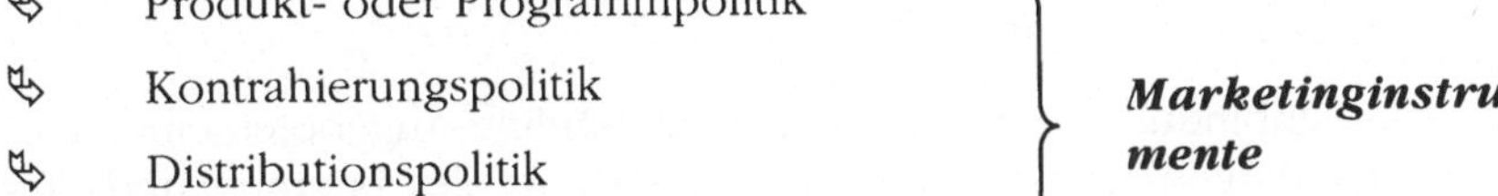

- ⇨ Produkt- oder Programmpolitik
- ⇨ Kontrahierungspolitik ⎫ ***Marketinginstru-***
- ⇨ Distributionspolitik ⎬ ***mente***
- ⇨ Kommunikationspolitik ⎭

Dabei liefert die Marktforschung die notwendigen Erkenntnisse zu einer kundenorientierten Unternehmensausrichtung, welche durch die unterschiedlichen Marketinginstrumente in die Tat umgesetzt werden müssen (siehe Abbildung 2.6).

---

[34] Vgl. Kotler, P. / Bliemel, F.: Marketing-Management – 9. Auflage, 1999 Stuttgart, Seite 138

Der Erfolg eines Online-Angebotes wird determiniert durch den Kunden beziehungsweise seine Reaktion auf unternehmensseitig vorangetriebene Kundengewinnungs- beziehungsweise Kundenbindungsmaßnahmen; kurzum der Marketing-Mix zeichnet sich für eine erfolgsorientierte Unternehmensausrichtung verantwortlich.

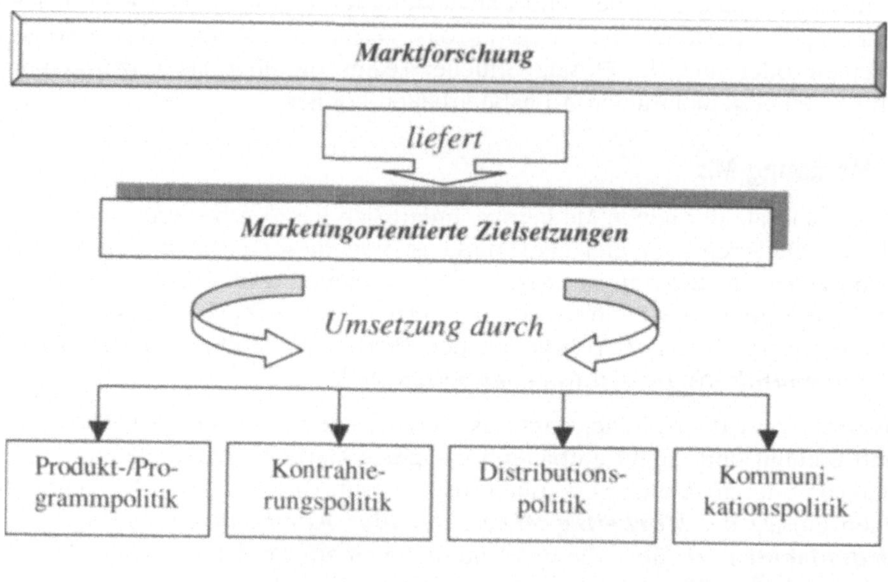

Abbildung 2.6:   Marketing-Mix

Drei Aufgaben sind im Wesentlichen durch den angesprochenen Marketing-Mix zu bewältigen[35]:

(a)   Interessenten sind zu finden

(b)   Interessenten sind zu Kunden zu machen

(c)   Existente Kunden sind an das Unternehmen zu binden und zu Stammkunden zu machen

Gerade die Kundenbindung ist im Rahmen eines Online-Angebotes eine sehr wichtige Aufgabe des Marketings, da durch die Transparenz des Internets und durch die kurzen Wege zur Konkurrenz vielfach die Gefahr des sogenannten Customer-Hopping existiert. Ein Kunde, welcher nach dem Customer-Hopping-Prinzip verfährt, generiert ein einmaliges Umsatzpotenzial und wechselt für einen Folgekauf die Unternehmung.

Dies ist insbesondere dann in wirtschaftlicher Hinsicht sehr problematisch, wenn ein Kunde durch kostenintensive Marketingmaßnahmen zu einer Umsatzgenerierung bewogen wird, die infolge ihres Einmalcharakters jedoch nicht zur Deckung des

---

[35] Vgl. Stolpmann, M.: Online-Marketingmix - 2. Auflage, 2001 Bonn, Seite 63

Marketingaufwandes im Rahmen der Neukundengewinnung ausreichen. Erst durch mehrmalige geldwerte Unternehmenskontakte kann eine Kostendegression im Hinblick auf individuelle Kundenmarketingmaßnahmen herbeigeführt werden, so dass es gilt, Maßnahmen gegen das beschriebene Customer-Hopping zu ergreifen.

Ein E-Business-Projekt sollte grundsätzlich nur dann durchgeführt werden, wenn es auch eine entsprechende Erfolgsaussicht besitzt. Demzufolge sind im Zuge der Strategieeruierung ebenfalls Wirtschaftlichkeitsbeurteilungen durchzuführen, um bereits zu Beginn einer Konzeption Fehlinvestitionen zu vermeiden. Gerade E-Business-Konzepte und E-Business-Projekte verlangen vielfach eine sehr hohe Innovationsbereitschaft von Unternehmungen. Um diese so risikolos wie möglich abwickeln zu können, sind bereits bei der Strategiefindung Wirtschaftlichkeitsanalysen zur Bewertung der finanziellen Potenziale anzusetzen.

Die Literatur zeigt für E-Business Konzeptionen eben solche Wirtschaftlichkeitsbetrachtungsweisen auf. Zu nennen sind dabei unter anderem die auf E-Business-Projekte angepasste ***dynamische Investitionsrechnung*** aber auch der ***elektronische Return on Investment***, der Internetauftritte einer ökonomischen Betrachtungsweise unterzieht[36].

In den nächsten Unterkapiteln werden die Instrumente des Marketing-Mixes ausführlich behandelt, wobei zunächst die Marktforschung als Lieferant der Entscheidungsgrundlagen für eine optimale Gestaltung des Marketing-Mix behandelt wird.

---

[36] Vergleiche hierzu: Hoffmann, A. / Zilch, A.: Unternehmensstrategien nach dem E-Business-Hype, 2000 Bonn, S. 128 ff. und Müller, A. / von Thienen, L.: e-Profit: Controlling-Instrumente für erfolgreiches E-Business, 2001 Freiburg i.Br., S. 153 ff.

3 Elektronische Marktforschung

Ziel der Marktforschung ist die systematische Suche, Erfassung, Analyse und Interpretation von Informationen, die für eine marktorientierte Unternehmensführung notwendig sind. Dabei gilt es[37]:

 📖 die Konkurrenten zu beobachten, um besser agieren zu können,

 📖 den Markt zu analysieren, um Hinweise auf neue Marktsegmente, veränderte Kundenanforderungen und allgemeine Trends zu erhalten,

 📖 die eigene Zielgruppe besser kennen zu lernen.

Die Markt- und die Kundenanalyse werden auch unter dem Oberbegriff Kundenpotenzialanalyse zusammengefasst.

Daneben sind für die Marktforschung auch allgemeine ***makroökonomischen Aspekte*** von Bedeutung; in diesem Zusammenhang werden Daten über demographische, gesamtwirtschaftliche, ökologische, technologische, politisch-rechtliche und sozio-kulturelle Entwicklungen analysiert.

Gerade auch der letztgenannte Aspekt verdeutlicht, dass eine e-Marktforschung über eine reine Cookie – Analyse hinausgehen muss. Bei dieser wird nämlich lediglich festgestellt, welche Seiten der Webseitenbetrachter besucht beziehungsweise wie lange er auf einzelnen verweilt hat. Ohne eine Verknüpfung zu personalisierten und umfeldbezogenen Daten sind diese gewonnenen Ergebnisse jedoch vielfach nicht zu verwenden, da sie nur einen sehr geringen Teil an Informationen für eine E-Business orientierte Unternehmung beinhalten.

3.1 Grundlagen der Elektronischen Marktforschung

Bei der Informationsgewinnung unterscheidet man zwischen der Sekundärforschung oder desk research und der Primärforschung, auch field research genannt.

---

[37] In Anlehnung an Stolpmann, M.: Online-Marketingmix – 2. Auflage, 2001 Bonn, Seiten 288-289

Sekundärforschung

Die Sekundärforschung wertet bereits vorhandene Informationen für den aktuellen Untersuchungszweck neu aus. Diese Informationen sind vielfach in den unternehmensinternen Systemen bereits vorhanden[38]. Darüber hinaus gibt es vielfältige externe Datenquellen, z.B. zur Analyse von konjunkturellen oder demographischen Entwicklungen, auf die im Rahmen der Sekundärforschung zugegriffen werden kann[39].

Primärforschung

Bei der Primärforschung wird dagegen der erkannte Informationsbedarf durch eine eigens durchgeführte Erhebung gedeckt (<u>Ziel:</u> Gewinnung von originären Daten). Dabei kommen als grundlegende Erhebungsmethoden die Befragung und die Beobachtung zum Einsatz.

Die Durchführung der Marktforschung erfolgt im Rahmen einer Zustandsanalyse, die zum einen eine Konkurrenzanalyse und zum anderen eine Kundenpotenzialanalyse beinhaltet. Dabei kommen sowohl die Primär- als auch die Sekundärforschung zur Anwendung. Die nachfolgende Abbildung 3.1 zeigt diese beiden Analysemethoden, wobei eine Zuordnung hinsichtlich der verwendeten Datenquellen erfolgt.

Auch die neuen Medien können für die Zwecke der Marktforschung effizient eingesetzt werden, wobei gleichzeitig aber darauf hingewiesen werden soll, dass diese die traditionellen Marktforschungsaktivitäten nicht gänzlich ersetzen sondern lediglich auf dem elektronischen Sektor erweitern und ergänzen können.

Es wird dann von der sogenannten Elektronischen Marktforschung, der Online-Marktforschung, der Internet-Marktforschung oder auch dem Computer Aided Research gesprochen[40], insbesondere dann, wenn Informations- und Kommunikationstechnologien direkt als Marktforschungsinstrumentarium eingesetzt werden (zum Beispiel: Nutzung des Interaktionsmediums Internet). Dabei bezeichnet man als E-lektronische Marktforschung die Nutzung der Web-basierten Medien für die Zwecke der Marktforschung.

---

[38] Beispiele: Umsatzstatistiken, Deckungsbeiträge, Reklamationsberichte, usw.

[39] Beispiele: Amtliche Statistiken, Informationen von Verbänden oder Publikationen in der Fachpresse, usw.

[40] Im Folgenden als Elektronische Marktforschung bezeichnet (E-Marktforschung). Die einzelnen Begriffsterminologien unterscheiden sich im Hinblick auf ihre inhaltstechnischen Aspekte nicht, so dass diese synonym verwendet werden können.

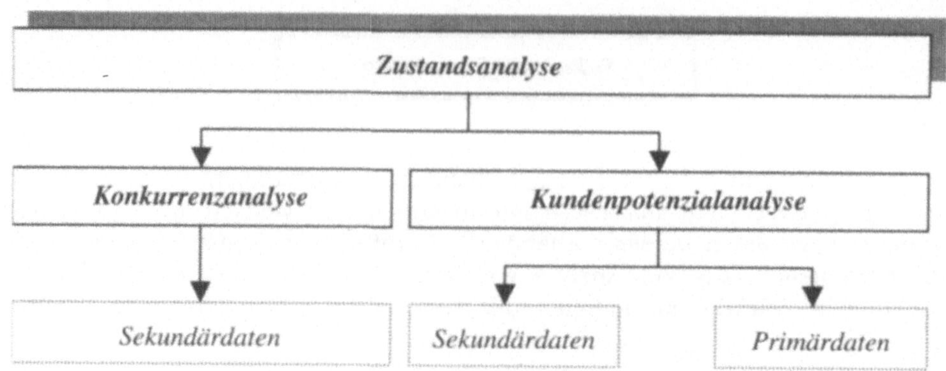

Abbildung 3.1:   Zustandsanalyse[41]

Im Gegensatz zur traditionellen Marktforschung basieren die Erhebungen der E-Marktforschung grundsätzlich auf elektronisch gewonnenen Daten. Das Marktforschungsmedium „Computer" unterliegt somit dem Wandel vom reinen Erfassungsinstrumentarium hin zu einer Datenquelle für potenzielle Analysedaten. Abbildung 3.2 geht auf dieses Unterscheidungsmerkmal zwischen der traditionellen und der elektronischen Marktforschung nochmals grafisch ein.

Gerade das Internet als Plattform für das World Wide Web aber auch die existenten E-Mail-Funktionalitäten als Kommunikationstechnologie ermöglichen die Erzielung von Wettbewerbsvorteilen durch neue Formen der Interaktionen zwischen den Unternehmen als Anbieter und den Kunden als Nachfrager auf elektronischen Märkten gleich welcher Art[42] (zum Beispiel: 1:1-Beziehung, Portale, Marktplätze, etc.).

Die Wettbewerbsvorteile durch die elektronischen Medien liegen dabei grundsätzlich zum einen auf der **Effektivitätsseite** im Sinne des Kundenvorteils (Nettonutzen) und zum anderen auf der **Effizienzseite** im Sinne eines Anbietervorteils[43].

Die Eruierung der Wettbewerbsvorteile obliegt der E-Marktforschung, die, wie auch die traditionelle, via Sekundär- und Primärforschung an die gewünschten Informationen gelangen will.

Besondere Wichtigkeit erlangt dieser Aspekt durch die Schnelligkeit und Weitläufigkeit des Internets, die dazu führen können, dass die Nichtbeachtung von Entwicklungen sehr schnell und nachhaltig den Unternehmenserfolg negativ beeinflussen können. Umgekehrt können auch Chancen frühzeitig erkannt und damit Wettbewerbsvorteile erzielt werden.

---

[41] In Anlehnung an Koehler, T.: Aufbau eines „Online-Maklers" ..., Stand: 09.02.2001, S. 9

[42] Vgl. Muther, A.: Electronic Customer Care – 2. Auflage, 2000 Berlin u.a., Seite 1

[43] Vgl. Drucker, P. F.: The Practice of Management, 1955 London, Seite 39 ff.

Des Weiteren werden neue/angepasste Marktforschungsinstrumentarien beziehungsweise Marktforschungsanalysemethoden vonnöten, denn die Geschäftsphilosophie des E-Business erfordert teilweise andere Aussagen als die traditionelle Unternehmensführung.

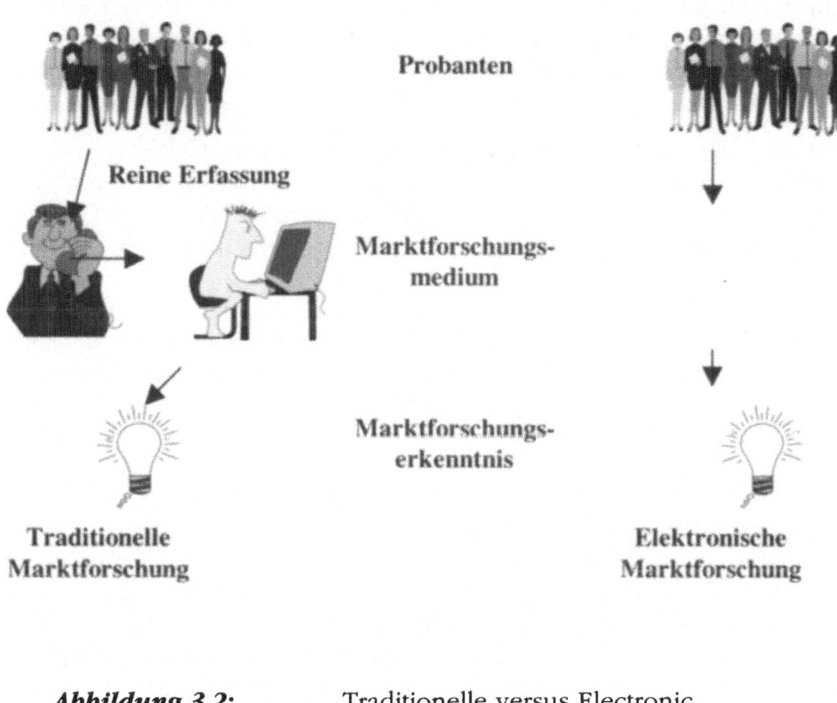

Abbildung 3.2:   Traditionelle versus Electronic Marktforschung

So sind unter anderem elektronische Kundenwege zu eruieren, um die Navigation auf der Unternehmenswebseite so auszurichten, dass der Kunde gezielt an seine Wünsche geführt wird. Auch individuelle Kaufvorlieben gilt es elektronisch zu ergründen, um dem Kunden ein individualisiertes Online-Angebot vorlegen zu können.

Dennoch kommen viele bekannte Methoden aus der traditionellen Marktforschung zum Einsatz, die lediglich auf die Bedürfnisse des E-Business angepasst werden. Die nachfolgenden Kapitel widmen sich gezielt diesen Aspekten.

3.2 Sekundäre E-Marktforschung

Für die Sekundärforschung bilden die weltweiten Datennetze eine wahre Fundgrube an externen Informationen, welche zu Marktforschungszwecken im Hinblick auf das Konkurrentenverhalten aber auch auf Kundenpotenziale sowie die makroökonomischen Aspekte herangezogen werden können.

Wie in Abbildung 3.1 gezeigt, bedient sich die **Konkurrenzanalyse** hauptsächlich der sekundärorientierten Marktforschung. Im Rahmen des E-Marketing geht es darum herauszufinden, wie sich die Konkurrenten der operativen Marketinginstrumente bedienen (Marketing-Mix). Des Weiteren ist zu untersuchen, wie sie diese Instrumente ausgestalten. Ziel dabei ist natürlich, den eigenen Marketing-Mix besser als die Konkurrenz zu gestalten, um die eigene Marktstellung auszubauen oder zumindest zu verteidigen. Weiterhin lässt sich auch die wirtschaftliche Lage insbesondere von publizitätspflichtigen Wettbewerbern gut recherchieren. Auch hier können erkannte Schwächen zum Vorteil des eigenen Unternehmens genutzt werden.

Von großer Bedeutung ist das Konkurrenzverhalten auf dem Gebiet der **Value Added Services**[44]. Diesen kommt im E-Marketing eine zentrale Bedeutung zu. Es ist daher in jedem Fall zu beobachten, was der Wettbewerb auf diesem Sektor für Maßnahmen ergreift, um geeignet und zeitnah darauf reagieren zu können.

„Mehrwert zu bieten bedeutet, den subjektiven Nutzen für den Käufer zu erhöhen, den dieser durch den Erwerb eines bestimmten Produktes beziehungsweise die Nutzung eines konkreten Serviceangebotes für sich wahrnimmt[45]."

Unter anderem fungieren als Mehrwertfaktoren spezielle Events, wie zum Beispiel Gewinnspiele auf den einzelnen Webseiten aber auch ein ausgereiftes Rabatt-/Bonussystem für den entsprechenden Nutzer. Nach einer Studie über Differenzierungsmerkmale für Webseiten messen 14 % der Befragten den Gewinnspielen immerhin eine Bedeutung zu. Als weitere Differenzierungsmerkmale gelten neben dem aufgeführten Rabatt-/Bonussystem personalisierte Webseiten, Garantien auf günstige Online-Preise aber auch ein kundenfreundliches Beschwerdemanagement (18 %)[46]. Auf die Besonderheiten dieser Differenzierungsmerkmale werden wir im Speziellen noch in den einzelnen Kapiteln dieses Buches eingehen.

Auch für die eigene Seitenpositionierung in Suchmaschinen kann man sich durchaus den Konkurrenzauftritten widmen, denn schaut man sich deren HTML-Quellcode näher an, so kann man unter Umständen erfahren, welche Metatags[47] diese verwen-

---

[44] Durch das Anbieten von Value Added Services (= Zusatzservices) kann dem Benutzer ein persönlicher Vorteil zur Nutzung des Online-Angebotes aufgezeigt werden.

[45] Vgl. Stolpmann, M.: Kundenbindung im E-Business, 2000 Bonn, S. 51

[46] Vgl. Schulz, M.: E-Business in Deutschland, http://www.ecin.de/ marktbarometer/deutschland/index.html, Stand: 14.12.2000

[47] Mittels eines META-Tags hat man innerhalb der Seitenprogrammierung einer Webseite die Möglichkeit, weiterführende Informationen über die entsprechende Seite zur weiteren Verwendung durch Software-Programme mitzuteilen. Unter anderem lassen sich hier für elektronische Suchmaschinen Stichwörter plazieren, bei deren Abfrage die Seite dem Suchmaschinenbenutzer genannt wird.

den, um die eigenen Seiten bei den Suchmaschinen entsprechend zu positionieren[48].

Da die Suchmaschinen eine Art ***Branchenführer*** auf interaktiver Ebene sind, sollte man einer entsprechenden Seitenpositionierung eine erhöhte Aufmerksamkeit widmen.

Im Rahmen der E-Sekundärforschung hat man auch die Möglichkeit, Informationen über die anzusprechende Kundengruppe und damit die eigentliche Zielgruppe im passiven Sinne zu erkunden. Dies ist dann Aufgabe der ebenfalls in Abbildung 3.1 aufgeführten ***Kundenpotenzialanalyse***, bei der unter anderem die Kaufmotive einzelner Interessenten- und Kundengruppen eruiert werden.

Spezifische Branchen- und Marktinformationen (u.a. Marktdurchdringung), Trends sowie Perspektiven (u.a. mobile Telefoniergewohnheiten), Entwicklungs- und Forschungspotenziale (u.a. konjunkturelle Entwicklungen, Internetetablierung in Schwellenländern), Kundengewohnheiten, Statistiken und vieles mehr lassen sich unternehmensindividuell verwenden. Hierzu prädestiniert sind unter anderem die Web-Seiten von Fachverlagen, Hochschulen, statistischen Ämtern, Nachrichtenagenturen und Zeitungen, Patentämtern, Finanzinstituten, Information Brokern, Interessenvereinigungen, Regierungsinstitutionen, Wirtschaftsverbänden und Meinungsforschungsinstituten

Allerdings sind die Quellen sehr sorgfältig auszuwählen, denn durch die schnelle Möglichkeit der Informationsbereitstellung und weltweite Verfügbarkeit besteht die Gefahr der gezielten Fehlinformation.

Somit ist die Frage nach der Seriosität des Informationsanbieters im Zuge der sekundären E-Marktforschung als noch gewichtiger einzustufen als bei der traditionellen Marktforschung, denn die zeitlichen und entfernungstechnischen Verbreitungsmöglichkeiten können im Falle einer gezielten Fehlinformation dem sie nutzenden Unternehmen neben den finanziellen Schäden auch erhebliche Imageschäden zufügen[49].

Abschließend sollen in Tabelle 3.1 noch einige Vor- und Nachteile der sekundären E-Marktforschung aufgeführt werden. Hierdurch lassen sich für Unternehmen Einsatzpotenziale für diese Marktforschungsmethode festlegen, wobei gleichzeitig die entsprechende Verwertbarkeit der gewonnenen Ergebnisse im Vorfeld beachtet werden kann.

---

[48] Vgl. Stolpmann, M.: Online-Marketingmix - 2. Aufl., 2001 Bonn, S. 289

[49] Gerade auf dem Gebiet der Finanzinformationen ist hier äußerst sensibel zu agieren. Fehlerhafte Anlageinvestitionen werden sehr schnell von der Konkurrenz aufgegriffen und entsprechend elektronisch durch eine gezielte Verbreitungskampagne gebrandmarkt.

Elektronische Sekundärmarktforschung	
Vorteile	**Nachteile**
☺ Sofortige Verfügbarkeit eines weltweiten Datenpotenzials	☹ Informationsmasse, wodurch häufig keine gezielte Informationsselektion möglich ist
☺ Aktualitätsgesichtspunkte	☹ Vertrauenswürdigkeit der Information
☺ Zahllose Querverweise (Links) mit Zusatzinformationen	
☺ Nutzbarkeit von Suchmaschinen	

Tabelle 3.1:   Vor- und Nachteile der sekundären E-Marktforschung

3.3   Primäre E-Marktforschung

Auch im Bereich der Primärforschung lassen sich die neuen Medien sinnvoll einsetzen. Im Zuge der durchgeführten Informationserhebung unterscheidet man zwischen *versteckter* – im Wesentlichen durch Beobachtung - und *offener* Informationsgewinnung. Dabei liefert die versteckte Informationsgewinnungsmethode sogenannte *Nutzungsprofile*, wohingegen der offene elektronische Informationsprozess zu expliziten *Nutzerprofilen* führt[50], wie Abbildung 3.3 zeigt.

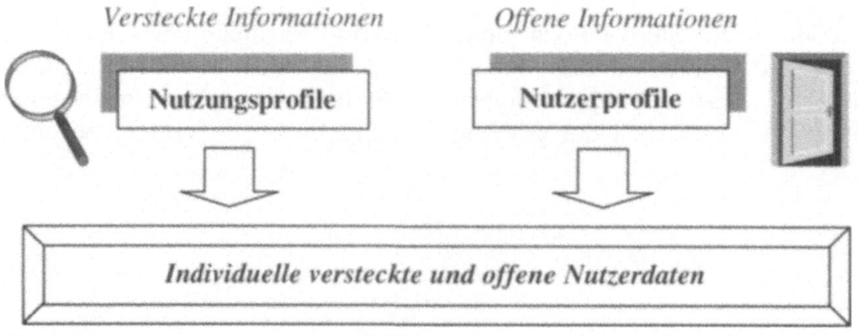

Abbildung 3.3: Nutzerdaten

---

[50] In Anlehnung an Krause, J.: Electronic Commerce und Online-Marketing, 1999 München Wien, Seite 266

Nutzungsprofile

Nutzungsprofile über potenzielle Interessenten werden auf passive Art und Weise systemtechnisch erzeugt. Ihre Generierung erfolgt vielfach ohne Wissen der entsprechenden Websurfer und hält ihr Nutzungsverhalten in elektronischer Form fest. Da die Informationssammlung auf heimlichen Wege erfolgt, spricht man vielfach auch von dem sogenannten **Ex-Post-Prinzip**[51], das heißt es erfolgt eine passive Informationsgewinnung ohne explizite Unterrichtung des aktiven Informationslieferanten.

Bereits eine einmalige Anmeldung des Kunden durch Angabe von einem Personalisierungsstichwort[52] reicht aus, um diesen dauerhaft beim Betreten der entsprechenden Webseite zu identifizieren und seine Surfgewohnheiten in Dateiform festzuhalten. Selbst das Personalisierungsstichwort ist nicht notwendig, wenn die Unternehmung lediglich systemtechnische Daten ohne Personenbezug gewinnen möchte. Verwendet werden hierzu die sogenannte Cookie-Technologie[53] beziehungsweise interaktionsorientierte Programmiersprachen, wie zum Beispiel JavaScript[54].

Die angesprochenen Nutzungsprofile können auf mehreren Wegen gewonnen werden. Hierzu gibt die nachfolgende Abbildung 3.4 einen Überblick, wobei im Folgenden die einzelnen Gewinnungsmethoden der rekursiven Anmelderoutine, der einmaligen Anmelderoutine und der nicht notwendigen Anmelderoutine näher beschrieben werden.

---

[51] Vgl. Straub, St.: Die Generierung und Verwendung von Kundenprofilen ..., 2001 Trier http://www.stefan-straub.de Stand: 06.02.2001, S. 43

[52] Ein Personalisierungsstichwort fungiert als einmaliges Anmeldekriterium vor dem Betreten einer Webseite. Dies kann ein Name, eine E-Mail-Adresse, oder auch ein beliebiges Zeichenfragment sein, welches dauerhaft einem bestimmten Rechner unter Nutzung einer Cookie-Datei zugeordnet wird.

[53] Auf die Cookie-Technologie als zentralem Element der primären versteckten E-Marktforschung wird im Rahmen des Kapitels noch im Speziellen eingegangen.

[54] Durch die plattformunabhängige, objektorientierte Programmiersprache Java lassen sich Software-Programme entwickeln, welche direkt auf den Web-Seiten eingesetzt werden können (JavaScript) und somit die Funktionalität der Web-Angebote wesentlich erhöhen (Interaktion).

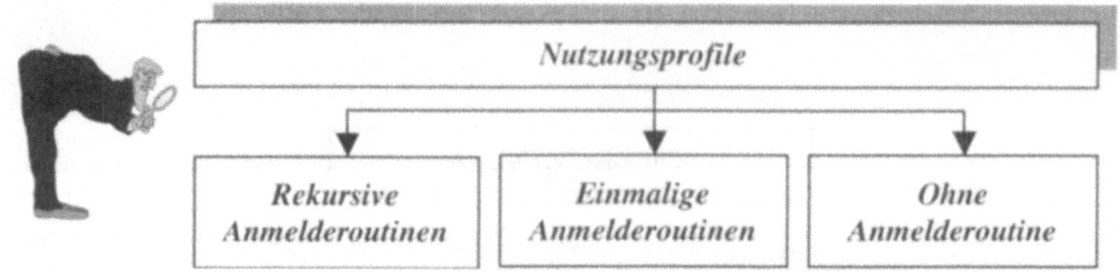

Abbildung 3.4: Gewinnung von Nutzungsprofilen

Rekursive Anmelderoutine:

- Jedes Betreten der Webseite erfordert eine neue Anmeldung durch ein Personalisierungsstichwort.

- Falls dieses bereits in der unternehmensinternen Datenbank existiert, so wird eine Fortschreibung des Nutzungsprofils erreicht.

- Der User kann entscheiden, ob er sein Nutzungsprofil fortschreiben lassen möchte, denn bei Anmeldung unter einem neuen Personalisierungsstichwort wird demzufolge auch das bisherige Nutzungsprofil nicht weiter mit Daten angereichert.

Einmalige Anmelderoutine:

- Es wird eine einmalige Anmeldung durch ein Personalisierungsstichwort vorgenommen.

- Durch dessen Speicherung in einer Cookie-Datei auf dem lokalen Rechner des Nutzers wird eine erneute Anmeldung nicht notwendig.

- Dem Nutzer wird bei einem wiederholten Betreten der Webseite nicht bewusst, dass sein Nutzungsprofil fortgeschrieben wird (fehlende Anmeldung)

- Durch Löschung der Cookie-Datei kann ein Fortschreiben des Nutzungsprofils vom Nutzer her untersagt werden.

Ohne Anmelderoutine:

- Durch Verwendung der Cookie-Technologie können einem speziellen Rechner verschiedene Surfgewohnheiten zugeordnet werden.

- Es ist kein Personenbezug in der unternehmenseigenen Datenbank möglich.

- Lediglich software- oder systemtechnische Informationen des Nutzers können gewonnen werden.

📖 Durch Nutzung von JavaScripts können auch bei Deaktivierung von Cookies durch den Nutzer Rechnerinformationen abgefragt werden, falls JavaScript-Programme durch den Nutzer gestattet werden.

📖 Werden lediglich die Logfiles[55] der entsprechenden Web-Server ausgewertet, so kann man ebenfalls vielfältige Informationen über besuchte Seiten, Verweildauern, weitere Surfwege und dergleichen mehr eruieren.

Jede Person, die das Internet nutzt, sollte sich stets darüber im Klaren sein, dass sie Fußspuren bei den aufgerufenen Web-Seiten respektive den dahinter stehenden Unternehmen, Institutionen oder Personen hinterlässt und es somit keine Anonymität hinsichtlich der Surfgewohnheiten gibt[56].

Verbindet man diese Informationen dann mit einer personenbezogenen Datenbank, welche zum Beispiel bei der einmaligen Teilnahme an einem Gewinnspiel mit persönlichen Daten des Surfers gefüllt worden ist, so kann man ein explizites Nutzungsprofil mit den individuellen Vorlieben der entsprechenden Personen generieren[57].

Nutzerprofile

Nutzerprofile erfordern die aktive Mitarbeit des Nutzers, so dass kein allzu großer technischer Aufwand im Softwarebereich vonnöten ist (Ex-Ante-Prinzip[58]).

Um solche Nutzerprofile zu erhalten, muss man den entsprechenden mitarbeitenden Personen einen Zusatznutzen oder Mehrwert bieten, so dass sie sich dazu bereit erklären, Angaben innerhalb eines interaktiven formulargestützten Dialoges zu tätigen. Es besteht jedoch die Gefahr, dass die Nutzer lediglich an dem gebotenen Zusatznutzen interessiert sind, und die gestellten Fragen nur mit unvollständigen Angaben oder Unwahrheiten beantworten.

---

[55] Ein Logfile wird stets von dem angesprochenen Webserver angelegt und erfasst Daten wie Browser-Typ, Datum und Uhrzeit des Zugriffs, IP-Adresse, Namen der angeforderten Dateien, etc..

[56] Vgl. Amor, D.: Die E-Business-(R)Evolution, 2000 Bonn, Seite 501

[57] Man spricht dann eher von versteckten Nutzerprofilen, welche im Folgenden dargestellt werden.

[58] Vgl. Straub, St.: Die Generierung und Verwendung von Kundenprofilen ..., 2001 Trier http://www.stefan-straub.de Stand: 06.02.2001, S. 44

Des weiteren mangelt es in der Regel an der Akzeptanz der potenziellen Kunden, persönliche Informationen offen preiszugeben. Demzufolge liefert diese Art der offenen elektronischen Informationsgewinnung häufig nur sehr rudimentäre Daten, anhand derer sich relativ schlecht ein individuelles Nutzerprofil erforschen lässt.

Geht man jedoch davon aus, dass die Nutzer entsprechend korrekte Angaben zu den gestellten Fragen tätigen, so lassen sich via dieser Informationsgewinnung sehr gut spezielle Profile erstellen. In Verbindung mit den zuvor vorgestellten Nutzungsprofilen erhält man sehr detaillierte Einblicke.

Durch die gewonnenen individuellen Nutzerdaten[59] lassen sich speziell auf die entsprechenden Nutzer abgestimmte Webangebote generieren, die ihn durch ihren individuellen Charakter im Sinne einer ***1:1-Beziehung*** ansprechen. Sein Bewegungsrespektive Surfverhalten ermöglicht dem Unternehmen somit ein 1:1 Marketing.

Es ist jedoch von Unternehmensseite darauf zu achten, dass eine Verletzung der jeweiligen Datenschutzgesetze beziehungsweise Datenschutzrichtlinien nicht stattfindet, um sich nicht einer rechtlichen Brandmarkung auszusetzen, die sehr imageschädigend verlaufen könnte. Daher sollte man den Nutzer auf die entsprechenden Erfassungsmethoden hinweisen, um einer offenen und damit kundenorientierten Marktforschungspolitik gerecht zu werden.

Neben diesen eher selektiven, auf bestimmte Benutzergruppen zugeschnitten Informationsdaten, lassen sich durch die primäre E-Marktforschung auch Meinungen, Trends sowie zukünftige Entwicklungen und damit Unternehmensausrichtungen erforschen.

Diesbezüglich möchten wir im Folgenden einige Methoden zur Gewinnung von Nutzerinformationen vorstellen. Diese sind im Bereich der primären E-Marktforschung anzusiedeln, da sie Informationen durch eine gezielte Beobachtung beziehungsweise Befragung von potenziellen Nutzern liefern.

Online-Diskussionen

Online-Gruppendiskussionen (zum Beispiel: Foren, Newsgroups) liefern vielfach Ansatzpunkte für Maßnahmen oder auch Anregungen im Rahmen der Produkt-/Sortimentspolitik, der Kommunikationspolitik aber auch der Servicepolitik.

So werden zum Beispiel in einem ***Support-Forum*** Fehlerpotenziale intensiv mit den Nutzern dieses Angebotes diskutiert beziehungsweise diese werden überhaupt dem Unternehmen offen gelegt, so dass entsprechend darauf reagiert werden kann. Ebenso werden direkte Anwendungs- oder auch Verständigungsproblematiken der

---

[59] Kombination aus Nutzungsprofilen und Nutzerprofilen

potenziellen Kunden elektronisch erfasst, die sich unter anderem auf Marketinginhalte beziehen können.

Ein *elektronisches Beschwerdemanagement* bietet sich ebenfalls als Marktforschungsquelle an, da hierüber eine Vielzahl an Informationen über technische und handlingorientierte Probleme mit einem Produkt eruiert werden können. Hier ist die Hemmschwelle der Kunden geringer ist als bei einem persönlichen Kontakt, um Problemstellungen gleich welcher Art anzubringen.

Das Unternehmen hat bei solchen Online-Gruppendiskussion ebenfalls die Möglichkeit, neue, unfertige Konzepte dem Nutzerkreis vorzustellen und um dessen Meinung zu bitten. So kann unter Umständen die Konzeptreife schneller und nutzerabhängig erreicht werden, was häufig einen direkten Einsatzerfolg dieses Konzeptes impliziert. Man spricht hierbei auch von den sogenannten *Online-Tests*.

Online-Tests

Unter einem Online-Test versteht man ein Instrument, das auf direktem elektronischem Wege Informationen eruieren kann. Dabei sind folgende Testarten zu unterscheiden:

- *Produkt-Konzept-Tests*, bei denen eine Idee zu einem neuen digitalisierbaren Produkt oder einer Produktneuerung untersucht wird.

  Beispiele: Software-Tests, Musiktests, literarische Konzepte

- *Produkt-Gestaltungs-Tests*, die eine konkrete Produkt- oder Produktverpackungsvorlage als Untersuchungsgegenstand haben.

  Beispiele: Design-Entwürfe von Produkten, Verpackungsdesign

- *Markttests*, deren Ziel die Erfassung des Käuferverhaltens in Realsituationen ist.

  Beispiele: Vertrieb neuer Produkte über kostengünstige Online-Shops, wobei als Ziel die Platzierung derselben in realen weit verbreiteten Shops gilt; weltweite Verkaufsmöglichkeiten

- *Tests von Kommunikationsmitteln*, die Auskunft über die Wirkung von Instrumentarien der Kommunikationspolitik geben.

  Beispiele: Anzeigenpretests, Informationsgehalt von Newslettern, SMS-Informationen, Spots

Ein Online-Test wird häufig auch in die noch vorzustellenden elektronischen Befragungsmöglichkeiten eingebettet. Es erfolgt dabei eine Verknüpfung von direkten Produkteigenschaften mit beschreibenden Fragen.

Bei Anwendung von Online-Tests besteht die Gefahr, dass Konkurrenten die entsprechenden Ansatzpunkte aufgreifen[60] und diese schneller im Sinne des **Time-To-Market-Gedankens** umsetzen. Des Weiteren ist die Qualität der Ergebnisse dieser Erhebungsmethode in Frage zu stellen, denn durch die Manipulationsmöglichkeiten des Internets beziehungsweise der neuen Medien können hierbei sehr schnell Fehlinformationen als Datengrundlage verwendet werden. Ferner ist die Repräsentativität bei der Durchführung von Online-Tests nur schwer zu gewährleisten. Ist eben diese Repräsentativität von Bedeutung, so sollte man ein **Online-Panel**, das im Folgenden noch vorgestellt wird, als Erhebungsinstrument präferieren.

Virtuelle Agenten

Prädestiniert für die Online-Marktforschung sind ebenfalls **virtuelle Agenten**[61], auch **SmartBots** genannt, welche auf intelligente Weise natürlichsprachliche Informationen verarbeiten können. Sie erlauben die Automatisierung von Aufgaben wie das Suchen, Auswerten und Überwachen von für den Nutzer relevanten Daten, die Führung von Dialogen sowie die automatisierte Beratung. Durch spezielle Fragen und die erhaltenen Antworten erstellen die Agenten ein explizites Profil der individuellen Nutzervorlieben.[62]

Der Hauptvorteil dieser Marktforschungsmethode liegt darin, dass der Nutzer persönliche Daten freigibt, um daraus einen expliziten Beratungsnutzen zu ziehen.

Er sieht sich nicht mit einer Marktforschung im Sinne des Unternehmens konfrontiert, so dass er bereitwillig vielfältige persönliche Daten unmanipuliert dem virtuellen Agenten offenbart. Des Weiteren kommuniziert er wie im realen Leben auch mit dem Online-System in **natürlicher Sprache**, so dass kein spezifisches Methodenwissen vonnöten ist.

---

[60] Vgl. Stolpmann, M.: Online-Marketingmix – 2. Aufl., 2001 Bonn, S. 290

[61] Vielfach werden virtuelle Agenten auch als **Avatare** bezeichnet, die als menschenähnliche virtuelle Figuren fungieren.

[62] Vgl. Spierling, D.: Der Web-Agent -> dein Freund und Helfer, 2000 CYbiz, Seite 54

Nachfolgendes Szenario soll die Möglichkeiten eines virtuellen Agenten verdeutlichen[63]:

> *„Ein Nutzer klickt sich auf die Homepage einer Bank. Nach einer Weile schaltet sich ein Web-Agent ein, der den User gezielt durch das Programm führt. Die Analyse der Bewegungen des Kunden innerhalb des Angebotes liefert – gestützt auf inhaltliche, didaktische sowie ergonomische Elemente – ein Verhaltensmuster, durch das entsprechende Rückschlüsse auf das Profil der Person gezogen werden können. Ist ein bestimmter Kundentyp klassifiziert, schaltet sich gezielt ein Callcenter-Berater ein. Dieser kennt den Kundentyp und berät ihn dann per Videokonferenz in einem persönlichen Gespräch weiter."*

Die bisher vorgestellten Methoden der Primärforschung können hinsichtlich der erwünschten Ergebnisse nicht durch das Unternehmen gesteuert werden, da der Proband durch seine Agitationsweise das Marktforschungspotenzial für das Unternehmen festlegt.

Lediglich die vorgestellten Online-Test erlauben eine gewisse Führung durch das Unternehmen. Bleibt es jedoch bei einer alleinigen Vorstellung von Produkten, Konzepten usw., so wird der potenzielle Kunde, wenn überhaupt, in seinem Sinne Reaktionen zeigen, die unstrukturiert und bezüglich der Auswertbarkeit nicht durch das Unternehmen beeinflussbar sind.

Online-Befragungen

Daher bietet es sich an, direkte **Online-Befragungen** oder auch **Online-Panels** durchzuführen, um explizite und vor allem strukturierte Informationen über ein entsprechendes Kunden- respektive Nutzerverhalten auf bestimmte Umstände (zum Beispiel: Hintergrundinformationen wie Einkommensstatus, Wunschvorstellungen, Produktimplikationen, Kaufmotive, etc.) zu erhalten.

Beide Befragungsmethoden werden durch die sogenannte **Formulartechnik** der Web-Seiten-Programmierung realisiert , so dass der Befragungsteilnehmer durch einen speziellen Fragenkatalog geführt wird und seine entsprechenden Antworten entweder im Multiple-Choice-Verfahren (schnellere Auswertbarkeit) oder Freitext-Verfahren (detailliertere Nutzerantworten) tätigen kann.

Wesentliches Unterscheidungsmerkmal zwischen diesen Befragungsausprägungen ist, dass Online-Befragungen vielfach anonym ohne direkten Nutzerbezug durchgeführt werden.

Des Weiteren hat man bei Online-Befragungen keinen definierten Befragungsteilnehmerkreis zur Verfügung, da die Teilnehmer vorab in der Regel nicht bekannt

---

[63] Vgl. Spierling, D.: Der Web-Agent -> dein Freund und Helfer, 2000 CYbiz, Seite 54

sind. Durch den fehlenden Personenbezug, sprich die fehlenden überprüfbaren Stammdaten, erhält die Unternehmung auf ihren Fragenschwerpunkt mehr oder weniger korrekte Auskünfte, da es immer wieder Teilnehmer gibt, welche gezielt falsche Angaben tätigen oder bewusst beziehungsweise unbewusst Befragungsformulare mehrfach absenden[64].

Im Folgenden werden mögliche Themenstellungen von Online-Befragungen aufgeführt, welche jedoch beliebig erweitert werden können und jeweils unternehmensindividuell beziehungsweise befragungsindividuell festzulegen sind:

> ➢ Wer sind die Besucher auf meiner Webseite?

> ➢ Wie wird mein derzeitiger Webauftritt beurteilt?

> ➢ Wie hoch ist die Kundenzufriedenheit in Zusammenhang mit Transaktionen im Web?

> ➢ Wie wirksam ist eine bestimmte Werbekampagne?

> ➢ Welche Trends sind für die eigene Zielgruppe abzusehen?

> ➢ Wie bewerten die Nutzer die einzelnen Bestandteile der Web-Seite wie Gestaltung, Informationsgehalt, Bedienbarkeit, technische Aspekte?

> ➢ Wie kann die unternehmensindividuelle Web-Seite noch effektiver aus Sicht der Nutzer eingesetzt werden?

> ➥ Was erwarten die potenziellen Nutzer von der eigenen Web-Seite?

> ➢ Kundenbefragungen im Zusammenhang mit der Entwicklung neuer Erzeugnisse

> ➢ Mitarbeiterbefragungen über das Netz

> ➥ Wie kann man die eigenen Mitarbeiter besser motivieren?

> ➢ Lieferantenbefragungen über das Netz

Sehr wirksam ist eine nicht repräsentative Online-Befragung auch immer dann, wenn die Nutzer bereits eine Transaktion mit der Unternehmung über das Netz getätigt hat. Hier liegt dann auch ein entsprechender Personenbezug vor, so dass die Informationen gezielt im Sinne eines ***1:1-(Kunden-) Verbesserungsmarketing*** verwendet werden.

Im Rahmen eines Produktkaufs via Internet sollte man zum Beispiel den Kunden bitten, Fragen hinsichtlich der Bestellabwicklung zu beantworten, so dass hier ein entsprechendes Verbesserungspotenzial eruiert werden kann. Eine EMail-Befragung bezüglich den gewonnenen Erfahrungen nach einem Kauf kann wertvolle Erkenntnisse zur Produktweiterentwicklung liefern.

---

[64] Vgl. Stolpmann, M.: Online-Marketingmix – 2. Aufl., 2001 Bonn, S. 293

Online-Panel

Im Gegensatz zur **zeitpunktbezogenen Online-Befragung** führt man mittels eines Online-Panels über einen längeren Zeitraum hinweg mehrfach Erhebungen bei gleichbleibendem Probandenkreis durch, um Wechselwirkungen von Veränderungsmaßnahmen gleich welcher Art zur Schnittstelle Unternehmen-Kunde zu eruieren.

Dies können zum einen direkte Produkt-, Werbeauftritts-, Kommunikations- oder auch Serviceveränderungen sein. Dadurch kommt man zu zeitraumbezogenen dynamischen Markterhebungsdaten für einen bestimmten gleichbleibenden, reprasentativen Kreis von Personen[65] (Mehrfachbefragungen). Aus diesem Grunde ist ein Online-Panel auch in der Regel nicht ohne einen direkten Personenbezug durchführbar – im Gegensatz zu der bereits vorgestellten Online-Befragung.

Gleichermaßen bietet es sich für die Erkundung von Wechselwirkungen hinsichtlich getroffener Schnittstellenveränderungsmaßnahmen an, mehrere disjunkte Personen zu befragen, um ein breites und repräsentatives Meinungsspektrum zu erhalten. Um diesem Sachverhalt gerecht zu werden, ist eine Registrierung der Probanden vonnöten, so dass von diesen personengebundene Daten als Stammdaten angelegt werden.

Als Anreiz für eine entsprechende Freigabe dieser Daten werden in der Regel eine Vergütung der Antworten auf die entsprechenden Fragen oder auch Mehrwerte, wie Bonuspunkte – sogenannte Webmiles – oder direkte Prämien von den Befragungsinstituten angeboten. Es ist jedoch bei einem Online-Panel eine Plausibilitätsprüfung sowohl der personenbezogenen Daten als auch der Antworten auf die jeweiligen Fragen vorzunehmen[66], da gerade im Hinblick auf die angebotenen sachbezogenen oder geldwerten Mehrwerte eine mehrmalige Anmeldung beziehungsweise Teilnahme an der Befragung durch die Drag and Drop Technologie[67] sehr lukrativ sein kann.

Ein **Beispiel** für Befragungen/Panels im Web liefert die Firma Media Transfer in Hamburg. Diese Firma hat einen Pool von 22000 Teilnehmern in ihrem Panel, für den sich die Teilnehmer über die Webseite der Marktforscher registrieren lassen und dabei eine Fülle von personenbezogenen Daten preisgeben müssen; unter anderem, in welchem Umfang sie das Internet nutzen.

---

[65] Vgl. Mülder, W. / Weis, C.: Computerintegriertes Marketing, 1996 Ludwigshafen (Rhein), Seite 259

[66] Vgl. Stolpmann, M.: Online-Marketingmix – 2. Aufl., 2001 Bonn, S. 294

[67] Kopiertechnik von bereits eingegebenen Daten

Wird ein neues Projekt gestartet, so erhalten alle Panelmitglieder, die aufgrund ihrer persönlichen Daten für die Teilnahme geeignet erscheinen, eine Mail von Media Transfer. Diese Mail informiert über Ablauf und zeitlichen Rahmen des Projektes sowie über die Höhe der Belohnung (meist Bonuspunkte). Die Belohnungen werden ausschließlich per Post versandt. Somit wird gewährleistet, dass die Befragungsteilnehmer sich mit ihrer korrekten Adresse registrieren, denn nur so nehmen sie am Entlohnungssystem teil.

Abschließend sollen in der nachfolgenden Tabelle 3.2 einige Vor- und Nachteile von Online-Befragungen beziehungsweise Online-Panels dargestellt werden, die eine entsprechende Positionierung dieser Instrumentarien als Marktforschungsmethode erlauben.

Onlinetechnische Befragungen	
Vorteile	*Nachteile*
☺ Multimediale Unterstützung	☹ Einsatz der Drag- and Drop-Technologie möglich
☺ Zeitpunktunabhängigkeit	☹ Vertrauenswürdigkeit der Information (gezielte Falschangaben möglich)
☺ Kein Intervieweinfluss	☹ Nur bestimmte Zielgruppen können befragt werden, die die technische Ausstattung für diese Art der elektronischen Informationsgewinnung besitzen
☺ Hohe Geschwindigkeit	☹ · Erschwerte Plausibilitätsprüfungen, da keine zwischenmenschlichen Aspekte ersichtlich
☺ Weltweit erreichbare Teilnehmer	☹ Mehrfachanmeldungen der Probanden möglich
☺ Vermeidung von Medienbrüchen und den damit verbundenen Fehlerquellen	☹ Bei Online-Befragungen kann die Repräsentativität der gewonnenen Ergebnisse nicht gewährleistet werden
☺ Geringe Befragungskosten	☹ Die Art der Teilnehmergewinnung durch das Internet ermöglicht nur eingeschränkte bevölkerungsrepräsentative Aussagen[68]

---

[68] Vgl. Stoltenberg, S.: Spezial Webmarktforschung – Die Befragung, http://www.wiwo.de/WirschaftsWoche/Wiwo_CDA/1,702,11040_10578,00.html

Onlinetechnische Befragungen	
Vorteile	**Nachteile**
☺ Automatisierte Auswertbarkeit	
☺ Ermöglicht große Stichproben	
☺ Interaktive Fragebögen, dass heißt der Fortgang der Fragebögen orientiert sich dynamisch an den bereits getätigten Eingaben	

Tabelle 3.2:   Vor- und Nachteile von Online-Befragungen /Online-Panels

3.4   Die systemseitigen Datenlieferanten

3.4.1 Logfile

Vereinfacht gesagt, verläuft eine Internet-Kontaktion ausgehend vom Nutzer über einen sogenannten Internet-Service-Provider[69] ab. Dieser stellt den Zugang zu einem Webserver, dessen Adresse der Nutzer in seinen Browser, sprich in seine Zugangssoftware, eingegeben hat, her[70].

Der Webserver erhält dann die spezifischen Informationen, welche vom Nutzer explizit angefordert worden sind. Dieser Server kann wiederum mit diversen anderen Servern, die spezifische Zusatzinformationen enthalten, verbunden sein.

Unter anderem können dies sogenannte Content-Server oder Ad-Server sein, welche im Speziellen nur inhaltsbezogene oder werbetechnische Inhalte aufweisen. Um die vorhandenen Netzbandbreiten besser auszunutzen, gehen die Service-Provider vielfach dazu über, oft angeforderte Seiten lokal zwischenzuspeichern. Dies geschieht

---

[69] Ein **Service-Provider** stellt die Netze und Leitungen, sprich die Internet-Zugänge, zur Verfügung, welche für eine Internet-Kommunikation vonnöten sind. Es handelt sich dabei um *Infrastrukturkomponenten*, vergleichbar mit Straßen und Wegen, die für Fortbewegungsmittel in der realen Welt benötigt werden. Als Service-Provider kann auch eine Unternehmung oder Institution fungieren, die die besagten Dienstleistungen der Intranet-Infrastruktur ihren Mitarbeitern als Inhouse-Lösung zur Verfügung stellt.

[70] In Anlehnung an: Ohne V.: Proxy-Problematik, http://www.ivw.de/ verfahren/caches.html Stand: 10.02.2001

auf sogenannten **Proxy-Servern**, die zunächst ihren eigenen Inhalt nach den Wünschen des Nutzers abfragen. Erst dann, wenn das Informationsbedürfnis dort nicht gedeckt werden kann[71], erfolgt eine Kontaktion der entsprechenden Webserver. Es findet also bei den meisten Browsern eine Prüfung der Existenz der angeforderten Seite auf dem lokalen Nutzerrechner statt, *so dass es nicht unbedingt zu einer Serverkontaktion bei einer Seitenanforderung kommen muss (lokale Cachefunktionalität des Browsers)*.

Die beschriebenen Datenwege sollen nochmals in Abbildung 3.5 verdeutlicht werden. Dabei kann der Internet-Service-Provider einen Proxy-Server als Zwischenspeicherungsmedium einsetzen oder aber auch direkt eine Verbindung mit weiteren Online-Servern herstellen.

Annähernd jeder Server, den man bei einem Internet-Streifzug besucht, führt ein Bewegungsprotokoll mit sich, das sogenannte **Server-Log**[72]. In diesem Protokoll werden alle Nutzeraktionen auf dem angewählten Server protokolliert. Unter anderem wird bei jeder Seitenabfrage der Name des kontaktierenden Browsers, das Betriebssystem, die bevorzugte Sprache (zum Beispiel: Italienisch), die zuletzt besuchte Webseite, die IP-Adresse des Zugangsrechners oder auch der Domänenname (Klartext der IP-Adresse ⇔ Synonym in Textform) des aufrufenden Rechners weitergegeben.

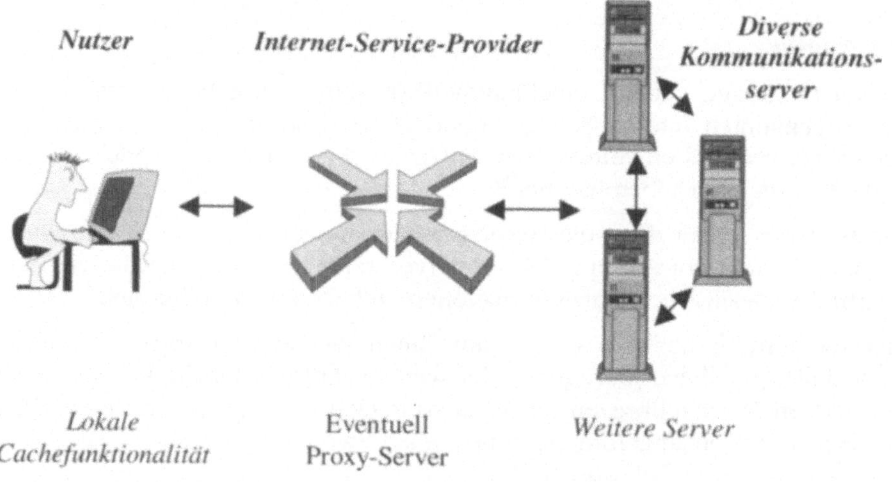

Abbildung 3.5: Internet-Kommunikationswege

---

[71] Wenn die Seite also nicht lokal vorliegt.

[72] Vgl. Günter, R.: Computerkriminalität, 1998 Kaarst, Seite 192

Unter der **IP-Adresse** (Internet-Protokoll-Adresse) versteht man eine Art von Internet-Telefonnummer als Identifizierungsmerkmal[73]. Jedoch bekommt im Internet nur derjenige eine feste IP-Adresse zugewiesen, welcher permanent mit diesem verbunden ist, so zum Beispiel der Netzwerkrechner von Unternehmen oder Institutionen. Des Weiteren besitzen dienstleistungsorientierte Internet-Service-Provider solche IP-Adressbandbreiten, welche dynamisch den entsprechenden Nutzern zugewiesen werden, das heißt der potenzielle Nutzer bekommt die Nummer, die gerade frei ist[74].

An dieser Stelle sei bereits erwähnt, dass Nutzerprofile durch eine reine Auswertung der Logfiles nicht möglich sind, da hier ein eindeutiges Identifizierungsmerkmal infolge der fehlenden IP-Adressen nicht gegeben ist. Da jedoch zum Beispiel die Internet-Provider personenbezogene Daten registriert haben, können diese zusammen mit der dynamischen IP-Adresse bei Bedarf an die entsprechenden Webserver weitergeleitet werden, so dass dann ein explizites anbieterorientiertes Nutzerprofil ermöglicht wird. Hier sind jedoch unbedingt die entsprechenden gesetzlichen Datenschutzgesetze zu beachten[75], welche explizit den Schutz der personenbezogenen Daten fordern.

Aufgrund der geschilderten Sachverhalte treten bei der Auswertung von Logfiles zwangsläufig Probleme auf. Infolge der angesprochenen Proxy-Server- beziehungsweise der lokalen Cache-Technologie des Nutzer muss unter anderem überhaupt kein Webserver-seitiges Logfile geschrieben werden, was bei Auswertung der reinen Zugriffszahlen über die geschriebenen Zeilen in dieses Logfile zu verfälschten Ergebnissen führen kann. In gleichem Maße bereiten die von Firmen eingesetzten Firewalls Schwierigkeiten, da diese aus Sicherheitsgründen die unternehmensinternen IP-Adressen stets auf eine einzige externe IP-Adresse umsetzen.

Des Weiteren existieren Software-Tools, die bei Einsatz ein anonymes Web-Browsing ermöglichen. Dabei werden alle Systeminformationen, welche der Browser normalerweise liefert, durch die **Anonymisierungssoftware**[76] ersetzt[77]. Hierdurch kann der Nutzer sicherstellen, dass keine systemindividuellen Daten von ihm weitergegeben werden, was jedoch mit diversen Geschwindigkeitseinbußen einhergeht.

Eine Protokollierung im Rahmen der Logfiles findet auch dann statt, wenn sogenannte *„intelligente Agenten"*, die von Suchmaschinen zur Registrierung von Webseiten verwendet werden, auf die jeweiligen Webserverseiten zugreifen. Da diese jedoch

---

[73] Vgl. Amor, D.: Die E-Business-(R)Evolution, 2000 Bonn, Seite 502

[74] Vgl. Günter, R.: Computerkriminalität, 1998 Kaarst, Seite 192

[75] Eine explizite Einwilligung des Nutzers zur Weitergabe seiner Daten **muss** vorliegen.

[76] Zum Beispiel: http://www.anonymizer.com/

[77] Vgl. Amor, D.: Die E-Business-(R)Evolution, 2000 Bonn, Seite 507

keine potenzielle Nutzer der entsprechenden Seiten sind, kann es hier ebenfalls zu Fehlauswertungen kommen[78].

Dennoch kann die Logfile-Analyse zur Groborientierung bei Beachtung der oben erwähnten Fehleranalysequellen zu folgenden Zwecken verwendet werden[79]:

📖 Durch eine Nutzungsanalyse hinsichtlich der systemtechnischen Gegebenheiten der potenziellen Nutzer lassen sich gezielte Web-Seiten-Optimierungen durchführen (zum Beispiel: Mehrsprachigkeit, Browseranpassungen, Verlinkungen durch Auswertungen der zuletzt besuchten Seiten, Beseitigung von fehlerhaften Seitenaufrufen, etc.).

📖 Relativ einfache Erfolgsmessungen für einzelne Webseitenangebote durch Einsatz von Logfile-Statistiktools.

    ✥ Wie viele Dateien werden übertragen?

    ✥ Wie viele Besuche hat die Webseite?

    ✥ Wie viele Seiten werden pro Besuch aufgerufen?

    ✥ Zu welcher Zeit wird die Webseite am häufigsten frequentiert?

📖 Feststellung der Nutzerquellen durch Rückschlüsse auf IP-Adressen beziehungsweise Sprachfunktionalitäten des Browsers.

Wie ein solches Logfile aufgebaut seien kann, zeigt nachfolgende Tabelle 3.3.

Neben dem Seitenaufrufsdatum werden sowohl die IP-Adresse, der Ort von dem der entsprechende Surfer gekommen ist sowie die Browser-Version angezeigt.

Abschließend ist nochmals zu verdeutlichen, dass die Informationen aus einem Logfile infolge der beschriebenen Problematiken als Marktforschungsdatenquelle sehr restriktiv zu verwenden sind. Lediglich Nährungsinformationen hinsichtlich des Internet-Nutzers kann man aus diesen gewinnen; sie stellen jedoch keine repräsentative Informationsbasis dar.

---

[78] Vgl. *Ohne V.: Welche* Daten erhält man mit einer Logfile-Analyse?, http://www.comcult.de/forschung/lfdaten.htm *Stand: 10.02.2001*

[79] Vgl. Grass, G.: Die Nutzung Ihres Online-Angebots, http://www.ecin.de/ marketing/erfolgskontrolle/logfile.html Stand: 12.08.1999

Date	*IP*	*Hostname*	*Browser*
02.11.1997 19:49	195.236.136.98	proxy.konstanz.swol.de[80]	MSIE 3.02; Win95[81]
02.11.1997 11:33	193.158.139.113	ics1f.do.srv.t-online.de	NS 3.01 Gold; Win95
02.11.1997 13:49	194.25.2.24	funnel23.btx.dtag.de	NS 2.01DT; Win3.x
...	...	...	...

Tabelle 3.3:   Beispielhafter Aufbau eines Logfiles[82]

3.4.2 Cookie

Ein Cookie dient zur Speicherung von **Statusinformationen**, welche zusammengefasst von einem entfernten Webserver bei dem Abruf einer Webseite auf dem lokalen Rechner des Benutzers als sogenannte Textdatei abgelegt werden. Ähnlich wie der Inhalt von Glückskeksen innerhalb der chinesischen Kultur enthalten diese Cookies auf den ersten Blick verborgene Informationen über die Surfgewohnheiten des entsprechenden Internetnutzers.

Für weitere Abrufe der entsprechenden Webseiten fungiert diese Textdatei dann als Identifizierungsmerkmal, wobei die gespeicherten Informationen zurück an den Server übertragen werden[83]. Unter anderem kann eine Cookie-Information das erforderliche persönliche Kennwort des Nutzers für eine bestimmte Webseite (verschlüsselt), Benutzernamen, E-Mail-Adressen oder Einkaufspräferenzen enthalten.

Entwickelt wurde diese Technologie von dem Unternehmen Netscape, um dem Nutzer für wiederkehrende Tätigkeiten eine Unterstützungsmöglichkeit in Form einer Informationsspeicherung zu geben.

Sogenannte JavaScript-Programme erlauben speziellen Serverfunktionen einen Schreibzugriff auf den lokalen Rechner des entsprechenden Nutzers. Somit ist es unter Umständen möglich, durch vorherrschende Sicherheitsprobleme des lokalen Betriebssystems unerlaubt Informationen über den jeweiligen Nutzer abzurufen, ohne dass dieser davon Kenntnis erlangt.

---

[80] Diese Surferin/dieser Surfer kam von einem Proxy-Server, welcher in Konstanz beheimatet zu sein scheint.

[81] Microsoft Internet Explorer Version 3.02, Betriebssystem Microsoft Windows 95

[82] Vgl. Krause, J.: Electronic Commerce, 1998 München u.a., Seite 263

[83] Vgl. Stolpmann, M.: Kundenbindung im E-Business, 2000 Bonn, Seite 250

Gerade diese Tatsache führt dazu, dass dieser Technologie nicht das notwendige Vertrauen seitens der Nutzer entgegengebracht wird, so dass diese die Möglichkeit nutzen, die Cookie-Technologie ihrem Browser zu untersagen.

Damit scheitert auch die Informationsgewinnung im Zuge der Marktforschung, welche auf diese Technologie aufbaut. Des Weiteren ist der Inhalt einer solchen Datei für den Nutzer nicht transparent[84], das heißt er kann häufig die Cookie-Inhalte nicht interpretieren, so dass dadurch das Vertrauensverhältnis zwischen Nutzer respektive Kunde und Unternehmen belastet wird. Die nachfolgende Abbildung 3.6 zeigt den Inhalt einer Cookie-Datei, die lediglich durch die Erstellerin/den Ersteller des Programmcodes dieser Cookie-Datei vollkommen interpretiert werden kann. Man kann „als Laie" durch die Screen-Sequenzen erahnen, dass eine Auflösung von 800 * 600 Pixel für die Darstellung der Webseite angestrebt wird, sowie dass sich unter der Webadresse http://www.stw-datentechnik.de/eiterfeld/ Seiten befinden, die diese Datei nutzen.

ScreenWidth 800

www.stw-datentechnik.de/eiterfeld/ 0 1313909120 29757030 1256615264 29357391 *

ScreenHeight 600

www.stw-datentechnik.de/eiterfeld/ 0 1313909120 29757030 1256615264 29357391 *

Abbildung 3.6: Cookie-Datei

Dieser Problematik kann jedoch seitens des Unternehmens entgegengewirkt werden, wenn dieses offen unter einem bestimmten Menüpunkt dem Betrachter der Webseite anbietet, den Inhalt seiner Cookie-Datei für eben diese Webseite zu entschlüsseln und offenzulegen. Damit agiert das Unternehmen kundenorientiert, da es auf Wunsch einer offenen Dateninformationspolitik gegenüber dem Seitenbetrachter aufgeschlossen ist. Dadurch kann ein Vertrauensverhältnis aufgebaut werden, welches über die Marktforschungszwecke hinaus eine langfristig erfolgreiche Kundenbindung unterstützt.

Ebenso weisen die Cookie-Dateien auch eine datenschutzrechtliche Dimension auf. Sofern nämlich personenbezogene Daten innerhalb dieser Cookie-Dateien gespeichert werden, so ist in jedem Fall die Einwilligung des Seitenbesuchers vonnöten[85]. In der Regel ist dies jedoch nicht erforderlich, da durch die Adressierung via IP-Adressen eine gewisse Anonymität gewahrt ist. Lediglich bei einer personalisierten Anmeldung des Besuchers durch Eingabe eines Identifizierungskennwortes (Stichwort: Nutzerprofile) ist auf den Datenspeicherungscharakter der entsprechenden Cookie-Datei zwingend hinzuweisen.

---

[84] Vgl. Krause, J.: Electronic Commerce, 1998 München u.a., Seite 192

[85] Vgl. Preißner, A.: Marketing im E-Business, 2001 München u.a., S. 307

Bevor im Folgenden die einzelnen Dimensionen des E-Marketing-Mixes näher erläutert werden, möchten wir an dieser Stelle explizit erwähnen, dass die Marktforschung wesentlich zur Optimierung eben dieses E-Marketing-Mixes beitragen kann. Nur wenn die Bedürfnisse und Gewohnheiten potenzieller Kunden bekannt sind, kann eine Unternehmung durch die ihr zur Verfügung stehenden Marketing-Methoden darauf eingehen. Demzufolge stellt die Marktforschung die Grundlage für den gezielten Einsatz der Marketinginstrumente sowie deren Aktualisierung und Verfeinerung dar.

4   Die Produktpolitik als E-Marketinginstrument

Im Rahmen der Produkt- und Programmpolitik[86] werden zum einen Entscheidungen über die Ausgestaltung der Eigenschaften eines einzelnen Produktes und zum anderen über das Programm/Sortiment, also die Innovation, Variation und Elimination von Leistungsarten getroffen.

> *Es gilt in diesem Zusammenhang die Frage zu beantworten, welche Leistungen beziehungsweise welche Problemlösungen mit welchen Eigenschaften am Markt angeboten werden sollen, um einer Bedürfnisbefriedigung des Kunden nachzukommen.*

Für die Beantwortung dieser Frage ist es notwendig, sich mit den direkten und indirekten Eigenschaften eines Produktes, welche der Erfüllung eines Wunsches respektive des Bedürfnisses eines potenziellen Kundens dienen, zu befassen.

Neben dem originären Produktnutzen (Leistungen und Problemlösungen des Produktes) ist dem Nutzer ein Zusatznutzen (Begleiteigenschaften des Produktes) zu bieten, um einen Erwerb nachträglich zu untermauern, so dass aus einem Käufer ein dauerhafter, zufriedener Kunden wird.

Nachfolgende Abbildung 4.1 bildet diese Einteilung ab, wobei sowohl die Produktpolitik im engeren Sinne als auch die Programmpolitik den angesprochenen originären Nutzen und die Kundendienstpolitik sowie die Garantieleistungspolitik den Zusatznutzen eines Produktes repräsentieren.

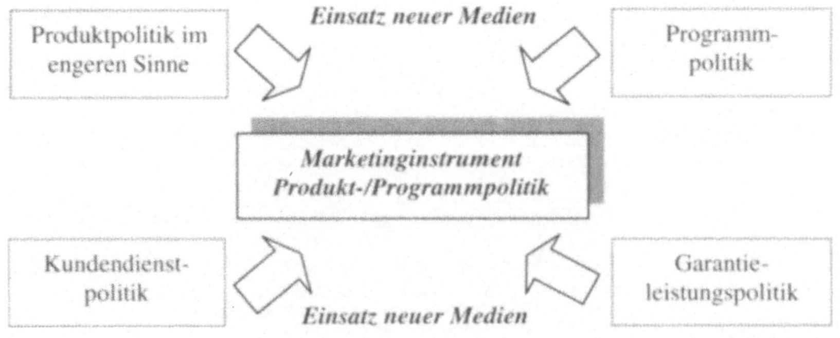

Abbildung 4.1:   ***E-Marketinginstrument Produkt-/ Programmpolitik***

---

[86] Im Handel spricht man in diesem Zusammenhang von der sogenannten Sortimentspolitik.

Demzufolge rechnet man der Produktpolitik folgende Ausprägungen zu[87]:

- Die ***Produktpolitik im engeren Sinne*** umfasst alle Maßnahmen zur Findung, Gestaltung, Einführung und Positionierung von Produkten.

- Die ***Programmpolitik*** involviert alle Maßnahmen, welche sich mit der Anzahl, der Art und dem Umfang der angebotenen Produkte beschäftigen.

- Die ***Kundendienstpolitik*** agiert service-orientiert, das heißt sie umfasst alle Aktivitäten, die Anbieter vor, während und nach dem Kauf unternehmen, um den Kauf und die Handhabung respektive Funktion ihrer Produkte für den Kunden bedarfsgerecht zu gestalten.

- Die ***Garantieleistungspolitik*** setzt sich mit Gewährleistungsaspekten auseinander, welche die Funktionen und Qualitäten der Produkte über den Kauf hinaus absichern.

Beispielhaft werden in Tabelle 4.1 zu jeder Ausprägung der Produktpolitik spezifische Aktionen zur Verdeutlichung dargestellt.

Produktpolitik i.e.S	*Programmpolitik*	*Kundendienstpolitik*	*Garantieleistungspolitik*
Qualität	Programmbreite/ Programmtiefe	After-Sales-Service	Garantieumfang
Design	Programmgestaltung/ Programmveränderung	Technischer Kundendienst	Reklamationsbearbeitung
Verpackung	Diversifikation	Kaufmännischer Kundendienst	Beschwerdemanagement
Markenbildung		Service am Produkt	Kundenmanagement
Produktentwicklung			
Variantenpolitik			

Tabelle 4.1: Aktionen zu den Ausprägungen der Produktpolitik[88]

---

[87] Vgl. Mülder, W. / Weis, C.: Computerinteg. Marketing, 1996 Ludwigshafen (Rhein), S. 356

[88] In Anlehnung an Mülder, W. / Weis, C.: Computerintegriertes Marketing, 1996 Ludwigshafen (Rhein), Seite 42

Verbunden mit dem Einsatz neuer Technologien sind in der Regel neue Produkte (digitale Musikstücke, elektronische Bücher), Geschäftszweige (unter anderem Multimedia-Agenturen, Internetgestützte Bankfilialen) und Branchen (zum Beispiel: Online-Preisagenturen, Internet Service Provider).

Hierauf soll in dieser Abhandlung jedoch nicht eingegangen werden, sondern vielmehr, wie die neuen Medien als ***Unterstützungskomponente*** im Zuge einer gezielteren und effizienteren Kundenbedürfnisbefriedigung bezüglich der produkt- und programmtechnischen Aspekte des E-Marketingmixes eingesetzt werden können.

Dabei wird der Schwerpunkt auf folgende Themen gelegt:

    📖   Produktinnovationen und Produktvariationen

    📖   Produkt- beziehungsweise Sortimentspräsentationen

    📖   Individuelle Produktkonzeptionen

    📖   Onlinespezifische Kundendienstpolitik

    📖   Onlinespezifische Garantieleistungspolitik

4.1 Produktinnovationen und Produktvariationen

Infolge der immer kürzer werdenden Produktlebenszyklen vieler technischer Güter aber auch durch die immer weiter voranschreitende Angleichungstendenz bei Dienstleistungen und Produkten kommt dem Entwicklungs- aber auch Variationsprozess von Gütern und Produkten eine immer wichtigere Rolle zu. Im ersten Fall handelt es sich um sogenannte Produktinnovationen, im zweiten um Produktvariationen.

Dabei gilt es die Entwicklung neuer Produkte zur Marktreife voranzutreiben, um zum Beispiel durch schneller ablaufende Entwicklungszyklen zeitnah und damit vielfach vor der Konkurrenz den Markt zu betreten, oder aber auch die Weiterentwicklung bereits am Markt befindlicher Produkte durch eine am Kunden ausgerichtete Produkt- beziehungsweise Programmpolitik zu fördern.

Durch die neuen Medien werden diese produktspezifischen Neu- und Weiterentwicklungsmöglichkeiten für eine Unternehmung immer mehr zu einem ***kritischen Erfolgsfaktor***, denn der potenzielle Wettbewerber ist durch das Internet nur einen Mausklick entfernt. Weiterhin wird über die neuen Medien dem Kunden eine Angebotsvielfalt präsentiert, so dass dieser für ein und denselben Bedürfnisbefriedigungsprozess mehrere Produkte unterschiedlicher Anbieter übersichtlich auf dem heimischen Monitor zur Verfügung hat.

In diesem Zusammenhang sind folgende Entwicklungen hinsichtlich der Produktneu-/Produktweiterentwicklungen zu beobachten:

    ✍   Tendenz zu höheren Innovationsraten.

    ✍   Drastische Reduzierung der Zeit bis zur Markteinführung (Time-To-Market).

- ✎ Notwendigkeit hoher Produktqualität bereits bei der Markteinführung.

- ✎ Möglichst frühzeitige Einbindung von externen Partnern (Kunden und Lieferanten) in den Entwicklungsprozess.

- ✎ Verstärktes Outsourcing von Entwicklungsleistungen auf spezialisierte Unternehmen beziehungsweise auf Zulieferer, welche häufig als direkte Entwicklungspartner fungieren.

- ✎ Teamorientiertes Arbeiten, wobei die Standortfrage der Entwicklerteams von sekundärer Bedeutung ist.

- ✎ Verstärkter Rationalisierungsdruck beim Entwicklungsprozess.

- ✎ Möglichst geringe Reibungsverluste an den einzelnen Schnittstellen sowohl unternehmensintern als auch zu externen Partnern, das heißt es ist eine Optimierung der internen sowie der externen Geschäftsprozesse vorzunehmen.

Diese vorgestellten Entwicklungen sind prädestiniert für Unterstützungsleistungen der neuen Medien, die neben den organisatorischen, technischen und kommunikativen Maßnahmen ihre Vorteile der schnellen und räumlich ungebundenen Informationsbereitstellung, Kommunikationsmöglichkeiten sowie virtuellen Darstellungsmöglichkeiten einbringen können.

Im Folgenden werden Beispiele für die Unterstützungsleistungen der neuen Medien im Zuge der Neu- und Weiterentwicklung von Produkten genannt, die einen entscheidenden Einfluss auf den **digitalen Wertschöpfungsprozess** nehmen können.

***Dabei umfasst der Begriff der digitalen Wertschöpfung alle wirtschaftlichen Tätigkeiten, welche entweder für oder mittels elektronischer Netze und Medien betrieben werden*[89].**

Somit stellt die Produktneu- und Produktweiterentwicklung nur einen Teil dieses digitalen Wertschöpfungsprozesses dar, welcher durch die anderen strategischen und operativen Instrumente des Marketing-Mixes sowie anderer Funktionsbereiche des Unternehmens ergänzt wird.

Telekooperationen / Videokonferenzen

Bei der Telekooperation arbeiten mehrere Entwickler, Abteilungen und/oder Partner über ein vernetztes System interaktiv zusammen. Hierdurch wird es möglich, zum einen **zeitversetzt** ein Projekt weiter voranzutreiben. Große Konzerne mit weltweiten Entwicklungsstandorten können dadurch quasi **Rund-um-die-Uhr** an einer Pro-

---

[89] Vgl. Haasis, K. / Zerfaß, A. (Hrsg.): Digitale Wertschöpfung, 1999 Heidelberg, Artikel: Zerfaß, A. / Haasis, K.: Multimedia im Mittelstand, Seite 5

jektphase arbeiten, wobei dafür gesorgt werden muss, dass jedes Teammitglied systemtechnisch Zugriffsmöglichkeiten auf den neuesten Entwicklungsstand besitzt.

Zum anderen können die an der Entwicklung beteiligten Stellen **parallel** an einer gemeinsamen Aufgabe arbeiten, die jeweiligen Ergebnisse unmittelbar zur Verfügung stellen und mit den übrigen Stellen abstimmen[90].

Neben den ganzheitlichen Entwicklungsprozessen (keine Zeitunterbrechung durch tagesausnutzende Arbeitsprozesse) können vielfach durch Telekooperationen auch Reisekosten durch Nutzung von Videokonferenzen eingespart werden, denn sowohl der Gesprächspartner als auch das Produkt sind durch die technischen Möglichkeiten direkt und ohne Zeitdefizite verfügbar.

Visueller Datenaustausch

Eine Weiterentwicklung der Videokonferenzen ist in dem visuellen Datenaustausch zu sehen, durch den mittels Videoüberwachung unter anderem auch komplette Baustellen überwacht und durch den entsprechenden Projektleiter gesteuert werden können[91].

Des Weiteren lassen sich gleichzeitig neben der visuellen Darstellung des realen Baustellengeschehens wichtige Informationen über die Bauaktivitäten, Termine und Zeichnungen elektronisch positionieren. Dadurch können die Bauvorhaben wesentlich schneller abgewickelt werden, da unter anderem ein postalischer Versand von Konstruktionsplänen entfällt.

Ebenso können durch die Visualisierung des Baustellengeschehens auf den Bildschirmen der entsprechenden Projektverantwortlichen zeitraubende und kostenintensive Dienstreisen vermieden werden. Kritisch hierbei ist jedoch der Datenschutzgesichtspunkt, da eine ganztägliche elektronische Überwachung der arbeitenden Menschen stattfindet und es für die Videoüberwachung bisher noch keine gesetzliche Regelung gibt[92].

Virtuelles Prototyping

Zunächst werden von angedachten Produkten digitale Abbilder als Prototyp entwickelt, welche anschließend durch die potenziellen Kunden begutachtet werden können.

---

[90] Man spricht hier von dem sogenannten **Simultanen Entwicklungsprozess**.

[91] Vgl. Brankamp, T. / Tobias, M.: Bilder von Anna – Das Internet erobert die deutschen Baustellen, 26.03.2001 Handelsblatt

[92] Auf datenschutzrechtliche Gesichtspunkte im Zuge der Umsetzung von E-Marketing-Konzeptionen wird in diesem Buch nicht eingegangen, da dies den Rahmen sprengen würde.

Beispiele hierfür sind 3D-Modelle im Automobilbau, virtuelle Gebäudekomplexe oder Außenanlagen, welche „besichtigt" werden können oder komplette Produktionsanlagen. Im Idealfall sollten die 3D-Graphiken unmittelbar in die CAD-Systeme übernommen werden können.

Virtuelle Produkttests

Durch softwaretechnische Simulationen lassen sich explizite Charakteristiken eines konstruierten Produktes ohne großen materiellen Aufwand testen. Die gewonnenen Ergebnisse können direkt in den oben erwähnten Prototypen einfließen, welcher anschließend erneut definierten Testprozessen ausgesetzt werden kann.

Dadurch wird ein ***rollierender Entwicklungsprozess*** gewährleistet, welcher ohne Medienbrüche sowohl die Entwicklung aber auch die Nutzung widerspiegelt. Eine Folge dieses rollierenden Entwicklungsprozesses kann unter anderem die Einsparung von Kosten resultierend aus Fehlentwicklungen aber auch zu späten Korrekturen innerhalb des Entwicklungsprozesses sein.

Informationsbeschaffung

Hierbei liefert die bereits erwähnte E-Marktforschung explizite Erkenntnisse über die potenziellen Kundenbedürfnisse, so dass ein Produkt darauf abgestimmt werden kann.

Des Weiteren lassen sich in diesem Zusammenhang auf sehr einfachem Wege sogenannte Sekundärinformationen besorgen (zum Beispiel: Patentrecherchen, aktuelle Forschungsergebnisse, etc.), welche ebenfalls direkt in den Produktentwicklungs- und Produktweiterentwicklungsprozess einfließen können.

Virtuelle Welten

Durch virtuelle Welten kann man prinzipiell alle Wahrnehmungssinne des Menschen adressieren[93]. Dabei können zum Beispiel auch virtuelle Umgebungen mit realen Tatsachen in Verbindung gebracht werden, um zu eruieren, welche Wechselwirkungen zwischen diesen beiden Ebenen bei einer Kombination bestehen (***Augmented Reality***[94]).

---

[93] Beispiele in Hennig, A.: Die andere Wirklichkeit, 1997 Bonn

[94] Vgl. Gadeib, A. / Determann , L. / Schryen ,G.: Potentiale und Grenzen internetbasierter Virtueller Welten zur Durchführung von Produkttests, Seite 13

Denkt man zum Beispiel an die Entwicklung eines neuen Hausstils für eine bestimmte Landschaft, so kann man dieses Abbild in die real existente Wohnlandschaft integrieren, um eventuelle Stilbrüche zu vermeiden (weitere Beispiele: Einrichtungen von Wohnräumen, Optimierung des Platzangebotes in einem Flugzeug, etc.).

Teledildonics

Bei dieser Thematik handelt es sich um ein effektives Kommunikations- und Gestaltungsinstrumentarium auf taktiler Ebene. Unter einer **taktiler Ebene** versteht man die mit den menschlichen Sinnen wahrnehmbaren Einflüsse auf den menschlichen Körper, wobei primär gefühlsorientierte Aspekte angesprochen und betrachtet werden.

Das Wort Dildonics wurde im Jahre 1974 von dem Computer-Visionär Theodor Nelson geprägt, welcher damit eine Maschine bezeichnete, die in der Lage war, Töne in taktile Empfindungen umzuwandeln[95]. Durch diesen Simulationsgenerator hat man die Möglichkeit, über eine digitale Datenverbindung taktile menschliche Eigenschaften zu übertragen, welche gerade für die Produktpolitik im engeren Sinne verwendet werden können.

So wird zum Beispiel im Modebereich im Vorfeld eine gefühlsbetonte Auswirkung neuer Produkte auf den zukünftigen potenziellen Käuferkreis eruiert, ohne dabei die entsprechenden Personen auf direktem, persönlichem Wege zu kontaktieren. Unter Zuhilfenahme von Körpersensoren werden auf elektronischem Wege dem entsprechenden Probandenkreis zum Beispiel gefühlsensitive Materialeigenschaften übermittelt, welche trotz fehlenden physischen Vorhandenseins dennoch von der Person direkt durch die am Körper befindlichen Sensoren wahrgenommen werden können (unter anderem Tests von neuen Stoffeigenschaften einer Anzugshose auf virtueller Ebene).

Des Weiteren lassen sich hierüber natürlich auch alle die Produktpolitik betreffenden taktilen Maßnahmen abwickeln[96]. Hierdurch kann zum einen durch die Digitalisierung des Vorgangs eine Zeitersparnis und zum anderen aber vielfach auch eine Kostenreduktion der entsprechenden Vorgänge erzielt werden, da so die Möglichkeit besteht, eine Datenauswertung direkt ohne einen Medienbruch durch die entsprechenden Systeme abzuwickeln. Unter anderem können durch den Einsatz einer virtuellen Hand ortsunabhängig Produkte digital geformt werden, welche anschließend real weiterverarbeitet werden können.

---

[95] Vgl. Rheingold, H.: Virtuelle Welten – Reisen im Cyberspace, 1992 Reinbek bei Hamburg, Seite 529

[96] **Beispiele:** Gefühlsbetonter Materialeinsatz bei Produkten, welche direkt mit der menschlichen Haut in Verbindung treten (*Wirkung eines Automobilsitzes auf den Fahrer bei längeren Fahrten*), Kraftsparende Nutzung von Produkten (*Krafttraining via Datenfernleitung, Test einer Servolenkung*), taktile Verpackungsfragen

Elektronisierte Geschäftsprozesse

Das E-Business als eigenständiger ökonomischer Geschäftszweig eröffnet Unternehmungen die Möglichkeit, Geschäftstransaktionen mit internen/externen Kunden und Lieferanten vollständig elektronisch abzuwickeln[97]. Dadurch wird einer Unternehmung die Möglichkeit eröffnet, interne wie externe Prozesse entlang einer **digitalisierten Wertschöpfungskette** auszurichten beziehungsweise diese mit ihren begleitenden Informationsflüssen innerhalb derselben zu integrieren. Nur so kann eine unterbrechungsfreie Wertschöpfungskette garantiert werden.

Medienbrüche an den entsprechenden Schnittstellen werden vermieden, so dass ein *ganzheitlicher Wertschöpfungsprozess*[98] zeitnah und an den Kundenbedürfnissen orientiert gestaltet werden kann. Vielfach führt diese digitalisierte Wertschöpfungskette zu virtuellen Firmen, wobei in der Zentrale zum Beispiel nur noch die Strategieplanung und das Marketing erfolgt, wohingegen der Rest (Entwicklung, Produktion, Logistik, Rechnungswesen, etc.) durch weltweit verstreute Unternehmen wahrgenommen werden. Ökonomisch orientierte Institutionen können so im sogenannten *Web-Bewerb* bei vorteilhaften Kooperationsmöglichkeiten für ein Produkt zusammenarbeiten, bereits beim nächsten Geschäft jedoch wieder als Wettbewerber fungieren[99].

Digitale Synonymprodukte

Gerade bei kostensensitiven und kostenintensiven Produkten bietet es sich an, während ihrer Entwicklungs- und Konstruktionsphase digitale Abbilder zu erstellen, um anhand deren Nutzung Einflussfaktoren auf die reale Entwicklung zu gewinnen.

Der Unterschied zum virtuellen Prototyping besteht dabei darin,, dass kein digitales Produkt ausschließlich für die Entwicklung eines realen Produktes zu Erprobungszwecken geschaffen wird, sondern vielmehr eine Erweiterung des Produktsortiments auf elektronischem Wege stattfindet.

Beispiel:

Sie befinden sich in der Entwicklungsphase eines neuen Automobils. Während sie bei dem virtuellen Prototyping ein 1:1-Abbild des späteren realen Modells dem Probandenkreis zur Verfügung stellen, entwickeln sie bei der Methode der digitalen

---

[97] Vgl. Scheer, A.W./Breitling, M.: Geschäftsprozesscontrolling im Zeitalter des E-Business, 2000 Controlling, Seite 397 ff.

[98] Es wird eine Verknüpfung zwischen den wertschöpfungsbeeinflussenden Systemen hergestellt, wobei eine Unterscheidung zwischen unternehmensinternen und unternehmensexternen nicht mehr vorgenommen wird, da infolge der Verknüpfung eine *1:1-Beziehung* existent ist.

[99] Vgl. Ohne V.: Die Überflieger – Virtuelle Unternehmen, 2000 manager magazin, Seite 150

Synonymprodukte zum Beispiel ein Computerspiel. Durch die Anwendung des Spieles werden die potenzieller Autokäufer mit Technik, Design und Ausstattung des geplanten neuen Modells bekannt gemacht.

Gleichzeitig geben sie dem Probandenkreis ein Modellierungstool an die Hand, mit welchem er ihre Vorstellungen ergänzen, verbessern oder verfeinern kann (Farbvarianten, Ausstattungsmerkmale, Anordnung der Instrumente, Fahrwerksabstimmung nach persönlichem Empfinden, etc.).

Auf spielerischem Wege entwickelt der Probandenkreis das originäre Produkt weiter, wobei er im Gegensatz zu dem virtuellen Prototyping diesen Aspekt nicht als Zweck des Computerspiels ansieht, sondern vielmehr der Spaßfaktor im Vordergrund steht.

Durch die gewonnenen Fahrsimulationsergebnisse beziehungsweise Modellierungsergebnisse können Rückschlüsse für die Weiterentwicklung ihres realen Prototypen gezogen werden. Dazu können zum Beispiel die Daten durch spezielle Anreize oder Mehrwertfaktoren von den Kunden eingefordert werden (zum Beispiel: Gewinnspiel, Entlohnungssystem, etc.).

Des Weiteren wird in Zukunft neben dem realen Modell auch ein digitales, welches dann während der Einsatzphase des originären Produktes als marketingpolitisches Instrument eingesetzt wird und ihr Produktsortiment durch ein segmentänderndes Produkt (zum Beispiel: PC-Spiel) erweitert, vermarktet.

4.2   Produkt-/Sortimentspräsentationen

Ein weiterer Anwendungsschwerpunkt der neuen Medien in der Produktpolitik ist die Produkt- beziehungsweise Sortimentspräsentation. Hierbei handelt es sich um kein operatives Instrumentarium der Kommunikationspolitik, da im Sinne von rein informatorischen Gesichtspunkten das Produkt- beziehungsweise das Sortiment dem Betrachter präsentiert wird. Die Produkt- beziehungsweise Sortimentspräsentation verzichtet in der Regel auf die prägenden Eigenschaften der Werbung, wie große und breit gestreute Öffentlichkeit, Dramatisierung der Darstellung, Einweg-Kommunikation mit dem Zielpublikum oder mehrmals nutzbare Botschaften für den Adressatenkreis[100].

Sie erfolgt im Sinne der neuen Medien mittels CD-ROM, über das Internet, über die Mobilkommunikation, über Kiosksysteme oder über das Fernsehen, wobei dieses durchaus einen interaktiven Charakter durch Kopplung der Fernsehstation mit einem Datenkommunikationsgerät besitzen kann[101].

Der Einsatz der neuen Medien in der Produktpräsentation bietet eine Reihe von Vorteilen, welche explizit im Zuge der folgenden Unterkapitel vorgestellt werden.

Der Hauptvorteil besteht jedoch in der Möglichkeit des multimedialen Präsentierens.

---

[100] Vgl. Kotler, P. / Bliemel, F.: Marketing-Management – 9. Auflage, 1999 Stuttgart, Seite 957

[101] Diese werden im Folgenden noch näher erläutert werden.

Unter *Multimedia* versteht man die kombinierte Präsentation unterschiedlicher Medien – wie Bilder, Text, Grafik, Sprache, Musik, Video – über ein System, wobei mindestens ein zeitunabhängiges und ein zeitabhängiges Medium zusammenwirken müssen[102].

Als *zeitunabhängig* kann man dabei alle Medien ansehen, welche gleichbleibende Informationen für den Betrachter ohne Bewegungseffekte und laufende Darstellungssequenzen anzeigen, wohingegen *zeitabhängige* Medien sich den Charakter der Bewegungseffekte zu Eigen machen.

Textuelle Darstellungseffekte sind prädestiniert für zeitunabhängige Informationspräsentationen; Videosequenzen fungieren dagegen infolge ihrer nicht durchgehend statischen Anzeigemöglichkeiten als zeitabhängiges Medium.

Ein weiteres Merkmal multimedialer Präsentationen liegt in der *direkten Interaktionsmöglichkeit* des Betrachters auf das Geschehen, so dass er dieses nach seinen Vorstellungen beeinflussen kann.

Produkte können durch multimediale Effekte von allen Seiten angesehen werden, der Kunde kann bestimmte Darstellungs- und Ausgestaltungsformen, wie zum Beispiel farbliche Produktausprägungen, auswählen. Versuche laufen bereits mit multimedialen Endgeräten, die auch den Geruchssinn ansprechen. Virtuelle Rundgänge durch einen Supermarkt sind ein Beispiel der Präsentation kompletter Sortimente. Auswahlmenüs und Suchmöglichkeiten erleichtern dem Interessenten das Navigieren im virtuellen Katalog. Sind in die Produktpräsentation auch Bestellmöglichkeiten integriert, so spricht man von einen E-Shop, auf dessen Charakteristiken im Rahmen der Distributionspolitik eingegangen wird.

Greift man den Gesichtspunkt des *Referenzmarketings* auf, so können im Netz Referenzprodukte weltweit präsentiert werden, um den Interessenten einen Einblick in die Leistungsfähigkeit des Unternehmens zu geben. Solche Referenzprojekte haben beispielsweise im Schiffbau, Großanlagenbau, Sonderfahrzeugbau, Sondermaschinenbau aber auch in der Softwarebranche eine wichtige marketingpolitische Bedeutung.

Bei der *Sortimentsgestaltung* ist es unter anderem möglich, ein sogenanntes virtuelles Sortiment zu präsentieren. Im elektronischen Katalog müssen die Güter nicht notwendiger Weise in ein physisch vorhandenes Sortiment in Form eines Lagers einfließen, da dies durch die Vernetzung mit Herstellern, Händlern und Logistikpartnern keine Notwendigkeit im Rahmen einer Kundenbedürfnisbefriedigung darstellt.

---

[102] Vgl. Mülder, W. / Weis, C.: Computerintegriertes Marketing, 1996 Ludwigshafen (Rhein), Seite 112

Bereits bei der Produktpräsentation ist darauf zu achten, dass man dem Betrachter weitere Leistungen zu dem Produkt direkt offeriert, welche den potenziellen Kunden einen Zusatznutzen bieten.

Hier kann das ***DIME-Konzept***[103] mit seinen integrativen Bestandteilen

📖	*D*	<>	Dialog
📖	*I*	<>	Interaktion
📖	*M*	<>	Mehrwert
📖	*E*	<>	Einzigartigkeit

Berücksichtigung finden. Durch eine Dialogmöglichkeit mit der Unternehmung, durch die Interaktion, durch den Zusatznutzen zu einem Produkt und durch die Hervorhebung dessen Einzigartigkeit soll bereits bei der Produktpräsentation ein Betrachter zu einer Umsatzgenerierung mit dem Unternehmen bewogen werden.

Die Produktpolitik fungiert im Sinne des Marketing-Mixes neben der Kommunikationspolitik als Ausgangspunkt bei der Gewinnung von Kundenpotenzialen, so dass hier die Grundlagen für die späteren Geschäftstransaktionen gelegt werden.

Im Sinne der Produktpolitik können Zusatznutzen gerade innerhalb der Kundendienst- und Garantieleistungspolitik geschaffen werden. Erwähnung finden diese in den entsprechenden Unterkapiteln ***„Onlinespezifische Kundendienstpolitik"*** und ***„Onlinespezifische Garantieleistungspolitik"***.

Nachfolgend werden verschiedene neue Medien vorgestellt, die für die Produktpräsentation im E-Marketing-Mix geeignet erscheinen.

4.2.1 CD-ROM Präsentation

Wird das Medium der CD-ROM genutzt, so verbindet man dieses meist mit einer Ergänzung der Funktionalität dergestalt, dass gewisse Dienstleistungen wie Online-Bestellmöglichkeiten über das Internet bereitgestellt werden.

Speicherintensive, langfristig gleichbleibende Informationen (Bilder, Videos, Animationen, gesprochener Informationstext) werden von der CD-ROM geladen, aktuelle und zeitkritische Daten und Transaktionsmöglichkeiten werden hingegen über das Netz bereitgestellt. Dabei ist es realisierbar, dass über einen CD-ROM Katalog ein kostenloser und zeitlich unbegrenzter Zugang zur Homepage des Anbieters durch den Kunden erfolgen kann. Kurzum, es erfolgt eine Verknüpfung zwischen einem ***statischen Produktpräsentationsinstrumentarium*** im Sinne transaktionsorientierter Geschäftsprozessvorgänge mit ***einer dynamischen Möglichkeit*** der kundenindividuellen produktpolitischen Kundenansprache.

Dadurch wird eine ganzheitliche elektronische Produktpräsentationskette geschaffen, mittels derer das Unternehmen eine Verknüpfung zwischen nachfrageorientierter Informationspolitik für einen potenziellen Kunden mit Mehrwertfaktoren, hier von weiteren zeitorientierten Informationen, herbeiführt.

---

[103] Vgl. Stolpmann, M.: Online-Marketingmix – 2. Auflage, 2001 Bonn, Seite 62

Der Kunde kann so ab dem Zeitpunkt der Produktpräsentation im Sinne eines Navigationssystems zu einem gezielten Kauf geführt werden, da durch die Kombinationsmöglichkeit von verknüpften Offline-/Online-Präsentationsmöglichkeiten gezieltere vom Kunden gesteuerte Produktpräsentationen vorgenommen werden können. Dieser Tatsache wird in Abbildung 4.2 Rechnung getragen, wobei hier der Kunde zunächst durch ein anonymisiertes, lokales elektronisches Präsentationsmedium produktspezifische Informationen erhält, die er dann zeitnah durch Nutzung des Internets erweitern kann, wobei er weitere Angaben zu seinen Informationsbedürfnissen dem betreffenden Unternehmen macht[104].

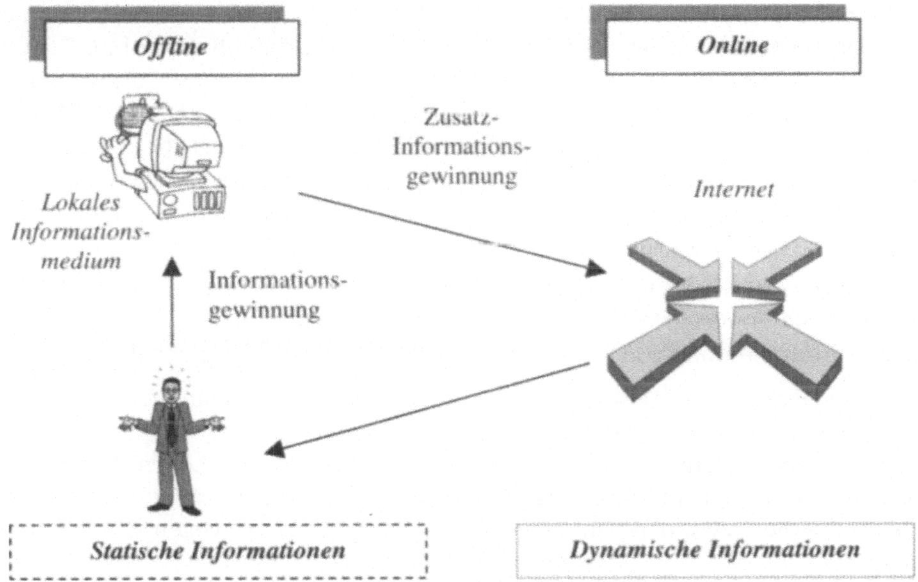

Abbildung 4.2: Ganzheitliche Produktpräsentationskette

Demzufolge besteht für eine ***ganzheitliche Produktpräsentationskette*** folgender Zusammenhang:

	Statische Produktpräsentation	(gleichbleibende Produktinformationen)
+	Dynamische Produktpräsentation	(zeitkritische Produktinformationen)
=	***Ganzheitliche Produktpräsentationskette***	(kundenorientierte Produktinformationen)

---

[104] Im Sinne der E-Marktforschung.

Beispiel:

Ein Online-Buchhändler könnte nach den jeweiligen Buchmessen an seine Kunden eine CD-ROM versenden, auf der zum einen archivierte Buchinformationen aber auch die Neuerscheinungen multimedial präsentiert und erläutert werden. Hierzu zählen unter anderem Rezensionen, Inhaltsverzeichnisse bei Fachbüchern, Autorenvorstellungen, produktbezogene Daten und Probekapitel. Da sich diese Informationen in der Regel nicht ändern, können sie dem potenziellen Kunden ohne Aufwand präsentiert werden. Würde man diese Stamminformationen im Internet abbilden, so müsste der Kunde ihre Einholung finanzieren, was einer erfolgreichen Pre-Sale orientierten Marketingphilosophie weniger entspricht.

Durch einen Hyperlink[105] im Zuge der CD-ROM gestützten Produktpräsentation kann man dem Kunden die Möglichkeit eröffnen, sich schnell und ohne Zusatzaufwand über zeitorientierte Produktaspekte zu informieren[106]. Dies erfolgt beispielsweise dadurch, dass man dem Kunden durch eine Servicenummer einen kostenlosen Zugang zu den unternehmenseigenen Web-Seiten ermöglicht. Direktverkäufe können so durch Einsatz von lokalen Interaktionsmedien gefördert werden, die nach einer Offline-Informationsgewinnung als Online- und damit InternetbasierteEinkaufsmöglichkeiten genutzt werden können.

Mittels der geschilderten Kombination wird eine ganzheitliche und direkte Verknüpfung der E-Marktingmix-Methoden Produktpolitik sowie Preis- (Gewährung von Rabatten) und Kommunikationspolitik (Value Added Services[107]) geschaffen.

Durch den Einsatz der CD-ROM im Zuge der Produktpräsentation hat eine Unternehmung die Möglichkeit, den Kunden ohne Online-Kosten zu informieren, ihm gleichzeitig einen Mehrwert durch einen ohne Gebühren versehenen Zugriff auf die unternehmenseigenen Internetseiten zu bieten, aber ihn auch gezielt durch ein lokales Nutzermedium zu einem Umsatzgewinnungsprozess zu bewegen.

---

[105] Ein **Hyperlink** fungiert als direkt ausführbarer Verweis auf andere Dokumente und garantiert somit eine nicht-lineare elektronische Wiedergabe von Dokumenten. Durch die Nutzung dieses Hyperlinks wechselt man kontextbezogen die jeweiligen Informationswelten ohne einen zusätzlichen Aufwand.

In Anlehnung an Mattes, F.: Management by Internet, 1997 Feldkirchen, Seite 260

[106] Hierunter können unter anderem produktbezogene Werbekonzeptionen, aktuelle Rezensionen, Lesermeinungen beziehungsweise Verkaufsstatistiken verstanden werden.

[107] Unter **Value Added Services** versteht man Mehrwertleistungen für den Kunden, welche in der Regel als kostenloses **Add-On** zu dem eigentlichen Produkt/zu der eigentlichen Dienstleistung angeboten werden.

Vorteile	*Nachteile*
☺ Kostengünstige Herstellung des Datenträgers gegenüber einem vergleichbaren Printprodukt	☹ Keine direkten Online-Interaktionsmöglichkeiten
☺ Geringe Versand- und Lagerkosten	☹ Zusätzliche Form der Datenbereithaltung für potenzielle Kunden (neben Print- beziehungsweise Internetausgabe)
☺ Grafiksensitive Präsentationen möglich, da Engpassfaktor Bandbreite nicht vorhanden	☹ Keine zeitkritische Informationsübermittlung möglich
☺ Gezielte Nutzerführung bei der Produktpräsentation	☹ Keine E-Marktforschung in Form der direkten Nutzungsdatengewinnung möglich
☺ Informationsgewinnung für den Kunden auf Vertrauensbasis, da diese lokal stattfindet	
☺ Historienarchivierung von Produktinformationen in lokaler Nutzerumgebung (zum Beispiel: Sammlung der CD-ROM's)	
☺ Bei Nutzung als expliziter Teilekatalog weniger Fehler bei der Bestellung als bei einem Printkatalog, da kein Medienbruch bei der Generierung einer elektronischen Bestellung	

Tabelle 4.2:   Vor- und Nachteile der Präsentation von Produkten über das Medium CD-ROM

Lediglich ***zeitkritische Informationen***, wie zum Beispiel Preise, Angebotsverfügbarkeiten oder aktuelle Produktzusammensetzungen (chemische Industrie), können diesem nicht ohne einen Online-Zugang zur Verfügung gestellt werden. Weitere Vor- und Nachteile des Produktpräsentationsmediums CD-ROM werden in Tabelle 4.2 abgebildet.

4.2.2 Internet-Präsentation

Im Rahmen eines Internet-Auftrittes hat man als Unternehmen grundsätzlich die gleichen Möglichkeiten wie bei der bereits vorgestellten CD-ROM Präsentationsform. Hier wird jedoch der Aspekt der statischen Präsentationsform umgangen und unmittelbar über einen dynamischen Produktauftritt an den Kunden herangetreten.

3D-Visualisierungen, Videokurzfilme, textuelle Informationen inklusive einer benutzergesteuerten Informationstiefe mittels Hyperlink, Animationssequenzen, durch den Betrachter gestaltete Präsentationen sowie kundenabgestimmte Informationsmöglichkeiten bieten sich für eine internetbasierte Präsentationsmöglichkeit an. Allerdings sollten hier jedoch die noch vorherrschenden Übertragungsengpässe durch die Leitungskapazitäten berücksichtigt werden.

Es bietet sich an, einen *kundenorientierten Präsentationsauftritt*[108] einem eher technokratisierten, mit allen technischen Raffinessen ausgestatteten vorzuziehen, so dass der potenzielle Betrachter auch die gewünschten Präsentationsmöglichkeiten ausschöpfen und in seinen Entscheidungsprozess einbeziehen kann.

Durch diese Präsentationsform kann dem *Ziel der produktpolitischen Information* – Information zur Kaufbeeinflussung – im Zuge der Wertschöpfungskette ohne Medienbrüche Rechnung getragen werden. Der potenzielle Kunde besitzt sofort die Möglichkeit, anhand der gewonnenen Informationen durch Nutzung des gleichen Medienkanals einen Kaufprozess anzustoßen, wie Abbildung 4.3 verdeutlicht.

Des Weiteren können die Präsentationskonzepte durch Rückschlüsse anhand der ausgewerteten Online-Transaktionen des Kunden sofort auf diesen angepasst werden[109], so dass er individuell nach seinen Präferenzen angesprochen werden kann.

Beispiel:

Ein Automobilhersteller präsentiert einem potenziellen Kunden ein neues Automobil in Form einer Videosequenz, welche eine Fahrt mit diesem Auto auf einer Rennstrecke simuliert (eventuell auch in Form eines Fahrsimulators). Der Kunde möchte jedoch die Fahreigenschaften beziehungsweise die Fahrt des Automobils durch eine andere landschaftliche Umgebung, die er virtuell gestalten kann, testen.

Durch die Schaffung der Möglichkeit einer vom Betrachter gestaltbaren Präsentation, kann ein Unternehmen ihm eine solche Testsimulation eröffnen. Weitere Vor- aber auch Nachteile der internetgestützten Produktpräsentationen werden in Tabelle 4.3 zusammengefasst aufgeführt.

---

[108] Ein *kundenorientierter Präsentationsauftritt* achtet unter anderem auf einem schnellen Seitenaufbau für den Betrachter, so dass dieser nicht infolge übertriebener grafischer Visualisierungen Kosten- und Zeiteinbußen zu verzeichnen hat.

[109] Siehe Kapitel der E-Marktforschung

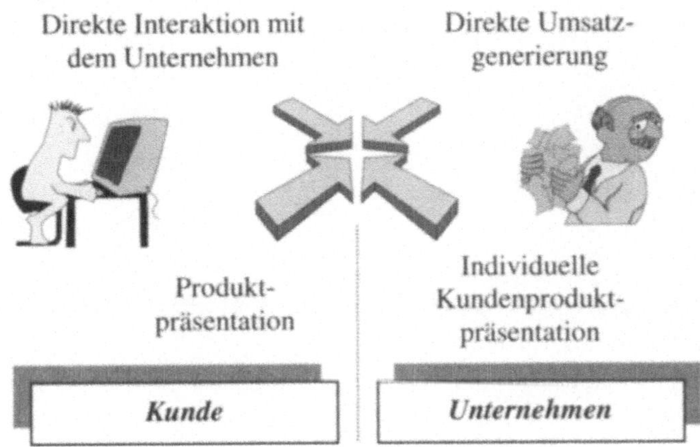

Abbildung 43:	Das Medium Internet im Rahmen der Produktpolitik

Insbesondere der ***elektronische Produktkatalog*** im Rahmen des E-Procurement[110] hat sich als internetgestützte Präsentationsmöglichkeit von Produkten etabliert.

Der Grundgedanke eines solchen Produktkataloges ist zum einen, Informationen in Text, Bild, Grafik, Audio und Video dem Informationssuchenden zur Verfügung zu stellen[111], und zum anderen einen nutzerorientierten Dialog zwischen Kunden und Unternehmen auf direktem Wege ohne Wechsel des Kommunikationsmediums zu ermöglichen.

Die Hauptvorteile einer solchen Präsentationsform liegen in Zeit- und Kostengesichtspunkten sowohl auf Kunden- als auch auf Unternehmensseite.

- Das Unternehmen hat eine kostengünstige Möglichkeit, Produkte zeitnah und kundenspezifisch (zum Beispiel: verfeinerte Suchroutinen, Mehrsprachigkeit, nur Produkte die den Kunden direkt betreffen) zu präsentieren, ohne dabei auf gewisse Vorlaufzeiten bezüglich des Präsentationszeitpunktes zu achten.

- Der Kunde kann sich umfassend nach seinen Wünschen über ein Produkt informieren und sofort bei Gefallen, eine entsprechende Bestellung an das betreffende Unternehmen senden.

---

[110] Siehe ausführlich Kapitel 6.1.3 beziehungsweise Fußnote 113

[111] Vgl. Mülder, W. / Weis, C.: Computerintegriertes Marketing, 1996 Ludwigshafen (Rhein), Seite 410

Vielfach spricht man dann von einem ***virtuellen Marktplatz***[112], auf dessen charakteristischen Eigenschaften, ebenso wie die des E-Procurements[113], im Zuge der Distributionspolitik noch näher eingegangen wird.

Vorteile	*Nachteile*
☺ Kundenindividuelle Art der Präsentation	☹ Kunde kann durch geringen Aufwand eine Präsentation eines potenziellen Konkurrenten ebenfalls wahrnehmen
☺ Interaktionsorientiert, da dem Benutzer die Möglichkeit gegeben wird, direkt weitere Transaktionen resultierend aus der Präsentation anzustoßen	☹ Kunde trägt die Kosten für die Betrachtung
☺ Gewinnung von Marktforschungsdaten durch Auswertung der Benutzertransaktionen	☹ Bandbreiten für die Datenübertragung reichen vielfach für eine umfassende multimediale Präsentation nicht aus
☺ Umsatzgewinnung ausgehend aus der Präsentation ohne Medienbrüche, da kein Wechsel des Medienkanals erfolgt	

Tabelle 4.3:   Vor- und Nachteile der Präsentation von Produkten über das Medium Internet

---

[112] Ein ***virtueller Marktplatz*** ist eine Online-Plattform, welche umfangreiche Dienstleitungen im Sinne einer Käufer-Verkäufer-Beziehung zur Verfügung stellt, unter anderem Ausschreibungen, elektronische Produktkataloge, elektronische Bestellwesen, Auktionsverfahren und noch vieles mehr (siehe auch Kapitel 6.1.4).

[113] Unter dem Begriff des ***E-Procurement*** versteht man die elektronische Beschaffung von Waren und Dienstleistungen mittels der Internet-Technologie. Des Weiteren wird dadurch den Unternehmen gestattet, Betriebsmittel durch den Einsatz des Mediums Internet effizienter zu managen, da Käufer und Lieferanten auf einer direkten Basis die Möglichkeit besitzen, zusammenzuarbeiten, ohne die Kontrolle über die Kosten zu verlieren.

Vgl. Amor, D.: Die E-Business-(R)Evolution, 2000 Bonn, Seite 74

4.2.3 Präsentation via Mobilkommunikation

Wie auch die Präsentationsmöglichkeiten unter Nutzung des Mediums Internets so handelt es sich auch bei der mobilorientierten Präsentation um ein dynamisches Konzept, da eine direkte Interaktion auf das Präsentationsergebnis unter Nutzung desselben Informationskanals erfolgen kann.

Werden mobilkommunikatorische Instrumente im Zuge einer E-Business-Konzeption verwendet, so spricht man dann in der Regel von dem sogenannten M-Business. Wesentlicher Erweiterungspunkt einer M-Business-Konzeption zu einer E-Business-Konzeption liegt in der Tatsache der Ortsungebundenheit des Betrachtungs- beziehungsweise Interaktionsmediums, da durch den Mobilfunk keine stationären Instrumente mehr erforderlich sind.

Exkurs: Definition des M-Business

Das M Business ist eine Erweiterungsstufe des E-Business und vereint die ursprünglich voneinander getrennten Wachstumsmärkte Internet, Mobilkommunikation und E-Business. Auf dieser neuen Plattform werden Infrastrukturkomponenten, Lösungen und Dienste für jedermann so kombiniert, dass von jedem Standpunkt aus und über jedes Netz mit jedwedem Endgerät in jeder Situation kommuniziert werden kann[114]. Diese Erweiterungsstufe kann dazu führen, dass Geschäftsprozesse weiter vereinfacht und beschleunigt, Ressourcen optimiert und die betriebswirtschaftliche Effektivität einer Unternehmung weiter ausgebaut werden.

Die potenziellen Kunden verfügen über ein Medium, mit dem sie ortsunabhängig eine bedürfnisbefriedigende Maßnahme einleiten können. Die nachfolgende Abbildung 4.4 verdeutlicht den Unterschied zwischen einer internetgestützten und einer mobilfunkgestützten Interaktion. Mittels Mobilfunk wird die Ortsabhängigkeit einer Recherchemaßnahme, wie bei dem lokalen Internetzugang, aufgehoben, so dass eine weitere Stufe im Zuge der Geschäftsprozessausrichtung kunden- wie unternehmensseitig erreicht werden kann.

Für die Produktpräsentation bieten sich so neue Möglichkeiten im Hinblick eines gezielteren Eingehens auf die Kundenbedürfnisse an, da trotz der vielfach kleinen Anzeigemöglichkeiten der heutigen mobilen Endgeräte Potenziale im Sinne einer zeitpunktindividuellen Kundenpräsentationsform wahrgenommen werden können.

Dieser Aspekt wird durch die Ergebnisse einer KPMG-Studie[115] untermauert, welche unter anderem ein beträchtliches Potenzial in mobilen Geschäftsprozessen sieht. Immerhin 55% der befragten Teilnehmer sehen zum Beispiel ein Potenzial für eine

---

[114] Vgl. Reichert, E. / Marinac-Stock, K.: M-Business bringt Bewegung in Unternehmen, 2001 Cybiz, Seite 24

[115] Die KPMG ist ein weltweit operierendes Wirtschaftsprüfungsunternehmen

mobile Kundeninformation, wie Abbildung 4.5 verdeutlicht. Diese Information kann unter anderem auch durch Produktpräsentationen vorgenommen werden.

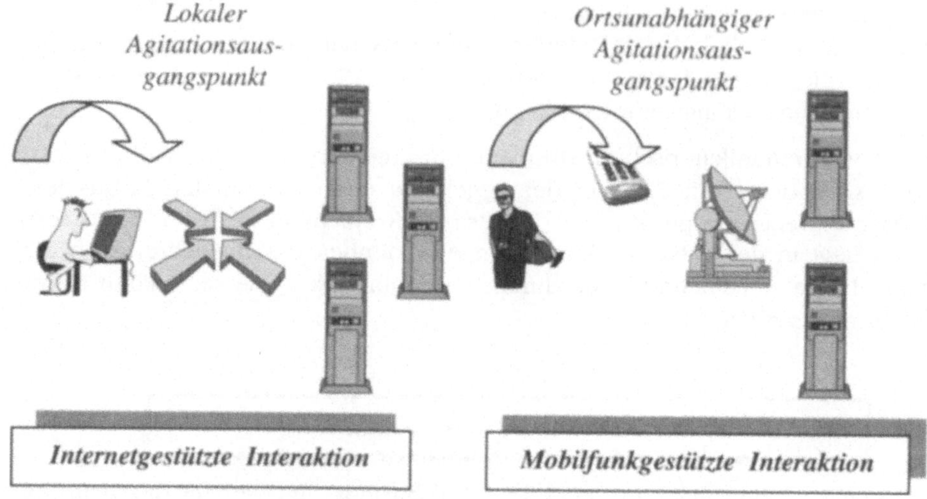

Abbildung 4.4:   *Das Medium Mobilkommunikation im Rahmen
der Produktpolitik*

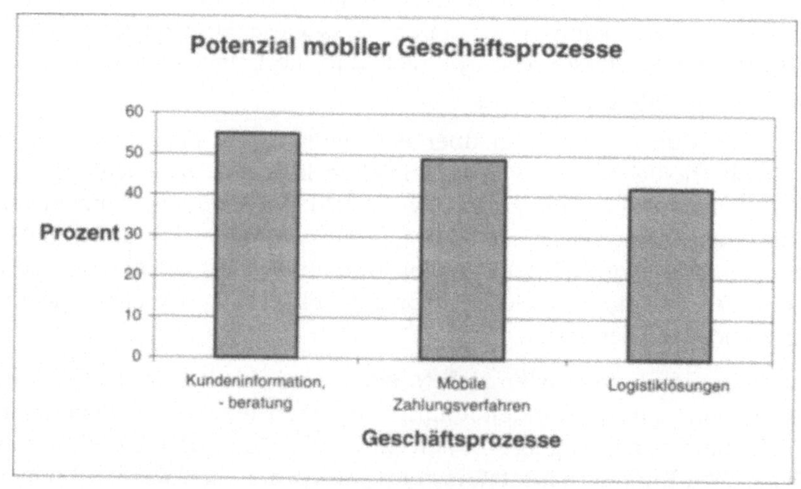

Abbildung 4.5: Potenzial mobiler Geschäftsprozesse[116]

Wie die Potenziale der mobilfunkorientierten Produktpräsentation genutzt respektive umgesetzt werden können, sollen folgende Beispiele und Szenarien aufzeigen.

---

[116] Vgl. Ohne V.: KPMG: Wenig Bewegung im Mobil-Business; http://
www.akademie.de/news/langtext.html?id=8532 Stand: 20.03.2001

Szenarien und Beispiele

- Selbst auf kleinen Displays kann man gezielt Informationen über ein Produkt in Textform präsentieren, als eine Art Headline, welche die Funktion einer prägenden USP[117] wahrnimmt. Hierzu prädestiniert ist der sogenannte Short-Message-Service (SMS), welcher erlaubt, auf mobilkommunikatorischem Wege Kurznachrichten zu versenden.

- Lokale nutzerspezifische Produktinformationen können dem potenziellen Kunden zum Beispiel im Dienstleistungssektor mittels Mobilfunk angeboten werden. Man spricht dann von den sogenannten *Location-Based-Services*. Mit Hilfe von GPS-Systemen[118] (Global Positioning System) können standort spezifische Daten einer Person erfasst und dieser mittels Mobilfunk standortbezogene Produktinformationen auf ein beliebiges Anzeigeinstrument geliefert werden (zum Beispiel: in der Nähe befindliche Hotels, Tankstellen, etc.). Zur Anwendung kommt hierbei der Übertragungsstandard für die drahtlose Kommunikation WAP (Wireless Application Protocol), welcher für die Interaktion von kabellosen Endgeräten mit externen Dienstleistungen und Anwendungen verwendet wird[119]. So kann man zum Beispiel ein WAP-fähiges Mobiltelefon als Browser benutzen, um per Funk Zugang auf Internet-Anwendungen zu erhalten.

- Per *Laserpointer*[120] kann man bei einem Stadtbummel Auslagen von diversen Geschäften, auf denen Barcodes platziert sind, abscannen, welche in Kombination mit einer entsprechenden Mobilfunknummer auf ein kundenspezielles Anzeigeinstrumentarium mit weitergehenden Informationen über das Produkt, verbunden mit einer direkten Kaufmöglichkeit, weitergegeben werden.

---

[117] *Unique Selling Proposition:* Durch eine prägende Kurzbotschaft wird ein unverwechselbares Nutzenangebot dem Empfänger der Botschaft offenbart.

[118] Unter *GPS* versteht man ein satellitengestütztes, weltweites Ortungssystem, welches vor allem als Navigationshilfe in der Luftfahrt und Seefahrt sowie für elektronische Lotsen und als Diebstahlschutz in Automobilen eingesetzt wird.

Vgl. Meyer: Global Positioning System, http://netlexikon.akademie.de Stand: 18.06.1999

[119] Vgl. Songpanya, V. T.: Wireless Application Protocol; http:// netlexikon.akademie.de Stand: 02.03.2000

[120] Diese Art des *Mobile Commerce* erprobt im Moment das Unternehmen Toshiba, welches diesen Laserpointer entwickelt hat.

Vgl. Ohne V.: http://www.zdnet.de/business/artikel/ec/200104/ m_commerce_09-wc.html Stand: 28.03.2001

Durch ***mobile Kommunikatoren***[121] lassen sich mittels eines drahtlosen Internet-Zugangs Produktvisualisierungen mit interaktionsorientierten Steuerungseffekten verbinden, so dass die Präsentation gezielt durch den Betrachter gesteuert werden kann. Es handelt sich hierbei um Geräte, welche lediglich die Präsentation betreffende Steuerungstasten dem Benutzer zur Verfügung stellen. Es liegt damit keine Eingabefunktionalität vor. Ein Anwendungsbeispiel ist die Betrachtung einer real existierenden Industrieanlage sowie ein Abgleich mit dem digitalen Abbild der Anlage sowie ein Vergleich mit einer noch in der Konzeptionsphase befindlichen neuen Anlage. Dabei sind die digitalen Versionen in dreidimensionaler Darstellung vorhanden. Durch diese Vorgehensweise wird die visuelle Vorstellungskraft für eine neue Industrieanlage erweitert, da durch eine Simulation ein direkter Vergleich zwischen Altanlage und Neuanlage möglich ist. Infolge der Interaktionsmöglichkeiten des Betrachters auf die Darstellung der Neuentwicklung können im Rahmen eines Simulationsverfahrens verschiedene Prozessabläufe dem jetzigen Prozessverfahren gegenübergestellt werden. Abbildung 4.6 zeigt beispielhaft ein solches mobiles Kommunikatorensystem, welches erlaubt, standortunabhängig diverse Produktpräsentationen für den Betrachter zu visualisieren, wobei dieser durch Interaktionsmöglichkeiten in den Verlauf eingreifen kann.

Abbildung 4.6: Mobil Industrial Communicator[122]

Mobilfunkorientierte Produktpräsentationen werden sich jedoch erst dann am Markt etablieren können, wenn höhere Datenraten im Mobilfunksektor durch die Netzbetreiber zur Verfügung gestellt werden. Mit dem neuen Mobilfunkstandard **UMTS (Universal Mobile Telecommunications System)** wird hierzu die notwendige Inf-

---

[121] Siemens hat unter anderem ein solches Gerät mit Namen ***Mobil Industrial Communicator Mobic*** entwickelt, welcher hauptsätzlich in rauhen Industrieumgebungen zum Einsatz kommen soll.

[122] Der ***Mobil Industrial Communicator (MOBIC T8)*** ist ein industrietaugliches Web Pad für den lokalen oder weltweiten Zugang zum Intranet oder Internet der Siemens AG (SIMATIC NET – Networking for Industry ®)

rastruktur geschaffen, die Übertragungsraten erlaubt[123], welche präsentationsorientierte grafische und animatorische Effekte zeitnah zur Geltung kommen lässt. Erst dann lassen sich zum Beispiel auf mobilen Endgeräten problemlos Videosequenzen in Echtzeit darstellen, die zielgerichtete Produktbotschaften beinhalten. Das stationäre Fernsehen kann so auf mobile Endgeräte, wie zum Beispiel Handies oder PDA's[124] (Personal Digital Assistant's), abgebildet werden.

4.2.4 Präsentation über Kiosksysteme

Unter Kiosksystemen, vielfach auch als **multimediale Kioske** bezeichnet, versteht man eine computergestützte Art von Informationssystemen, welche die Benutzer über einfache Schnittstellen mit Informationen oder Dienstleistungen versorgen können[125]. Hierzu bedient man sich multimedialer Komponenten wie Text, Ton, Video beziehungsweise Bildinformationen. Durch Interaktions- und Dialogmöglichkeiten können die Benutzer direkt mit dem jeweiligen System kommunizieren, so dass sie die Möglichkeit besitzen, eine Präsentation gezielt zu beeinflussen. Somit stellen sie auch ein dynamisches Konzept einer Produkt-/Sortimentspräsentation im Rahmen des E-Marketing-Mixes dar.

Hinsichtlich ihrer Einsatzmöglichkeiten unterscheidet man zum einen Kiosksysteme, die Waren/Produkte einem Betrachter präsentieren, die auch physisch vorhanden sind; **man spricht hier von unterstützenden Kiosksystemen.** Zum anderen gibt es Systeme, die Produkte rein auf elektronischem Wege dem Betrachter präsentieren; **dabei handelt es sich um konfigurierende Kiosksysteme**. Dieser Sachverhalt wird in nachfolgender Abbildung 4.7 dargestellt.

Im ersten Fall, also der **unterstützenden Präsentationsmöglichkeit**, dienen die angesprochenen Kiosksysteme als multimediale Unterstützung einer lokalen Produktpräsentation. Diese soll durch ihre vielfältigen interaktiven und simulationstechnischen Aspekte (zum Beispiel: Visualisierung der Einsatzmöglichkeiten, 3D-Darstellungen, etc.) dem Betrachter zusätzlich zu dem realen Objekt bei seinem Informationsgewinnungsprozess behilflich sein.

---

[123] **UMTS** gestattet Übertragungsraten, welche das 32fache eines heutigen ISDN-Anschlusses repräsentieren (2 Mbit/s)

[124] **Als Personal Digital Assistant** bezeichnet man tragbare Kleinstrechner, welche in der Regel zur Verwaltung und Abfrage von Termin- und Adressdaten verwendet werden aber auch durchaus weitere Anwendungsgebiete erschließen können (unter anderem im Rahmen der Produktpräsentation). Sie werden vielfach auch unter dem Begriff **Organizer** geführt.

Vgl. Whatis?com: Personal Digital Assist., http:// netlexikon.akademie.de Stand: 26.07.1999

[125] Vgl. Ohne V.: Allgemeines über Kiosksysteme, http://www.iq-soft.de/allgemein.htm Stand: 07.04.2001

Abbildung 4.7: Unterscheidung zwischen unterstützendem und konfigurierendem Kiosksystem

Der zweite Fall, sprich die rein interaktive Darstellung von Produkten, repräsentiert einen im Wesentlichen lokalen ***Produkt-Konfigurator***, mit dessen Hilfe der Betrachter seine Wunschvorstellungen hinsichtlich eines Produktes abbildbar machen kann. So kann sein visuelles Vorstellungsvermögen durch die Präsentation des real nicht vorhandenen Objektes am Bildschirm angesprochen werden. Auf die Produkt-Konfiguratoren und deren Bedeutung wird in Kapitel 4.3 Individuelle Produktkonzeption noch explizit eingegangen, so dass an dieser Stelle darauf verzichtet wird.

Als Aufgabenschwerpunkte der multimedialen Kioske lassen sich im Wesentlichen die nachfolgenden Punkte aufführen. Diese Aufgaben können durch die interaktiven Präsentationsmöglichkeiten von Produkten an stationären Kundenansprachestandorten effektiv erfüllt werden[126]:

-   ***Orientierungsmöglichkeiten*** für den potenziellen Kunden, da er sich an einem zentralen Ort Informationen über ein bestimmtes Produkt verschaffen kann.

-   ***Selbstinformationsmöglichkeiten*** für den potenziellen Kunden über ein bestimmtes Produkt ohne Unterstützung eines entsprechenden realen Verkäufers.

-   ***Unterstützungsfunktionalitäten*** für die realen Verkäufer bei einem Verkaufsprozess, da durch Simulationen verschiedene Produktzustände dem Betrachter präsentiert werden können, welche am realen Objekt infolge der Komplexität nicht ohne weiteres durchführbar sind (zum Beispiel: Auswirkung eines Auffahrunfalls auf die Karosserie eines Automobils).

---

[126] In Anlehnung an Mülder, W. / Weis, C.: Computerintegriertes Marketing, 1996 Ludwigshafen (Rhein), Seite 419 ff.

📖 ***Kontaktionsinstrumentarium*** am Point Of Sale, da diese Kioske durch ihre multimediale Art der Produktpräsentation vielfach dazu anregen, den Dialog mit einem Verkäufer aufzunehmen beziehungsweise direkt das präsentierte Produkt am Bildschirm zu bestellen[127].

Welches Potenzial in solchen multimedialen Kiosken steckt, soll folgendes Beispiel einer POS-Kiosksystemanwendung des Unternehmens Adidas verdeutlichen, welches die oben genannten Aufgabenschwerpunkte Selbstinformationsmöglichkeit und Verkaufsunterstützungsfunktionalitäten aufgreift[128]:

> Durch Berührung der am Kiosksystem gezeigten Artikel über einen Bewegungsmelder, wird ein produktspezifisches Videoprogramm aktiviert. Greift ein potenzieller Kunde zum Beispiel nach einem Sportschuh, so bekommt er automatisch den passenden Informationsfilm dazu präsentiert. Berührt er dann noch die Sohle des zur Hand genommenen Schuhs, so startet ein weiteres Video, welches auf die charakteristischen Eigenschaften eben dieser Sohle aufmerksam macht (Verkaufsunterstützungsfunktionalitäten). Bei diesem System erfolgt die Interaktion zwischen multimedialem Kiosk und Benutzer durch eine unmittelbare, sinnliche Interaktion, was die Akzeptanz der Präsentation infolge der leichten Bedienbarkeit bei dem jeweiligen Benutzer fördert (Selbstinformationsmöglichkeit).

Eine Weiterentwicklung dieser multimedialen Kioske repräsentieren die sogenannten ***Infoboards***[129], welche direkt am Einkaufswagen eines potenziellen Kunden befestigt sind. Durch Sensoren an bestimmten Produktstandorten werden beim Vorbeigehen des Kunden an den Produkten explizite Produktinformationen auf diesem Infoboard präsentiert, die zu einem Kauf anregen sollen. Selbstverständlich können auf diesem Wege dem Betrachter noch weitere Informationen und Dienstleistungen offeriert werden (unter anderem Serviceleistungen, vereinfachte Zahlungsabwicklung durch Scannen der Ware im Einkaufskorb bei Einlagerung, Wegeführung für vom Kunden bevorzugte Produkte, etc.), die weit über die reine Präsentationsform hinausgehen.

Gerade für die lokal, das heißt an realen Verkaufsstandorten, befindliche Produktpräsentation sind diese vorgestellten Konzepte sehr gut geeignet, da diese als anonymisiertes Informationsmedium anstelle eines Verkaufsgespräches kontaktiert werden können.

---

[127] Vgl. Ohne V.: Kiosksysteme – akzeptiert und frequentiert, http://www.wincor-nixdorf.com/de/zukunft/kiosk_part1.html 07.04.2001

[128] Vgl. Mülder, W. / Weis, C.: Computerintegriertes Marketing, 1996 Ludwigshafen (Rhein), Seite 421

[129] Vgl. Mülder, W. / Weis, C.: Computerintegriertes Marketing, 1996 Ludwigshafen (Rhein), Seite 522 ff.

4.2.5 Präsentation über das interaktionsorientierte Fernsehen

Das interaktionsorientierte oder auch interaktive Fernsehen repräsentiert ein Medium, das die aktive Mitgestaltung und Mitwirkung des Benutzers bei der Art der Präsentation ermöglicht und fordert. Es handelt sich demzufolge um ***Fernsehen mit einem sogenannten Rückkanal***, welcher eine direkte Rückkopplungsfunktionalität zwischen Sender, also der Medienanstalt, und Empfänger, sprich dem Betrachter, zur Verfügung stellt[130]. Durch die direkte Art der Präsentationsbeeinflussung von Seiten der Betrachter kann man hier ebenfalls von einem dynamischen Konzept bezüglich einer Produkt-/Sortimentspräsentation sprechen.

Was alles mit diesem interaktiven Fernsehen der Zukunft möglich ist, sofern ausreichende Kapazitäten hinsichtlich einer schnellen und auf große Datenmengen ausgerichteten Breitbandtechnologie zur Verfügung stehen, soll folgender Kurztagesablauf im Leben einer Telecomputer-Familie verdeutlichen[131]:

„Frühmorgens erwacht die Familie inmitten einer winterlichen Großstadt vom Meeresrauschen, die Video Sonne geht auf.

Im Wohnzimmer sitzt schon Sohn Justin auf dem Fußboden und lädt Schularbeiten auf den Bildschirm. Vater Bob blättert an seinem Büro-Monitor Zeitungen und Rechnungen durch. Bevor er seine Geschäftskunden per Videokonferenz begrüßt, zieht er sich noch schnell sein Hemd und seine Krawatte an.

Mommy erscheint mittags auf Daddys Bildschirm und wünscht sich was Schönes zum Abendessen, wohingegen Tochter Jenny inzwischen der Tätigkeit „Tele-Shopping" mit einer umfangreichen Produktpräsentation am Fernsehbildschirm nachgeht. Zum Tagesausklang versammelt sich die Familie um eine Salami-Pizza, vom Söhnchen ebenso per Fernbedienung geordert wie Steven Spielbergs „Jurassic Park"."

Der Fernseher fungiert demzufolge als Computer, Telefon, Videorecorder, Videokonsole und Produktkatalog in einem, wie Abbildung 4.8 zeigt.

Im Wesentlichen handelt es sich hierbei um die bereits vorgestellte Internet-Präsentation, jedoch mit dem weit verbreiterten Kommunikationsmittel Fernsehen. Dessen Bedienung ist der jeweilige Benutzer gewohnt und besitzt somit keine **Akzeptanzprobleme** im Hinblick auf die Erweiterung in Richtung eines multimedialen Computers. Keine umständlichen PC Konfigurationen beziehungsweise Bedienungen von Software-Programmen sind auf den ersten Blick vonnöten, da deren Funktionalitäten in einem vertrauten Medium benutzergerecht integriert worden

---

[130] Vgl. Mülder, W. / Weis, C.: Computerintegriertes Marketing, 1996 Ludwigshafen (Rhein), Seite 278

[131] Vgl. Ohne V.: medien: Der Zukunftsmarkt interaktives Fernsehen, http://www.madzia.com/texts/intaktfs.html Stand: 07.04.2001

sind. Surfen im Internet vom Fernsehsessel aus in Spielfilmwerbepausen sind eben bequemer und interessanter als selbiges von einem Bürostuhl aus.

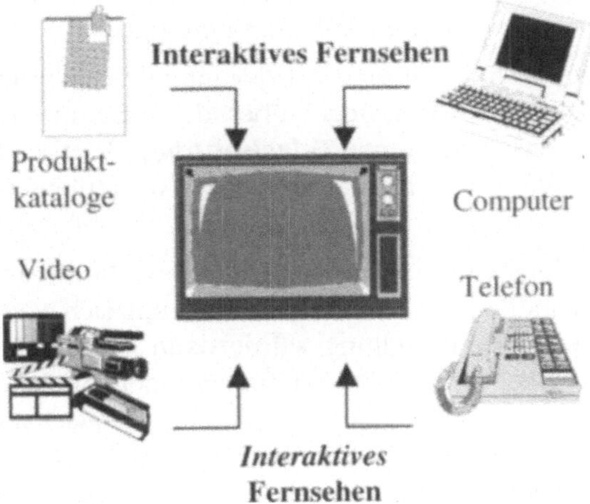

Abbildung 4.8: Medienkonzentration „Interaktives Fernsehen"

Des Weiteren kann direkt das Entspannungsmedium Fernsehen bei interessanten Filmsequenzen oder Produktvorstellungen ohne Medienbruch zu weitergehenden Information bis hin zum realen Kauf des vorgestellten Produktes verwendet werden. Somit können die bereits vorgestellten Aspekte der Internet-Präsentation aber auch die der anderen Medien auf das interaktive Fernsehen appliziert werden.

> Bereits im Jahre 1994 testeten die drei großen US-Autokonzerne General Motors, Ford und Chrysler im Rahmen eines Pilotprojektes einen virtuellen Autosalon, bei dem die Zuschauer die Angebote der Firmen via Fernsehen studieren, Video-Broschüren abrufen und Testfahrten per Knopfdruck vereinbaren konnten[132].

Interessant wird die Art der potenziellen Kundenansprache und damit auch der Präsentationsmöglichkeiten unter interaktionsorientierten Gesichtspunkten aber erst dann, wenn die notwendigen Datenleitungen zu den einzelnen Haushalten diese Form der Kommunikation und Präsentation erlauben.

Des Weiteren wird die Weiterentwicklung und Marktdurchdringung des intelligenten, interaktiven Fernsehens erst dann einsetzen, wenn sich ein Paradigmenwechsel hinsichtlich der Fernsehübertragung in unserer Gesellschaft vollzieht. Dabei muss

---

[132] Vgl. Ohne V.: Medien: Der Zukunftsmarkt interaktives Fernsehen, http://www.madzia.com/texts/intaktfs.html Stand: 07.04.2001

sich das Fernsehen von der bisher existenten analogen Übertragung, bei der Video und Audio durch die Signalstärke übermittelt werden, lösen und zur digitalen Übertragungsweise übergehen[133], da der Interaktionseffekt zwingend digitale Bits zur Steuerung von programmtechnischen Abläufen benötigt.

Doch bereits heute schon hat sich eine Art der interaktiven Produktpräsentation mit indirekter Kaufmöglichkeit (in der Regel über das Telefon) in der multimedialen Fernsehwelt etabliert, das sogenannte **Teleshopping**. Hierbei handelt es sich um einen einkaufsorientierten Fernsehkanal, der Produkte multimedial dem Fernsehzuschauer präsentiert.

Anzustreben ist, dass der Fernsehzuschauer eben diese Produkte direkt am Fernsehschirm interaktiv und individuell auswählen kann, um sich weitergehend über das Produkt zu informieren. Eine Bestellung würde dann letztendlich über ein elektronisches Formular mit einem meist die Telefonleitungen nutzenden Rückkanal zum Anbieter generiert werden. Da die entsprechenden Gerätschaften und technologischen Möglichkeiten aber noch recht gering sind, wird das Teleshopping und damit auch die Produktpräsentation in der Regel weniger interaktionsorientiert betrieben, sondern lediglich als rein statisches Präsentationsmedium ohne direkte Eingriffsmöglichkeiten des Betrachters.

Auch **Videospielekonsolen**, die das Fernsehen als Anzeigeinstrument für ihre Spielsequenzen verwenden, lassen sich hier nutzen. Es bietet sich zum Beispiel an, eine Produktpräsentation spieletechnisch interessant im Rahmen eines Adventure-Spieles zu positionieren, welches um das Produkt herum durch die spielende Person gesteuert eine Präsentationsaussage beziehungsweise Produktinformation generiert.

Infolge der bereits angesprochenen sehr ausgeprägten Akzeptanz des Mediums Fernsehen bei der Bevölkerung wird sich gerade dessen interaktionsgestützter und interaktiver Ausbau durch entsprechende Datenleitungen maßgeblich auf eine E-Marketing orientierte Produktpräsentation auswirken. Alle angesprochenen vorherrschenden elektronischen Präsentationsmedien können hierin integriert werden. Somit sollte dieses Medium im Zuge eines E-Business orientierten Marketing-Mixes nicht vernachlässigt werden.

4.3   Individuelle Produktkonzeptionen

Wie bereits in den vorigen Kapiteln erwähnt, vollzieht sich im Rahmen einer E-Business Konzeption ein Übergang der Geschäftsphilosophie von einer mengenorientierten Produktausrichtung für den anonymen Markt hin zu einer personalisierten, sprich auf den potenziellen Kunden ausgerichteten Produktgestaltungsform.

Ein Kunde, unabhängig von der Tatsache ob es sich hierbei um einen Erst-, Stamm-, temporär ausgerichteten oder um einen zukünftigen handelt, möchte durch auf ihn zugeschnittene Maßnahmen gleich welcher Art betreut werden. Dies geht von der

---

[133] Vgl. Gates, Bill: Digitales Business – 2. Auflage, 1999 München, Seite 143

Ansprache, über die Produktbeeinflussung bis hin zur Abwicklung der Geschäftstransaktionen mit anschließender Betreuung. Durch diese ***personalisierte Form der Kundenkontaktion und Kundenbetreuung*** über einen gesamten Kunden-Unternehmen-Geschäftsprozess[134] generiert man vielfach eine dauerhafte Kundenbindung, die dann ein nachhaltiges Umsatzpotenzial für die Unternehmung repräsentiert.

Dass sich eine Personalisierung im Hinblick auf die Kundenbeziehung betriebswirtschaftlich auszahlen kann, zeigt folgende Beobachtung des Unternehmens NetPerceptions, einem der führenden Hersteller von Kundenbindungs-Softwareprogrammen, und dem Marktforschungsunternehmen Jupiter Research:

[135] *Durch den Einsatz einer auf Personalisierungsaspekte ausgerichteten Kundenbindungssoftware kann in der Regel eine 34-prozentige Steigerung des Umsatzes beobachtet werden, nachdem den Kunden individuelle Produktempfehlungen aufgrund ihres Kundenprofils, generiert mittels E-Marktforschungsmethoden, unterbreitet wurden.*

Zudem erhöhte sich die Konversionsrate vom Surfer hin zum Käufer um circa 2 Prozent pro Monat, während zugleich die durchschnittliche Auftragshöhe um etwa vier Prozent stieg. Des Weiteren erhöhte sich der Prozentsatz der wiederholten Bestellungen um nahezu 5 Prozent.

Ziel einer jeden Geschäftsphilosophie muss es sein, zufriedene und immer wiederkehrende Kunden an das Unternehmen zu binden, denn nur so kann ein dauerhafter Unternehmenserfolg garantiert werden.

Die Kundenbindung wird damit zu einem Erfolgsfaktor für das Überleben eines Unternehmens. Gerade im E-Business sind Stammkunden ein Garant für die gewinnorientierte Ausrichtung des Unternehmens, da hier Konkurrenzunternehmen ohne großen Aufwand von der potenziellen Kundengruppe über das Internet kontaktiert werden können.

Infolge der Transparenz des Internets beziehungsweise der neuen Medien im Allgemeinen ist zur Realisierung einer dauerhaften Kundenzufriedenheit und Kundenbindung ein erhöhter Marketingaufwand vonnöten.

Für die Kundenbindung im E-Business sind die in der Abbildung 4.9 dargestellten Maßnahmen von besonderer Bedeutung, da diese die jeweiligen Erwartungshaltungen der Nutzer an ein Angebot befriedigen sowie Wechselhürden generieren, die dafür Sorge tragen, dass der Kunde nicht aus Neugier zu einem anderen Unternehmen abwandert.

---

[134] Siehe Kapitel 1.1.2 Prozessgestaltungsformen des E-Marketing, Abbildung 1.4: Prozessgetriebene Marketingsicht

[135] Vgl. Stolpmann, M.: Kundenbindung im E-Business, 2000 Bonn, Seite 235

Abbildung 4.9: Modell zur Kundenbindung im E-Business[136]

- Im Zuge der ***Personalisierungsaspekte*** sind Informationen über den Nutzer zu sammeln und ihm gezielte Angebote respektive Informationen zu übermitteln beziehungsweise von ihm selbständig generieren zu lassen.

- Durch die ***Attraktivität*** der dem Nutzer zugänglichen ***Inhalte*** bietet man zeitnahe und individuelle Informationen über ein Produkt oder eine Dienstleistung, so dass durch die ständigen Neuerungseffekte und Zusatznutzen eine wiederholte Umsatzgenerierung oder ein wiederholter Seitenbesuch stattfinden kann.

- Die Kundenbindungsmaßnahme ***Loyalität*** trägt dafür Sorge, dass eine Stammkundenlandschaft aufgebaut werden kann. Kunden sollen durch besondere Marketingprogramme dauerhaft an das Unternehmen gebunden werden. Auch hierfür sind explizit alle vier Felder des E-Marketing-Mixes gefordert, da diese in ihren jeweiligen Ausprägungen die Grundlagen für ein auf gegenseitige Geschäftsbeziehungszufriedenheit ausgerichtetes Maßnahmenkonzept legen.

- ***Kaufanreize*** dienen letztendlich dazu, einen noch unentschlossenen Nutzer des interaktiven Angebotes zu einem Kaufabschluss zu bewegen (zum Beispiel durch Sonderangebote oder Gutscheine).

Ausgangspunkt für eine dauerhafte Kundenbindung im Zuge einer E-Marketing-Konzeption ist wiederum die Produktpolitik. Hier wird dem potenziellen Kunden die Möglichkeit gegeben, durch eigenes Einwirken sein zukünftiges Produkt zu gestalten

---

[136] Vgl. Stolpmann, M.: Kundenbindung im E-Business, 2000 Bonn, Seite 239

beziehungsweise ein auf seine Bedürfnisse zugeschnittenes Sortiment im Sinne des **One-To-One Marketings** offeriert zu bekommen.

Hierzu können die gewonnenen Erkenntnisse aus der E-Marktforschung verwendet werden, denn anhand der Nutzungs- oder Nutzerprofilen lassen sich vielfach die Nutzergewohnheiten eruieren. Prädestiniert für ein One-To-One Marketing in der Produktpolitik ist der Einsatz des Verfahrens der **kundenindividuellen Massenproduktion (Mass Customization)**, welches durch die Nutzung von elektronischen **Produktkonfiguratoren**[137] unterstützt wird.

Personalisierte Gesichtspunkte lassen sich des Weiteren auch im Rahmen der Kundendienst- und Garantieleistungspolitik einsetzen, worauf in den jeweiligen Unterkapiteln eingegangen wird.

4.3.1 One-To-One Marketing

Ziel aller Marketingaktivitäten ist die Generierung von Wettbewerbsvorteilen, so dass eine Unternehmung sich am Markt gegenüber seinen Konkurrenten etablieren beziehungsweise positionieren kann. Insbesondere neue Beziehungen zwischen Anbieter und Nachfrager durch die neuen Medien eignen sich für **1:1-Marketingkonzeptionen**.

Unter der angesprochenen 1:1-Beziehungen versteht man im Wesentlichen die durch nachfolgende Elemente charakterisierten Kunden-/Unternehmensbezugspunkte:

- Eine **direkte individuelle Interaktion** zwischen Kunden und Unternehmung ist auf allen Stufen des Marketing-Mixes vorzunehmen. Dies geht über individuelle Produktkonfigurationen bis hin zu individuellen, persönlichen Kundenansprachen.

- **Ein Aufbau von intensiven langfristigen und wertorientierten Kundenbeziehungen ist anzustreben**. Ziel ist es, den Kunden über seinen kompletten Lebenszyklus hin zu begleiten, wobei darauf zu achten ist, dass ein Ausgleich zwischen der Investition in die Kundenbeziehung und den durch den Kunden generierten Umsatzerlösen erfolgt. Man spricht hier von dem sogenannten Customer Lifetime Value[138].

- Die Instrumente des Marketing-Mixes müssen im digitalen Zeitalter vom **Standpunkt des Kunden** aus betrachtet werden, wobei dieser die

---

[137] Hierauf wird im Folgenden noch explizit eingegangen werden.

[138] Vgl. Straub, S.: Die Generierung und Verwendung von Kundenprofilen ..., 2001 Trier, http://www.stefan-straub.de Stand: 06.02.2001, Seite 12

Vorgaben hinsichtlich der gewünschten Ausprägung gibt[139]. Der Kunde übt somit einen großen Einfluss auf die Gestaltungsformen im E-Marketing-Mix aus.

📖 Von besonderer Bedeutung für eine elektronische 1:1-Beziehung ist die Tatsache, dass dem Kunden ***auf seine Bedürfnisse ausgerichtete Mehrwerte*** zu seinem originären Anliegen geboten werden.

Die vorgestellten Bezugspunkte sind ein integrativer Bestandteil des ***One-To-One-Marketings***. Dieses beinhaltet ein individuelles Marketing-Programm für den potenziellen Kunden, das sich an den Nachfragerfunktionalitäten ausrichtet und sich den Problemstellungen der jeweiligen Kunden individualisiert annimmt.

Das ***One-To-One-Marketing*** stellt somit eine Symbiose zwischen Individualmarketing[140], dessen Ausgangspunkt bei der Unternehmung liegt, und interaktionsorientierten Gesichtspunkten des potenziellen Kunden, die sich explizit auf die Unternehmung an sich aber auch auf die entsprechenden Produkte auswirken, dar.

Dies bedingt, dass Produkte und Organisationsstruktur der Unternehmung entsprechend dem Kundenwert auf dessen Bedürfnisse zugeschnitten werden; man spricht hier auch vom Customized Marketing[141]. Ferner muss systematisch und aktiv an dem Aufbau und der Pflege von Kundenbeziehungen durch die Unternehmung gearbeitet werden[142]; dies ist Aufgabe des Customer Relationship Management[143]. Wird dann noch die ***kundengetriebene Interaktivität*** auf alle Phasen des Marketing-Mixes beachtet, so spricht man schließlich von dem sogenannten One-To-One Marketing, wie Abbildung 4.10 nochmals verdeutlicht.

---

[139] Vgl. Amor, D.: Die E-Business-(R)Evolution, 2000 Bonn, Seite 256

[140] Unter dem Begriff des ***Individualmarketings*** versteht man die Zerlegung des Marktes auf die kleinste Einheit, sprich den individuellen Kunden, welche nicht mehr unterteilbar ist. Es findet eine ***atomatisierte Segmentierung*** der Marketingmaßnahmen auf diese kleinste Einheit statt.

Vgl. Kotler, P. / Bliemel, F.: Marketing-Management – 9. Auflage, 1999 Stuttgart, Seite 430

[141] Vgl. Peppers, D. / Rogers, M.: The One to One Future, 1997 New York u.a., Seiten 95 ff.

[142] Harrell, C. / Spierling, D.: Wer seine Kunden kennt gewinnt, 04.2000 Cybiz, Seite 50

[143] Als ***Customer Relationship Management*** bezeichnet das Marktforschungsunternehmen Meta Group eine Geschäftsphilosophie zur Optimierung der Kundenidentifizierung, Kundenbestandssicherung, sowie des Kundenwertes, wobei eine Automatisierung aller horizontal integrierten Geschäftsprozesse über eine Vielzahl von Kommunikationskanälen erfolgt.

Vgl. Stojek, M. / Simon, R.: Mehr Profit durch Nähe zum Kunden, 06.2000 Cybiz, Seite 9

Für die Produktpolitik dient das Konzept der kundenindividuellen Massenfertigung als One-To-One Ansatzpunkt. Dies wird innerhalb des E-Marketing durch den Einsatz von virtuellen Produktkonfiguratoren gestützt.

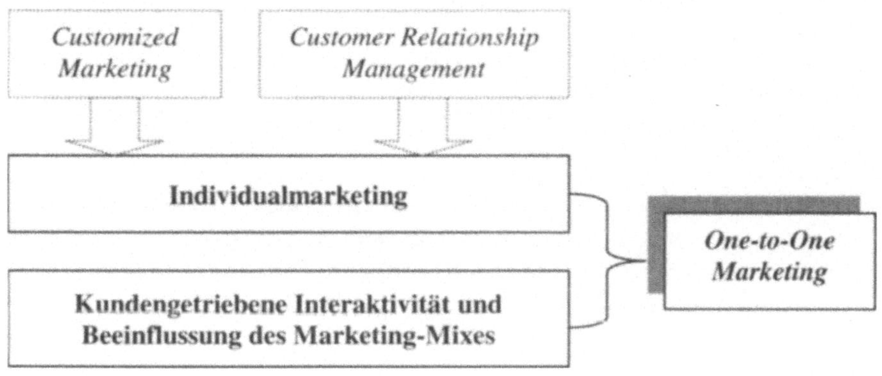

Abbildung 4.10: One-To-One Marketing[144]

4.3.2 Mass Customization

Das Konzept der ***Mass Customization***, sprich das der ***kundenindividuellen Massenfertigung***, fungiert als ein Oxymoron[145], da es die an sich gegensätzlichen Konzepte der Massenproduktion und der kundenindividuellen Produktion miteinander verbindet. Es symbolisiert eine Fertigungsform zwischen der klassischen Massenproduktion, welche auf hohe Stückzahlen bei wenigen Varianten ausgerichtet ist, und der kundenindividuellen Fertigung von Einzelstücken[146], was explizit durch die nachfolgende Abbildung 4.11 zum Ausdruck gebracht werden soll.

Demzufolge kann man **Mass Customization** wie folgt definieren:

„Mass Customization (kundenindividuelle Massenproduktion) ist die Produktion von Gütern und Leistungen für einen relativ großen Absatzmarkt, welche die unterschiedlichen Bedürfnisse jedes einzelnen Nachfragers dieser Produkte treffen, zu Kosten, die ungefähr denen einer massenhaften Fertigung vergleichbarer Standardgüter entsprechen. Die Informationen, die im Zuge des Individualisierungsprozesses erhoben wer-

---

[144] In Abwandlung Straub, S.: Die Generierung und Verwendung von Kundenprofilen ..., 2001 Trier, http://www.stefan-straub.de Stand: 06.02.2001, Seite 17

[145] Zusammenstellung zweier sich widersprechender Begriffe

[146] Vgl. Preißner, A.: Marketing im E-Business, 2001 München u.a, Seite 378

den, dienen dem Aufbau einer dauerhaften, individuellen Beziehung zu jedem Abnehmer[147]."

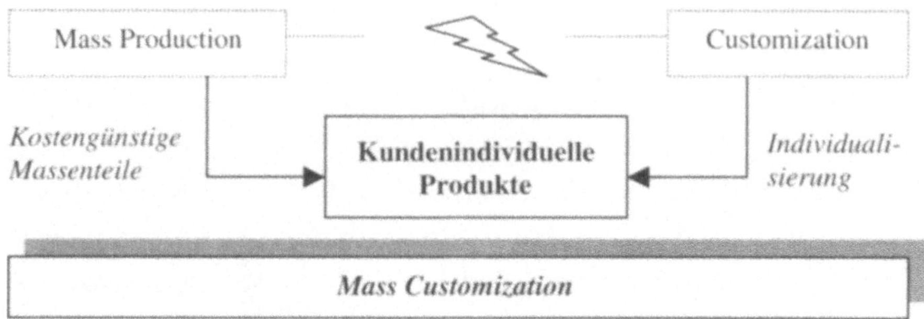

Abbildung 4.11: Das Konzept des Mass Customization

Zur Verdeutlichung des Mass Customization Konzeptes kann man sehr gut die aus Kinderzeiten bekannten ***Legobausteine*** verwenden, da diese die ***Modularisierung als Basisprinzip*** der Mass Customization sehr gut verkörpern.

Durch eine freie Modularisierung der einzelnen Legobausteine, frei jeder Plattform-überlegungen, können standardisierte und individuell gestaltete Module in beliebigen Kombinationen miteinander in Verbindung gebracht werden. Somit sind aus einer recht geringen Anzahl von Grundelementen eine unbegrenzte Anzahl von Objekten möglich[148].

Legt man beispielsweise sechs unterschiedliche Baugruppen einem Kombinationsprozess zugrunde, welche jeweils fünf Baugruppenvarianten erlauben, so kann man ***5^6 = 15.625*** Produkte daraus generieren.

Durch ***Mass Customization*** sollen möglichst viele denkbare Kundenwünsche realisierbar sein, ohne die innerbetriebliche Varianz unkontrolliert ausufern zu lassen. Gesucht wird also ein Kompromiss zwischen Kundenindividualität der Produkte und den Kostenvorteilen der Serien- und Massenfertigung. Dies ist unter anderem durch die Anwendung des sogenannten Baukastenprinzips möglich.

Der Kunde kann sich aus dem Baukasten sein Produkt individuell zusammenstellen, wobei die Baugruppen in hohen Stückzahlen kostengünstig gefertigt werden. Die eigentliche Endmontage erfolgt erst nach Vorliegen eines konkreten Kundenauftrags, das heißt on demand. Bekannte Beispiele für diese Art der Baukastenfertigung sind im Bereich der Automobilproduktion, bei diversen Computerherstellern, bei Buchverlagen (print-on-demand) und noch vielen anderen Unternehmen anzutreffen.

---

[147] Piller, F. T.: Was bedeutet Mass Customization?, http://mass-customization.de/wasist.htm Stand: 15.04.2001

[148] Vgl. Piller, F. T.: Mass Customization bei LEGO, 02.2001 Mass Customization News; http://www.mass-customization.de 15.04.2001

Dabei soll das individuelle Produkte preislich mit einem Standardprodukt durchaus konkurrieren können.

Vielfach hat der potenzielle Kunde aber nur eine eingeschränkte Wahlmöglichkeit im Hinblick auf die Ausgestaltung des Produktes. In diesem Fall liegt dann eher eine Variantenfertigung vor. Dabei werden einem Kunden so viel Produktauswahlmöglichkeiten geboten, dass er eine Annäherung an seine Wunschvorstellungen hinsichtlich der Ausprägungsformen des Produktes bekommt.

Mass Customization dagegen impliziert, dass die Kunden keinen vordefinierten Auswahlprozess mit eingeschränkten Wahlmöglichkeiten durchlaufen müssen, sondern einfach nur das Produkt bekommen, welches ihren Wunschvorstellungen entspricht[149]. Hierzu ist es sinnvoll, den potenziellen Kunden die Möglichkeit der individuellen Produktgestaltung (Produktkonfiguratoren) zu offerieren.

Dennoch sollte man sich gerade im Hinblick auf die individuelle Produktgestaltung durch Produktkonfiguratoren die Eigenschaften des Mass Customization Konzeptes vergegenwärtigen. Neben der Individualität ist nämlich auch die Kostenseite bei der Umsetzung der Individualisierungsfunktionalitäten zu beachten, was durch die nachfolgenden Mass Customization Charakteristiken, visualisiert in Abbildung 4.12, verdeutlicht werden soll[150]:

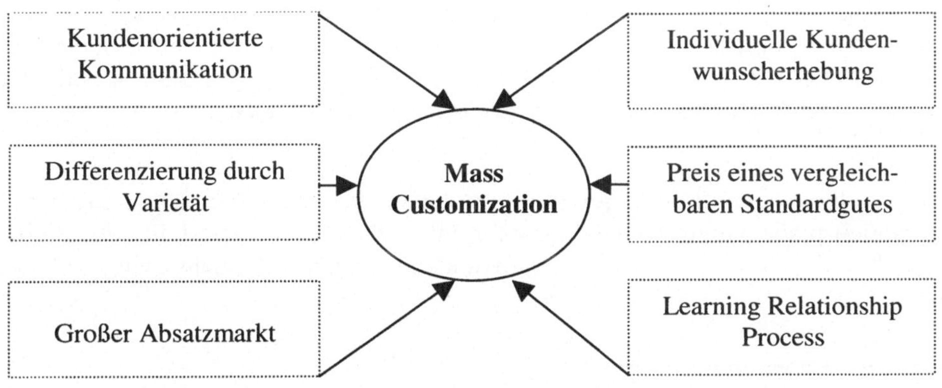

Abbildung 4.12: Charakteristiken des Mass Customization

Durch eine ***individuelle kundenorientierte Kommunikation*** werden die Bedürfnisse hinsichtlich der zu generierenden Produkteigenschaften eruiert.

---

[149] Vgl. Piller, F. T.: Was bedeutet Mass Customization?, http:// mass-customization.de/wasist.htm Stand: 15.04.2001

[150] Vgl. Piller, F. T.: Was bedeutet Mass Customization?, http:// mass-customization.de/wasist.htm Stand: 15.04.2001

Diese Eigenschaften werden dann im Rahmen des Produkterstellungsprozesses realisiert.

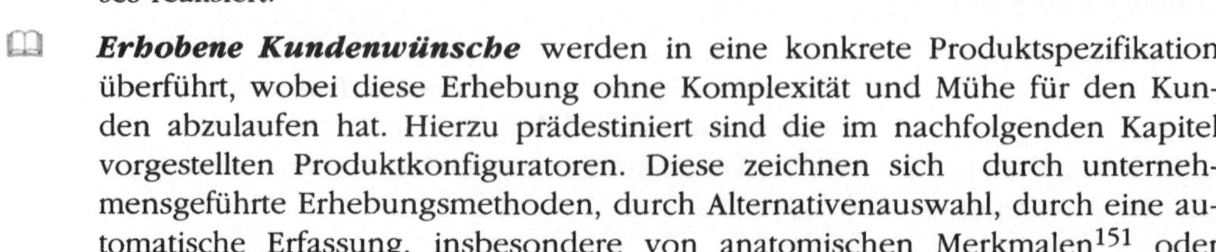

☐ **Erhobene Kundenwünsche** werden in eine konkrete Produktspezifikation überführt, wobei diese Erhebung ohne Komplexität und Mühe für den Kunden abzulaufen hat. Hierzu prädestiniert sind die im nachfolgenden Kapitel vorgestellten Produktkonfiguratoren. Diese zeichnen sich durch unternehmensgeführte Erhebungsmethoden, durch Alternativenauswahl, durch eine automatische Erfassung, insbesondere von anatomischen Merkmalen[151] oder durch kundengetriebene Produktmixzusammenstellungen aus.

☐ Durch die Erstellung von Produkten in mannigfaltigen Varianten **(Differenzierung durch Varietät)** können die Wünsche jedes potenziellen Kunden weitgehend erfüllt werden. Dies erfolgt durch Anwendung des bereits erwähnten Bausteinprinzips[152].

☐ Das kundenindividuelle Produkt wird am Markt zu einem Preis angeboten, welcher ungefähr dem eines vergleichbaren Standardgutes entspricht **(Kostenoption der Mass Customization)**.

☐ Ein **großer Absatzmarkt**, relativiert auf die jeweilige Branche[153], ist Grundlage für das Konzept der Mass Customization, wobei sich die Kunden auf diesem Markt durch ihre heterogenen Produktwünsche unterscheiden.

☐ Die durch die kundenindividuelle Produktzusammenstellung gewonnenen Informationen über die Kunden werden zum Aufbau einer dauerhaften Kundenbeziehung genutzt, so dass sich die unternehmensoriginäre Angebotsausrichtung[154] an den Kundenpräferenzen orientieren kann. Man spricht dann von dem sogenannten **Learning Relationship Process**.

Für die individuellen Produktgestaltungsmöglichkeiten sind die neuen Medien im Allgemeinen prädestiniert, da sie eine kundenindividuelle Ausgestaltung des Produktes durch ihre Interaktionsmöglichkeiten mit gleichzeitiger Visualisierung unterstützen.

---

[151] Vergleiche Damenjeansbeispiel bei der Vorstellung des Anpassungs-Konfigurators in diesem Kapitel.

[152] Vgl. Preißner, A.: Marketing im E-Business, 2001 München u.a., Seite 378

[153] Ein Fertighaushersteller definiert einen großen Massenmarkt hinsichtlich der Abnehmerzahlen (Marktgröße) in anderen Dimensionen als ein Automobilhersteller – wie zum Beispiel die Volkswagen AG.

[154] Hierunter fällt zum Beispiel eine kundenorientierte Sortimentspräsentation, das heißt, der Kunde bekommt nur die Produkte präsentiert, welche ihn auch interessieren. Dies können zum Beispiel auch Zahlungsfunktionalitäten sein, denn wenn ein Kunde stets auf Rechnung Produkte gekauft hat, so muss man ihm nicht unbedingt das Zahlungskonzept *„Per Nachnahme"* offerieren.

Demzufolge stellt das Konzept der Mass Customization ein wesentliches Element der Produktpolitik im Rahmen des E-Marketing-Mixes dar.

Gleichzeitig ist jedoch darauf hinzuweisen, dass eine völlig in der Kundenhand liegende Produktgestaltung durch technische Produktionsgrenzen vielfach nicht möglich ist, so dass man dem Kunden in der Regel nur gewisse Module zur individuellen Kombination zur Verfügung stellt. Dennoch erfolgt durch diese Vorgehensweise eine sehr starke Personalisierung auf die Kundenbedürfnisse, was ganz im Sinne des vorgestellten One-To-One Marketings ist.

4.3.3 Produktkonfigurator

Um eine individuelle Produktgestaltung im Sinne der Mass Customization vornehmen zu können, sind sogenannte Produktkonfiguratoren sinnvoll, damit der Kunde die Möglichkeiten der Modularisierung nutzen kann.

Ein Charakteristikum des Konzeptes der kundenindividuellen Massenfertigung liegt in der Forderung begründet, dass die Zusammenstellung und Auswahl von Produktkombinationsmöglichkeiten (Erhebung der Kundenwünsche) ohne Komplexität und Mühe für den Kunden abzulaufen hat. Durch die Produktkonfiguratoren wird diesen ein Hilfsmittel zur Verfügung gestellt, welches aus einer unüberschaubaren Anzahl möglicher Lösungen aufgrund der spezifischen Kundenwünsche und Kundenanforderungen eine sinnvolle und geeignete Lösung findet.

Dabei hat der Kunde die Möglichkeit, individuell in den Gestaltungsprozess einzugreifen, wobei aber zu beachten ist, dass die Erfassung von Kundenanfragen ein zielgerichteter Auswahlvorgang ist. Im Rahmen dieses Vorgangs werden den einzelnen Merkmalsklassen die gewünschten Merkmalsausprägungen ☞ wie gewünschte Funktionen und Ausstattungen ☜ zugewiesen.

Ein Produktkonfigurator ist somit ein Instrument, das den potenziellen Kunden hinsichtlich der Umsetzung seiner ***Produktwunschvorstellungen*** durch unternehmensseitige Restriktionen bezogen auf den Produktherstellungsprozess führt[155]. Je nach Produktart, eingesetzten Fertigungsverfahren, Konstruktionsprinzipien u.a. kann der Einschränkungsfaktor mehr oder weniger weit gefasst sein. Durch Vorgabe von Produktbestandteilen lassen sich Produktvarianten durch den Kunden generieren, wobei zwischen einer Alternativenauswahl (hoher Einschränkungsfaktor), einer automatischen Erfassung und einer kundengetriebenen Produktmixzusammenstellung (niedriger Einschränkungsfaktor) unterschieden wird, wie die Abbildung 4.13 verdeutlicht.

---

[155] Dabei ist es unabhängig, ob dieser direkt bei dem Kunden durch Nutzung des Internets zum Einsatz kommt oder zum Beispiel als ***Point of Sale Terminal (POS-Terminal)*** bei einem Händler anzutreffen ist. Dort, wo beratungssensitive Produkte miteinander kombiniert werden sollen, bietet sich sicherlich die POS-Systematik an, da hier der Händler beratend den kundenindividuellen Gestaltungsprozess unterstützen kann (*zum Beispiel:* Badkonfiguration, Hauskonstruktion, etc.).

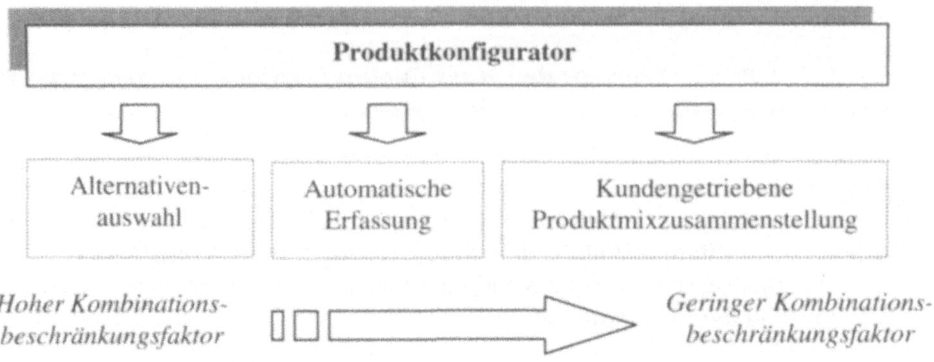

Abbildung 4.13:   Erfassungsmöglichkeiten mittels Produkt-Konfigurator

Alternativenauswahl

Bei der Alternativenauswahl werden dem konfigurierenden Kunden lediglich diverse Module präsentiert, welche in ihrem originären Sinne nicht mehr verändert werden können. Durch die Modulkombination lassen sich aber dennoch individualisierte Produkte kombinieren. Der Konfigurator übernimmt hier die Rolle eines Barmixers, der durch die Variation von alkoholischen und nicht-alkoholischen Getränken einen Cocktail schafft, der auf die Vorlieben der ihn trinkenden Person abgestimmt werden kann.

Auf die Zusammensetzung der Einzelbestandteile hat der Barmixer jedoch keinen Einfluss, da er deren Herstellungsprozesse nicht beeinflussen kann, sondern vordefinierte Produkte nutzen muss. Solche alternativengestützten Produktkonfiguratoren findet man bei nahezu allen Automobilherstellern auf deren Webseite wieder, bei denen der potenzielle Kunde sein Wunschautomobil nach unternehmensbezogenen Restriktionen zusammenstellen kann. Ein ausführlicheres Beispiel wird im Folgenden bei der Klassifizierung von diversen Produktkonfiguratorarten noch dargestellt, so dass an dieser Stelle darauf verzichtet wird.

Des Weiteren lässt sich eine Alternativenauswahl durch einen webbasierten inhaltlichen Fragebogen zu diversen mit dem zu generierenden Produkt verbindbaren Eigenschaften vornehmen, wobei die einzelnen Modulauswahlen anhand der Antworten auf die jeweiligen Fragen vorgenommen werden.

Diese Methode bietet sich im Rahmen der Alternativenauswahl immer dann an, wenn der potenzielle Kunde im Hinblick auf seinen Produktzusammenstellungsprozess ein gewisses Ziel hat, welches er durch einen Vorschlag konkretisiert beziehungsweise vorab als weiter anpassbare Definition geliefert bekommen möchte.

Automatische Erfassung

Bei der automatischen Erfassung von Kundendaten werden durch maschinelle beziehungsweise sensorgestützte Messmethoden kundenindividuelle Daten erfasst. Diese werden anschließend dazu genutzt, dem potenziellen Kunden anhand der gewonnenen Datenbasis ein Produkt zu präsentieren, das seinen Vorstellungen 1:1 entspricht.

Bekannt geworden ist diese Art der Erfassung durch das Scannen von Körpermassen, um anschließend die Herstellung individuell geschneiderter Bekleidung zu ermöglichen[156]. Dem Anspruch der Mass Customization nach einfacher Kundendatenerhebung wird somit Rechnung getragen, da ein umständliches Abstecken und Abmessen von Körpermassen entfällt, so dass der Kunde hinsichtlich des Konfigurationsprozesses nahezu keine Aufwendungen auf sich nehmen muss.

Ein Ansatz zum dreidimensionalen Ganzkörperscannen wurde unter anderem von dem Kaiserslauterner Forschungsinstitut Tecmath in Zusammenarbeit mit diversen Industriepartnern entwickelt. Durch das geschaffene 3D-Masssystem TOPAS lassen sich innerhalb von einer Sekunde 128.000 Messpunkte am Körper erfassen und vermessen, die nachfolgend in CAD-Daten transformiert werden und ein der Erfassungsbasis entsprechendes 3D-CAD-Menschmodell RAMSIS visualisieren.

Leitet man aus diesen Daten noch die Schnittmaße ab, lässt sich Kleidung mit hoher Passformsicherheit herstellen. Eben diesen Ansatz setzte als erster Herrenbekleidungshersteller die Bernhardt GmbH &Co. KG für ihre Unternehmensprozesse um, so dass von deren Kunden in einem speziellen Messcenter ein dreidimensionales virtuelles Modell geschaffen wird, welches explizit eingekleidet werden kann. Dabei besitzt der Kunde durch die bereits vorgestellte Alternativenauswahl die Möglichkeit, unter anderem den Stoff, den Grundschnitt und die Farbe zu beeinflussen. Die ermittelten Daten werden direkt an das Fertigungssystem ohne Medienbruch weitergeleitet, so dass die Produktion des individuellen Herrenanzuges direkt beginnen kann[157].

Kundengetriebene Produktmixzusammenstellung

Bei der kundengetriebenen Produktmixzusammenstellung stellt der potenzielle Kunde nahezu völlig frei jedweder Unternehmensrestriktionen sein individuelles Wunschprodukt zusammen. Im Idealfall gestaltet er über grafische Hilfsmittel sein eigenes Produkt, gibt dessen technische Zusammensetzungen vor und durchläuft somit einen herkömmlichen Entwicklungsprozess im Hinblick auf die Produktzusammensetzungen.

---

[156] Vgl. Preißner, A.: Marketing im E-Business, 2001 München u.a., Seite 383

[157] Vgl. Piller, F. T.: Mass Customization in der Bekleidungsindustrie, http://mass-customization.de/case_bek.htm Stand: 15.04.2001

Ausgangspunkt sind dabei die nicht weiter zerlegbaren Einzelbestandteile, welche ohne Vorgaben des Unternehmens vom Kunden zusammengesetzt werden können. Diese Freiheiten sind natürlich nicht bei einer Automobilkonfiguration möglich, da zum einen der Kunde vielfach nicht die technischen Kenntnisse hinsichtlich der Automobilentwicklung besitzt. Zum anderen würde dem Konzept der Mass Customization widersprochen werden, da unter anderem das Charakteristikum der leichten und mühelosen Kundendatenerhebung nicht erfüllt werden kann. Dennoch können auch solche auf nicht weiter zerlegbare Einzelbestandteile aufbauenden Produktkonfiguratoren zum Einsatz kommen, wie das Beispiel einer individuellen Müsli-Mixzusammenstellung bei der Vorstellung der Mix-Produkt-Konfiguratorart zeigt.

Ein Produktkonfigurator sollte folgende Funktionalitäten zur Verfügung stellen[158]:

📖 ***Vollständige Informationserfassung***

Im benutzerfreundlichen Dialog werden alle notwendigen Informationen erfasst.

📖 ***Plausibilitätsprüfung***

Das System prüft die gewünschte Variante auf ihre Realisierbarkeit.

📖 ***Informatorische Komponenten***

Dem Kunden/Vertriebsmitarbeiter werden alle relevanten Produktinformationen zur Verfügung gestellt.

📖 ***Visualisierungskomponenten***

Die getätigte Auswahl der konfigurierenden Person sollte am Bildschirm visualisiert werden, so dass diese eine bildhafte Vorstellung im Hinblick auf ihre Produktzusammenstellung erlangt.

📖 ***Value Added Services***

Bei Produktkonfiguratoren bietet es sich an, unter anderem die Preise des von dem Kunden instruierten Produktvariationsprozesses inklusive Finanzierungskonzepten direkt darzustellen (zum Beispiel: Automobilkonfiguratoren). Hierunter fallen des Weiteren Downloadmöglichkeiten bezüglich genauer Beschreibungen von Einzelkomponenten, Produkttests, vergleichbarer bereits getätigter Produktfigurationen durch andere Kunden in Verbindung mit deren

---

[158] Vgl. dazu Wüpping, J.: Produktkonfiguratoren für die kundenindividuelle Serienfertigung, in: Industrie-Management 1999, S. 65-69, insbesondere S.66 ff.

Zufriedenheitsbeurteilungen, 3D-Visualisierungen, Avatare[159] und weitere dem Kunden als Zusatznutzen dienende Unternehmensangebote.

📖 *Integrationskomponenten in die existenten Unternehmenssysteme*

Über eine PPS- und/oder CAD-Schnittstelle lassen sich alle benötigten Auftragsdaten direkt an das Fertigungssystem übermitteln. Hierdurch können unter anderem Teileverfügbarkeitsprüfungen durchgeführt, Echtlieferzeiten ermittelt und Produktionsprozesse[160] angestoßen werden.

Infolge ihrer unterschiedlichen Gestaltungsmöglichkeiten durch die konfigurierende Person kann man die Produktkonfiguratoren neben ihrer *Erfassungssystematik* auch nach ihren originären *Kombinationsausrichtungsmöglichkeiten* klassifizieren.

Hierunter versteht man die Zielsetzung des Konfigurators für die Unternehmung bezogen auf den Prozess der kundengetriebenen Produktzusammenstellung. Im Wesentlichen lassen sich die in Abbildung 4.14 dargestellten Konfiguratorarten unterscheiden.

Hierbei wird nach den *Freiheitsgraden* sowohl auf Unternehmensseite als auch auf Kundenseite im Hinblick auf den Gestaltungsprozess eine Unterscheidung und Einordnung vorgenommen. Auf der Unternehmensseite wollen wir dabei von Leistungsflexibilität sprechen. Eine zunehmende Leistungsflexibilität des Unternehmens bedeutet, dass dem Kunden von der Unternehmensseite her immer weniger Einschränkungen bei der Produktgestaltung gemacht werden.

---

[159] Siehe Kapitel 3.3 Primäre E-Markforschung

[160] Durch den Einsatz von *CNC- (Computer Numerically Controlled) Maschinen* lassen sich programmgesteuert Fertigungsprozesse durch einen schnellen Wechsel des Bearbeitungsschematas individuell ausrichten. Des Weiteren dienen flexible Fertigungssysteme durch ihre Verbundlösung via eines automatischen Transportsystems einer schnellen Wechselmöglichkeit des Loses infolge ihrer unterschiedlichen Anordnungsmöglichkeiten, wodurch ebenfalls eine individuelle Fertigung von Produktkonfigurationen möglich ist.

In Anlehnung an Preißner, A.: Marketing im E-Business, 2001 München u.a., Seite 380

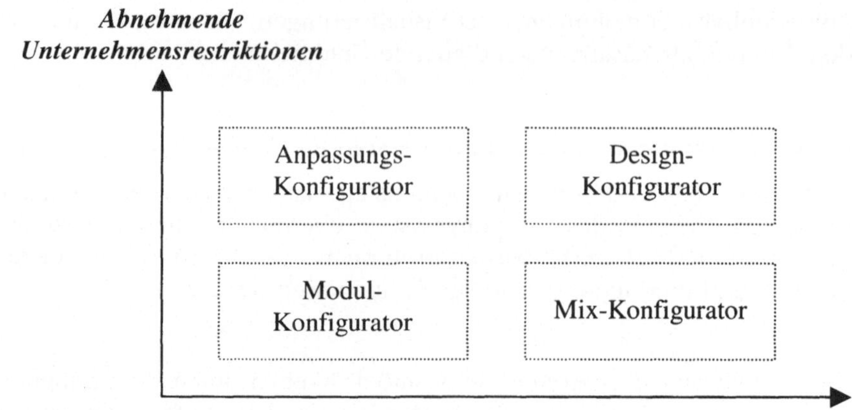

Abbildung 4.14: *Produktkonfiguratorklassifizierungen*

Modul-Konfigurator

Als Konfiguratorart mit den geringsten Freiheitsgraden sowohl auf Unternehmensseite als auch auf Kundenseite fungiert der Modul-Produktkonfigurator.

Hierunter versteht man ein Hilfsmittel zur individuellen Produktgestaltung, das lediglich von Unternehmensseite vordefinierte und anzahlbeschränkende Bauteile der konfigurierenden Person zur Verfügung stellt. Aus diesen Bausteinen lassen sich Produkte generieren, die sich durch besondere individuelle Ausstattungsmerkmale voneinander unterscheiden, jedoch in ihrer Grundform und Grundsystematik einen identischen Aufbau verzeichnen.

Solche Modul-Konfiguratoren findet man z.B. auf den Webseiten der Automobilhersteller.

Es lassen sich in der Regel die nachfolgend aufgeführten Auswahlprozesse durch den Kunden individuell durch vordefinierte Unternehmensbausteine gestalten[161]:

Auswahl des Herstellermodells	Opel Corsa oder Opel Astra
Auswahl der Modellvariante	3-türig oder 5-türig
Auswahl der Ausstattungsvariante	Basis oder Comfort
Auswahl der Motorisierung	1.0 12V oder 1.2 16V

---

[161] In Anlehnung an den Produktkonfigurator der Adam Opel AG unter http://www.opel.de Stand: 30.04.2001

Auswahl der Farbgebung	Petrolblau (metallic) oder Schwarz
Auswahl der Polster	Blau oder Grau
Auswahl der Sonderausstattung	Klimaanlage, elektrische Fensterheber, etc.

Tabelle 4.4:   Beispielhafte Auswahlprozesse eines Modul Produktkonfigurators

Einem Mix-Konfigurator liegt in der Regel als Erfassungsmethode die ***kundengetriebene Produktmixzusammenstellung*** zu Grunde; er zeichnet sich durch einen hohen Freiheitsgrad hinsichtlich der Kombinationsmöglichkeiten von Produkten durch den Kunden aus, wobei von Unternehmensseite jedoch durch die zur Verfügung gestellten Produktarten Einschränkungen vorgenommen werden. Es lassen sich lediglich nicht weiter zerlegbare Einzelprodukte[162] durch den Kunden individuell zusammenstellen, die jedoch durch mannigfaltige Kombinationsmöglichkeiten ein neues Produkt ergeben können. Somit umgeht man das Anbieten von bereits vordefinierten Produktbausteinen, auf deren Gestaltung die potenziellen Kunden keinen Einfluss mehr besitzen.

Beispiel[163]:

Der amerikanische Müsli-Hersteller General Mills offeriert dem Kunden ein „Mische-Mir-Mein-Müsli-Selbst-System", bei dem der Kunde sein Müsli individuell[164] zusammenstellen kann.

Hierzu werden diesem zwei Konfigurationsmöglichkeiten offeriert:

> Kennt er seine Wunschbestandteile schon ganz genau, dann hat er die Möglichkeit, aus den offerierten „nicht weiter zerlegbaren Müslieinzelprodukten" ein individuelles Müsli zu erstellen.

---

[162] Von chemischen Zerlegungsprozessen einmal abgesehen.

[163] Vgl. Piller, F. T.: Muesli nach Mass, © 02.2001 Mass Custom-ization News, http://www.mass-customization.de Stand: 15.04.2001

[164] Die angesprochene Webseite (http://www.mycereal.com Stand: 31.04.2001) dürfte mit Drucklegung dieses Buches freigeschaltet sein. Im Moment befindet sich diese noch in der Betaphase und ist bisher nur durch diverse Presseberichte mit viel Vorschuß-Lorbeeren bedacht worden.

📖 Ist dieses für die konfigurierende Person zu schwer oder umständlich oder hat diese ein bestimmtes Ernährungsziel, dann kann sie sich über die Beantwortung eines Fragebogens einen Vorschlag für eine Müslizusammenstellung nach ihren eruierten Vorlieben generieren lassen *(Alternativenauswahl durch Fragebogen)*.

> ## Anpassungs-Konfigurator

Unter einem Anpassungs-Konfigurator versteht man ein Hilfsmittel zur Umsetzung des Mass Customization Konzeptes, wobei das Unternehmen den Kunden kaum Einschränkungen bei der Produktgestaltung macht. Durch dem Kunden frei gestellte Erhebungsmethoden bezüglich seiner Vorstellungen wird zunächst ein Grobkonzept für das individuell zusammenzustellende Produkt erstellt, welches in einem Folgeschritt durch den Kunden verfeinert, sprich angepasst, wird.

Hierbei hat dieser jedoch nicht die Möglichkeit, dieses Produkt in seinen originären Eigenschaften zu verändern – zum Beispiel in seiner Hauptformgebung oder in seinen Hauptbestandteilen –, sondern lediglich bestimmte auf seine Person zugeschnittene Verfeinerungen an der Oberfläche vorzunehmen. Diese Verfeinerungen sind in etwa vergleichbar mit der Situation einer zu langen beziehungsweise zu weiten Anzugshose, welche individuell auf den Kunden angepasst werden kann. Durch diese relativ groben Verfeinerungsmöglichkeiten hat der Kunde einen geringeren Freiheitsgrad bezüglich der Umsetzung seiner Wunschvorstellungen. Er besitzt, um bei dem Textilbeispiel zu bleiben, nicht die Möglichkeit, sich ein vollkommen neues Produkt im Sinne einer individuellen Maßanfertigung schneidern zu lassen. Das Unternehmen hingegen muss wesentlich flexibler auf die Kundenanforderungen als bei dem Modul-Konfigurator reagieren, da es hier an seinen vordefinierten Bausteinen Änderungen, welche nicht im Vorfeld absehbar sind, erlaubt.

Beispiel[165]:

Die Levi Strauss & Co. Inc. wendet diese Art von Anpassungs-Konfigurator bei ihrer Damenjeans Reihe „PersonalPair" an.

Hierzu wird die Kundin durch den Verkäufer/die Verkäuferin mittels einer speziellen Software „vermessen". Die generierten Daten, sprich das persönliche Profil, sind auf einem Bildschirm abrufbar. Ebenfalls kann dort eine Auswahl anhand von zwei Hosen-Grundtypen, sechs Stoffen und zwei verschiedenen Hosenschlägen getätigt werden, wobei durch Nutzung des elektronischen persönlichen Profils sofort Größenmodifikationen an der Hüfte und der Taille sowie an der Schritt- und Gesäßnaht vorgenommen werden können.

---

[165] Vgl. Piller, F. T.: Fallstudie zur Mass Customization: Levi' PersonalPair, http://mass-customization.de Stand: 15.04.2001

Anschließend ermittelt der Computer aus den automatisch und den individuell eingegebenen Daten einen in dem Laden vorrätigen Prototyp der individualisierten Damenjeans, welcher durch die Kundin anprobiert wird. Hier werden dann nochmals Anpassungen an der entsprechenden Prototypjeanshose vorgenommen, die dann endgültig im Verkaufscomputer erfasst und an das Fertigungssystem (Schnittroboter) weitergegeben werden. Nach 10 bis 15 Tagen bekommt die Kundin ihre selbst gestaltete Damenjeans ausgehändigt.

Durch die Verwendung des sogenannten Anpassungs-Konfigurators sind anstatt 52 herkömmlich angebotene Standard-Jeanshosen insgesamt 14.280 verschiedene individuelle Kombinationen möglich.

Design-Konfigurator

Der Design-Konfigurator weist sowohl auf Unternehmensseite als auf Kundenseite die größten Freiheitsgrade hinsichtlich der individuellen Produktgestaltung beziehungsweise Produktbereitstellung durch das Unternehmen auf. Wie der Name bereits suggeriert, handelt es sich hierbei um eine Konfiguratorart, die existente Produkte durch Manipulation ihrer visuellen Eigenschaften verändert und somit ein im Idealfall bis auf die letzte Ebene der Produktzusammenstellung individuelles und verändertes Produkt schafft.

Als Hauptcharakteristikum dieses Konfigurators ist die Tatsache anzusehen, dass hierbei keine reine Zusammenstellung von Produktbausteinen beziehungsweise groben Anpassungen von diesen vorgenommen wird, sondern vielmehr der Kunde als Designer seines eigenen Produktes fungiert und dessen Eigenschaften im Hinblick auf die Formgebung/Gestaltung für das Unternehmen nicht planbar verändern kann.

Um dieses Konzept anschließend auch produktionstechnisch verwirklichen zu können, sind zum einen entsprechend flexible Fertigungssysteme aber auch Produkte gefordert, welche solche Manipulationen zulassen. Gerade im technischen Bereich (zum Beispiel: Automobilproduktion) ist eine erhöhte Vorsicht geboten, da der Kunde vielfach nur eine Laienfunktionalität einnimmt und die Auswirkungen seiner Produktzusammenstellung in der Regel nicht abschätzen kann, so dass in diesem Fall von der Bereitstellung solcher Design-Konfiguratoren eher abzuraten ist. Lediglich dort, wo die Ergebnisse für Konzeptstudien verwendet werden, ist ein Einsatz in diesem Bereich denkbar.

Beispiel[166]:

Der in Düsseldorf ansässige Optiker Paris Miki lässt seine Kunden zunächst vor einer Kamera Platz nehmen, um ein digitales Porträtphoto von diesen zu erhalten. An-

---

[166] In Anlehnung an Piller, F. T.: Fallstudie zur Mass Customization: Paris Miki: Augenmaß durch „Mikissimes Design", http://mass-customization.de Stand: 15.04.2001

schließend eruiert er die Lieblingsfarbe des Kunden sowie seinen Stil. Hierzu wählt der Kunde aus einer vorgegebenen Reihe von Begriffen 5 aus, die zu seiner Person passen (zum Beispiel: klassisch oder sportlich, aktiv oder natürlich, etc.).

In einem Folgeschritt werden auf einem Bildschirm diverse Gemälde respektive Fotos angezeigt, die der Kunde mit „gefällt mir", „gefällt mir nicht" oder „abscheulich" bewerten soll. Sind diese Stationen durchlaufen, wird dem Kunden am Bildschirm eine Brille auf seinem Portraitphoto präsentiert. Auf Kundenwunsch kann diese dann modifiziert werden, indem zum Beispiel diverse Gestellpunkte verschoben, die Ecken abgerundet oder die Größe der Gläser verändert werden. Selbstverständlich sind auch Farbmodifikationen beziehungsweise individuell ausgeprägte Brillengestellmodifikationen möglich.

Die gestaltete virtuelle Brille lässt sich auf dem Monitor nochmals vor verschiedenen Hintergründen unter Verwendung des eigenen Porträtphotos betrachten.

Ist der Kunde zufrieden, so wird ein entsprechender Fertigungsprozess der gestalteten Brille gestartet, wobei der Preis der individuellen Brille den Preisen vergleichbarer Standardprodukte entspricht. Das beschriebene Verfahren wird auch als ***Mikissimes-System*** bezeichnet, in Anlehnung an seinen Begründer.

Im Gegensatz zu dem zuvor vorgestellten Anpassungskonfigurator hat der Kunde bei diesem geschilderten Konfigurationsprozess die Möglichkeit, neben einer Anpassung seiner Brille auf für ihn charakteristische Kopfeigenschaften und der Auswahl verschiedener Brillenmodule eine formverändernde individuelle Gestaltung vorzunehmen. Somit sind dem Kunden nahezu keine Restriktionen hinsichtlich des Gestaltungsprozesses auferlegt beziehungsweise das Unternehmen macht dem Kunden kaum Vorgaben hinsichtlich seines Gestaltungsprozesses, so dass hier die ***individuellste Konfiguratorenart*** dem Benutzer zur Verfügung steht.

Je nachdem, welche Produkte ein Unternehmen den potenziellen Kunden offerieren beziehungsweise welche Freiheitsgrade es hinsichtlich der individuellen Gestaltung durch die Kunden gestatten möchte, kann es zwischen verschiedenen Konfiguratorarten beziehungsweise Datengewinnungsmethoden für einen individuellen Konfigurationsprozess wählen.

Die vorgenommene Klassifizierung dieser Konfiguratorausprägungen soll dabei eine Entscheidungshilfe durch Clusterung verschiedener Konfiguratormöglichkeiten geben.

4.4 Onlinespezifische Kundendienstpolitik

Um eine effiziente Kundenbindung zu erreichen, ist es vonnöten, ein Klima für die Kunden-Unternehmensbeziehung zu schaffen, das der Zielsetzung einer generellen Kundenzufriedenheit folgt. Servicefunktionalitäten beziehungsweise ein gezieltes Eingehen auf den Kunden auch nach dem Erwerb eines Produktes tragen maßgeblich zu einem solchen auf Dauer ausgelegten Verhältnis bei.

Service am Kunden impliziert stets Konzepte, welche ***vor, während und nach dem Kauf eines Produktes*** gezielt auf die individuellen Kunden ausgerichtet sind, so dass man im Wesentlichen drei Gruppierungen im Rahmen einer auf Kundenzufriedenheit ausgerichteten **Service-Marketing-Strategie** bilden kann, wie Abbildung 4.15 verdeutlicht.

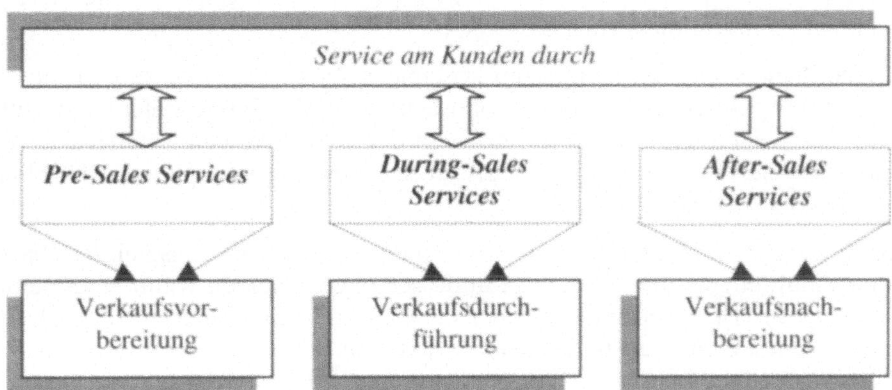

Abbildung 4.15: Servicekonzeptionen am Kunden

Alle drei Konzepte zeichnen sich dadurch aus, dass durch ihren Einsatz dem Anwender beziehungsweise dem (potenziellen) Kunden ein Zusatznutzen – **Value Added Services** – zu seinem eigentlichen Produktwunsch geboten wird, welcher im Rahmen einer E-Marketingausrichtung eines Unternehmens zumindest teilweise kostenlos dem eigentlichen Produkt beigefügt wird. Für die Unternehmung besteht so die Möglichkeit, sich über diese Zusatzleistungen vom Wettbewerb abzuheben, in ein höheres Preissegment vorzustoßen und die Kundenbindung zu erhöhen.

Pre-Sales Services

Unter einer Pre-Sales Unterstützung versteht man umfassende Beratungsfunktionalitäten eines potenziellen Kunden **vor dem Kauf**[167]. Erfolgen diese durch Einsatz neuer Medien, das heißt auf interaktionsorientiertem Wege, so kann man von interaktiven Electronic Pre-Sales Konzeptionen sprechen.

Diese sind jedoch nicht im Rahmen der Produkt- respektive Programmpolitik anzusiedeln, sondern vielmehr in dem Bereich der Kommunikations- aber auch der Distributionspolitik, so dass an dieser Stelle auf die entsprechenden Servicekonzeptionen nicht näher eingegangen wird[168].

---

[167] Vgl. Stolpmann, M.: Online-Marketingmix – 2. Auflage, 2001 Bonn, Seite 239

[168] Auf diese Pre-Sales orientierten Servicekonzeptionen wird näher in dem Kapitel der Distributions- beziehungsweise Kommunikationspolitik eingegangen.

During-Sales Services

During-Sales Services umschreiben Marketingaktivitäten, welche während der eigentlichen Kaufphase eingesetzt werden, um einen potenziellen Kunden letztendlich direkt zu einem Kauf zu bewegen.

In der Regel handelt es sich hierbei um kostenlose Zusatzangebote zu dem originären Produkt, aber auch um bestimmte preisliche Zugeständnisse seitens des Unternehmens. Des Weiteren fällt auch das Konzept der Selbstbedienung durch den Kunden unter diese Servicekonzeption, die als großen Vorteil den Aspekt der Flexibilität für die Kunden aufweist[169].

Im Bereich der neuen Medien lässt sich hier unter anderem das Beispiel des **Online-Bankings** anführen, wo der einzelne Kunde selbst entscheidet, wann er bestimmte Aktivitäten – z.B. Überweisungen – über eine Internetanbindung ausführt. During-Sales Marketingkonzeptionen findet man im Rahmen der Kontrahierungspolitik wieder, so dass in Kapitel 5 noch im Speziellen auf diese eingegangen wird.

After-Sales Services

After Sales Services bezeichnen Serviceangebote von Unternehmen, die einem Kunden nach dem Erwerb eines entsprechenden Produktes unterbreitet werden[170].

Sie weisen einen direkten Bezug zum eigentlichen Produkt auf, da sie auf dieses explizit abgestimmt worden sind. Demgegenüber können die beiden zuvor vorgestellten Servicekonzeptionen durchaus weiter gefasst sein, um den Kunden zu einem speziellen Produktkauf, welcher nicht in seinem ursprünglichen Sinne gewesen ist, zu bewegen.

After-Sales Services sind prädestiniert für den Einsatz der neuen Medien, da diese sich unter anderem durch die Möglichkeit der Multimedialität respektive der zeitlich sehr schnellen Reaktionsmöglichkeit (z.B. als **Service-rund-um-die-Uhr**) auf die Kundenbelange auszeichnen[171].

Hinsichtlich der Umsetzung der After-Sales Servicekonzeptionen bieten sich beispielsweise folgende Serviceleistungen für eine elektronische Unterstützung an:

- Telewartung/Online-Wartung
- Online-Support-Foren/ FAQ-Foren
- Interaktive multimediale Produktbestandteile
- Online-Seminare

---

[169] Vgl. Stolpmann, M. Kundenbindung im E-Business, 2000 Bonn, S. 87

[170] Vgl. Cole, T.: Erfolgsfaktor Internet, 1999 Düsseldorf/München, Seite 129

[171] Vgl. von Dobschütz, u.a. (Hrsg.): IV-Controlling, 2000 Wiesbaden, Artikel: Schwickert, A.: Web-Site-Controlling, Seite 310

Telewartung / Online-Wartung

Bei der Telewartung, auch Online-Wartung genannt, können aus der Ferne auf e-lektronischem Wege Fehler diagnostiziert, teilweise unmittelbar beseitigt beziehungsweise veranlasst werden, dass notwendige Ersatzteile, welche vor Ort installiert werden müssen, bedarfsgerecht versandt werden.

Die entsprechenden Produkte werden mit einem Datenübertragungsmedium (zum Beispiel: Modem, Webcam) versehen, welches Informationen hinsichtlich des Produktes zur Verfügung stellt, anhand derer eventuelle Fehler diagnostiziert werden können. Ebenfalls kann die Telewartung als *Frühwarninformationssystem* eingesetzt werden, das direkt dem entsprechenden Nutzer oder dem herstellenden Unternehmen Informationen zu einer eventuell anstehenden Gefährdung des Nutzers oder der Nutzung bereitstellt, so dass auf diese sofort reagiert werden kann. Ein Beispiel aus dem M-Business Bereich soll diesen Charakter des Frühwarninformationssystems untermauern.

Beispiel[172]:

Der finnische Reifenhersteller Nokian hat ein intelligentes Reifenüberwachungssystem entwickelt, mit dem der Fahrer den Luftdruck seiner Autoreifen per Handy kontrollieren kann, ohne Einbau zusätzlicher Geräte im Automobil. Ist der Druck zu niedrig, klingelt das Handy und zeigt eine entsprechende Warnung im Display an. Dieser Autoreifen mit integriertem Computer-Chip soll im Jahre 2002 auf den Markt kommen. Die zu nutzenden Handys müssen dabei aber mit der Bluetooth-Technologie[173], sprich mit einem Protokoll für die drahtlose Datenübertragung, ausgestattet sein.

Weitere onlinegestützte Wartungssysteme findet man vielfach bei medizinischen Geräten vor, die durch hohe Sicherheitsanforderungen ständigen Überprüfungen und Wartungsintervallen unterliegen. Hier kommen auch die Hauptvorteile der Telewartung zum Tragen, denn zum einen können beim Auftreten eines Störungspotenzials umgehend und ohne zeitliche Verzögerungen entsprechende Beseitigungsmaßnahmen durchgeführt werden und zum anderen entsteht ein großer Kosteneinsparungseffekt, da ein persönlicher Besuch eines entsprechenden Kundendiensttechnikers vielfach nicht mehr vonnöten ist[174].

---

[172] Vgl. Ohne V.: Ihr Reifen ruft Sie an, 04.2001 ADAC München, Seite 44

[173] Unter dem Begriff **Bluetooth** versteht man ein Standardprotokoll für die drahtlose Datenübertragung, so dass eine solche zwischen mobilen und stationären Geräten ermöglicht werden kann.

Aus UltimaRatio: Bluetooth, http://netlexikon.akademie.de Stand: 08.12.2000

[174] Vgl. Preißner, Andreas: Marketing im E-Business, 2001 München u.a., Seite 389

Auch die Automobilhersteller planen solche Systeme, die über mobile Datenkommunikation bei Pannenfahrzeugen die Störursachen erkennen lassen und geeignete Maßnahmen zur Beseitigung der Probleme einleiten können.

Ein weiteres Beispiel in diesem Zusammenhang sind moderne Waschmaschinen. Hier ist es möglich, sich über das Internet Updates herunterzuladen, mit deren Hilfe man neueste Waschprogramme auf der Maschine installieren kann. Auch Ansätze des intelligenten Kühlschranks, der einen Bestellbedarf erkennt, einen Bestellvorschlag unterbreitet und eventuell direkt über das Web ausführt sind bereits in der Erprobung.

Online-Support-Foren / FAQ-Foren

Gerade im Hinblick auf serviceorientierte Anfragen seitens der Kunden nach einem Produktkauf hat die Erfahrung gezeigt, dass vielfach identische Fragen gestellt werden, auf die standardisierte Antworten gegeben werden können. Ohne Online-Unterstützungen wäre hierzu ein großes und kostenintensives Kundenbetreuungszentrum vonnöten, welches entweder schriftlich oder telefonisch auf die fragestellenden Kunden eingeht.

Selbst wenn die Kommunikation mittels E-Mail abgewickelt wird, sind auch bei standardisierten Antworten kostenverursachende Abwicklungsvorgänge seitens der Unternehmung erforderlich. Die Anfragen müssen zunächst inhaltstechnisch gruppiert werden, so dass eine entsprechende Standardantwort dem Kunden gesendet werden kann. Diese inhaltsorientierte E-Mail-Überprüfung erfolgt entweder über ein softwaregestütztes Filter- beziehungsweise Auswertungsprogramm oder händisch durch entsprechende Kundenbetreuer.

Um standardisierte Antworten zeitnaher und kostengünstiger den Kunden zugänglich zu machen, bietet es sich an, eine Datenbank mit den sogenannten *Frequently Asked Questions (FAQ's)* und deren Antworten aufzubauen, welche im Rahmen eines internetbasierten FAQ-Forums den Kunden zur Verfügung gestellt wird.

Ein *FAQ-Forum* beinhaltet demzufolge Fragen und Antworten, die für die meisten Kunden von Interesse sein dürften. Hier erhalten sie die Möglichkeit, selbst nach bestimmten Antworten auf die eigenen produktspezifischen Unklarheiten zu suchen[175].

Der Charakter eines Forums erlaubt des Weiteren, dass die Kunden auch untereinander in Kontakt treten können, um über bestimmte produktspezifische Fragestellungen zu kommunizieren, wie Abbildung 4.16 widerspiegelt. Hierzu geeignet ist ein

---

[175] Vgl. Amor, D.: Die E-Business-(R)Evolution, 2000 Bonn, Seite 216

sogenannter ***Online-Chat***[176], der einen synchronen Austausch von Texten zwischen einer Vielzahl von Personen über eine entsprechende Internet-Plattform erlaubt[177].

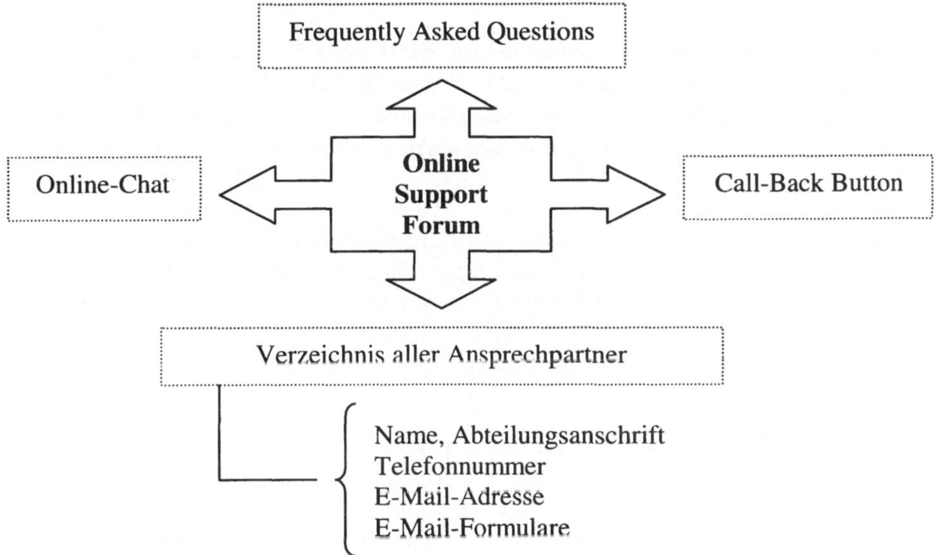

Abbildung 4.16: Bestandteile eines Online-Support-Forums

Auch gehört zu dem angesprochenen Support-Forum ein ***Call-Back-Button***, über den der Online-Besucher bequem mit dem Unternehmen in Kontakt treten kann. Nach einem Klick auf den Button wird der Internet-Surfer nach seiner Telefonnummer und der gewünschten Telefonrückrufzeit gefragt[178]. Diese Informationen werden anschließend an ein Kundendienst-Call-Center weitergeleitet, das dann den Kunden zur gewünschten Zeit kontaktiert.

Selbstverständlich sollte in einem serviceorientierten Forum auch ein Verzeichnis aller unternehmensseitigen Ansprechpartner mit ihren jeweiligen Aufgabengebieten, Telefonnummern und E-Mail-Adressen präsentiert werden, so dass ein Interessent selbst entscheiden kann, auf welchem Weg er mit den jeweiligen Personen in Kontakt treten möchte.

Für die Kommunikation über E-Mail ist es sinnvoll, ein vorkonfiguriertes E-Mail-Formular anzubieten, aus welchem unter anderem der Anfragebezug beziehungsweise die Fragestellung und Rückantwortadresse hervorgehen sollte. Durch den An-

---

[176] Vgl. Preißner, A.: Marketing im E-Business, 2001 München u.a., Seite 277

[177] Im Rahmen der Kommunikationspolitik wird eine Klassifizierung von ***Online-Chats*** vorgenommen, so dass an dieser Stelle darauf verzichtet wird.

[178] Vgl. Stolpmann, M.: Kundenbindung im E-Business, 2000 Bonn, Seite 140

fragebezug kann die E-Mail direkt im Unternehmen an die jeweiligen verantwortlichen Personen weitergeleitet werden, so dass eine zeitnahe Antwort auf die Anfrage geliefert werden kann.

> ***Als Selbstverständlichkeit ist anzusehen, dass eine E-Mail binnen 24 Stunden zu beantworten ist, da sonst der Schnelligkeitseffekt der E-Mail-Kommunikation aufgehoben wird und für den Kunden ein Ärgernis entsteht. Dies trägt sicherlich nicht zu einer dauerhaften Kundenbindung bei.***

Es ist darauf hinzuweisen, dass dem Kunden selbst die Entscheidung überlassen werden sollte, wie er im Rahmen von Fragestellungen nach dem eigentlichen Produktkauf mit dem Unternehmen kommunizieren möchte. Nur so kann eine kundenorientierte auf Langfristigkeit ausgelegte Geschäftsbeziehung zustande kommen, da der Kunde individuell agieren kann und sich nicht einzelnen Kommunikationszwängen unterwerfen muss.

Hier wird ebenfalls eine Individualisierung geschaffen, auf deren Vorteil bereits mehrfach eingegangen worden ist. Als Hauptvorteile eines onlineorientierten Support-Forums fungieren die Aspekte der ständigen, ortsunabhängigen, geschäftszeitenneutralen und mit dem Charakter der Selbstbedienung versehenen Verfügbarkeiten. Gerade der Selbstbedienungsaspekt kann für einen Kunden von großer Bedeutung sein, da er entscheiden kann, wie und in welchem Umfange er Antworten auf seine offenen Fragen bekommen möchte.

Interaktive multimediale Bestandteile

Interaktive Medien können auch gut als direkter Produktbestandteil genutzt werden (zum Beispiel durch CD-ROM aber auch durch Angabe einer entsprechenden onlinebasierten Internetadresse).

Mit ihrer Hilfe können unter anderem Darstellungen und Erläuterungen zum Produkt und seiner Anwendung veranschaulicht werden. Diese interaktiven Produktbestandteile verkörpern neben Verkaufsargumenten auch die hier besprochenen After-Service/After-Sales Konzeptionen, da durch sie vielfach offene Fragestellungen seitens der Kunden abgedeckt werden. Dieser wird nach dem Produktkauf durch beiliegende Dokumente umfassend informiert. Hierdurch wird vielfach eine Kontaktion des Kundendienstes nicht notwendig, was gleichermaßen als Erleichterung für den Kunden infolge der Einsparung des Kontaktionsaufwandes aber auch als Kosteneinsparpotenzial für die Unternehmung angesehen werden kann. Es können nämlich personalkostenintensive After-Sales orientierte Kundendienstabteilungen eventuell mit weniger Mitarbeitern besetzt werden.

Als interaktive multimediale Produktbestandteile kann man unter anderem die folgenden bezeichnen:

> ➢　　　Elektronische Beipackzettel

> Schulungsvideos

> Multimediale Installationsanweisungen

> Multimediale Produkteinsatzberatung

> Multimediale Sicherheitsausführungen

> Multimediale Wartungsanweisungen

Online-Seminare

Nach einem Produktkauf kann ein Kunde durch das Angebot von **Online-Seminaren**, die in einem **direkten oder indirekten Bezug** zum erworbenen Produkt stehen, im Rahmen der After-Sales Serviceausrichtung der Unternehmung betreut werden.

Als **Online-Seminare mit einem direkten Bezug** zu dem erworbenen Produkt bezeichnet man Informationsseminare, welche bestimmte Funktionalitäten beziehungsweise Einsatzgebiete des Produktes erläutern wie zum Beispiel Funktionsweisen einer bestimmten Bürosoftware. Man kann diese auch als Schulungsmaßnahmen zu dem erworbenen Produkt bezeichnen, doch Ziel eines Seminars sollte ein weiterer Zusatznutzen für die entsprechenden Empfänger sein. Neben der Funktionalität können unter anderem auch neue Konzepte der Büroorganisation und effizienten Tätigkeitsabwicklung in solchen wiedergegeben werden.

Durch die in einem direkten Produktbezug stehenden Online-Seminare können vielfach wie auch bei den zuvor vorgestellten interaktiven multimedialen Produktbestandteilen Benutzerfragen im Vorfeld geklärt werden. Sie kommen daher im Sinne einer kundendienstorientierten Servicepolitik der Verkaufsnachbereitungsphase des Unternehmens sowohl unter Zufriedenheitsgesichtspunkten den Kunden (wenig Kommunikationsaufwand durch Unklarheiten) aber auch auf Kostenseite (kleine Kundendienstabteilungen) der Unternehmung zugute.

Online-Seminare mit einem indirekten Produktbezug zeigen den Teilnehmern im Wesentlichen neue Kenntnisse rund um das eigentliche Produkt auf. Erwirbt man zum Beispiel ein Automobil, so könnte man als indirektes Online-Seminar eine Schulung im Hinblick auf das Verhalten bei einer Unfallsituation anbieten. Dies stellt dann einen Zusatznutzen für den Produktkäufer dar und ist eher der Thematik der During- beziehungsweise Pre-Sales Servicekonzeptionen zuzurechnen, da diese Seminarart vielfach als Kaufunterstützungsinstrumentarium eingesetzt wird.

Zusammenfassend ist zu sagen, dass die neuen Medien den **Kundendienst** des Unternehmens wesentlich unterstützen können, indem sie Beratungs-, Anwendungs- und Hilfefunktionen übernehmen. Dennoch ist es wichtig, dass dort, wo der Kunde alleine nicht weiter kommt, auch eine effiziente und zeitnahe Unterstützung durch den Kundendienst stattfindet, wobei es für den Kunden unerheblich ist, ob dieser auf elektronischem oder persönlichen Wege erfolgt.

4.5   Onlinespezifische Garantieleistungspolitik

Ziel der Garantieleistungspolitik sollte sein, dass Vertrauen der Kunden in ein Produkt bzw. in ein Unternehmen so zu fördern, dass diese zum einen die Sicherheit bekommen, auch bei Meinungsverschiedenheiten durch kooperative Zusammenarbeit für beide Seiten positive Lösungen zu finden und zum anderen auch die Möglichkeit zur Reklamation von ihnen nicht genehmen Gesichtspunkten erhalten.

Eine Garantieleistungspolitik muss die reinen Garantiegesichtspunkte, wie die Produktpflichtgarantie, umfassen. Sie sollte aber darüber hinaus weitere dem Kunden als Zusatznutzen dienende serviceorientierte Garantien umfassen, sowie gleichzeitig auch ein effizientes Beschwerde- und Reklamationsmanagement beinhalten, wie Abbildung 4.17 zeigt.

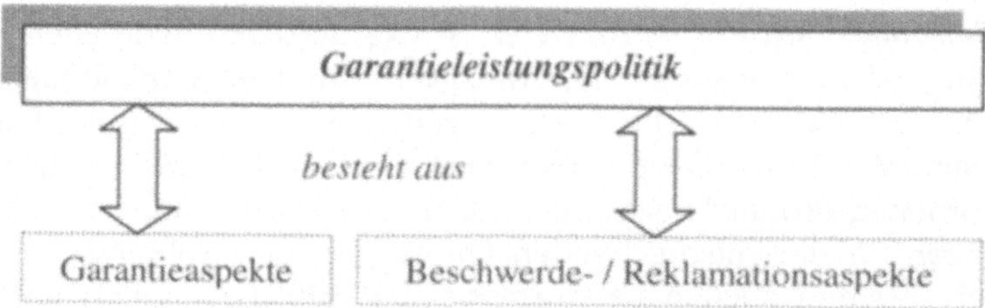

Abbildung 4.17:   Aspekte der Garantieleistungspolitik im Rahmen der Produktpolitik

Neben der vom Gesetzgeber festgelegten formalen ***Produktpflichtgarantie***[179], welche einen Mindestumfang an Leistungen für den Kunden garantiert, werden vielfach freiwillige Garantieaspekte angeboten, die einen weiteren Schutz des Kunden vor ihm nicht zusagenden Produkten bieten. Es handelt sich hierbei z.B. um erweiterte Umtauschrechte, Geld-Zurück-Garantien oder auch Qualitäts- und Haltbarkeitsgarantien für die einzelnen Produkte[180].

So besteht für den Anbieter die Möglichkeit, diese individuell auf jeden einzelnen Kunden zuzuschneiden und ihm damit einen Mehrwert zu bieten. Nur wenn der Kunde unzufrieden ist, entstehen Kosten, zu deren Übernahme sich die Unternehmung verpflichtet hat. Somit können bei den Kunden Vertrauensbasen geschaffen werden, die zum einen zum Produkterwerb wesentlich beitragen aber auch im Hinblick auf eine langfristig orientierte Kundenbeziehung wertvolle Dienste leisten können.

---

[179] Vgl. Kotler, P. / Bliemel, F.: Marketing-Management – 9. Auflage, 1999 Stuttgart, Seite 749

[180] Vgl. Stolpmann, M.: Kundenbindung im E-Business, 2000 Bonn, Seite 169

Das Internet kann infolge seiner direkten Personalisierungsmöglichkeiten zur Ausgestaltung dieser Garantieangebote sinnvoll beitragen, da dem Kunden zum Beispiel mittels eines **Garantiekonfigurators** verschiedene Garantiepakete zu einem Produkt -- aufpreispflichtig oder vom Unternehmen kostenlos -- offeriert werden können.

Auch die Abwicklung bei Eintreten eines Garantiefalles kann durch die Nutzung des Internets wesentlich erleichtert werden, da zum Beispiel durch eine standardisierte Webseite der Umtausch des Produktes veranlasst werden kann.

Dabei kann individuell auf die persönlichen Belange des Kunden unter anderem in Form der Abholungszeiten des fehlerhaften Produktes eingegangen werden beziehungsweise dem Kunden können direkt am Bildschirm verschiedene Vorschläge unterbreitet werden, aus denen er sich den passenden auswählt.

So hat die Unternehmung ebenfalls Möglichkeiten, den Abwicklungsprozess aus ihren Gesichtspunkten logistisch zu steuern, da sie die entsprechenden Wahlmöglichkeiten vorgeben kann, um die Logistikkosten gering zu halten.

Neben den Garantieausprägungen sind für einen Kunden auch **Reklamationsbehandlungen** von großer Bedeutung, denn nur so kann der über einen bestimmten Sachverhalt aufgekommene Unmut zum einen für den Kunden positiv beseitigt werden beziehungsweise das Unternehmen bekommt so die Gelegenheit, überhaupt einen entsprechenden Unmut zu erkennen. Hierzu notwendig ist ein effizientes Beschwerde- und Reklamationsmanagement, bei dem ebenfalls die neuen Medien sinnvoll angewendet werden können.

Als **Beschwerdemanagement** oder Reklamationsmanagement bezeichnet man die von Unternehmen aktiv betriebenen Bewältigungen von Kundenreklamationen, die im Kundensinne bearbeitet werden. Man fasst dabei als Reklamation alle artikulierten subjektiv wahrgenommenen Dissonanzen des Kunden zwischen dessen Soll- oder Wunschvorstellungen und dem real existenten Zustand, dem Ist, auf.

Das Ist kann dabei zum einen die erbrachten Leistungen des Unternehmens betreffen, aber auch alle Phasen der Geschäftsbeziehung zwischen Kunde und Unternehmung (von der Verkaufsvorbereitungsphase hin zur Verkaufsnachbereitungsphase)[181].

Untersuchungen haben ergeben, dass es nicht ungewöhnlich ist, dass 25% der Kunden mit einem getätigten Kauf- oder Kaufvorgang unzufrieden sind. Lediglich 5% bis 10% dieser unzufriedenen Kunden nehmen eine Beschwerde bei der betreffenden Unternehmung vor, da für alle anderen der Aufwand zu hoch erscheint[182].

---

[181] In Anlehnung an Stolpmann, M.: Kundenbindung im E-Business, 2000 Bonn, Seite 248

[182] Vgl. Kotler, P. / Bliemel, F.: Marketing-Management – 9. Auflage, 1999 Stuttgart, Seite 741

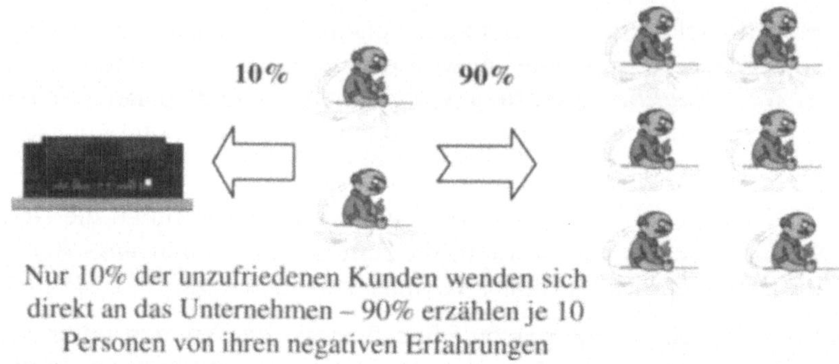

Abbildung 4.18: Multiplikatoreneffekt der Kundenunzufriedenheit[183]

Doch der Rest der unzufriedenen Kunden äußert die negativen Erfahrungen im Rahmen einer Mund-zu-Mund Propaganda anderen potenziellen Kunden oder Personengruppen gegenüber[184], so dass hier eine enorme Imageschädigung für das Unternehmen auftreten kann. Abbildung 4.18 soll diesen Aspekt nochmals verdeutlichen.

Ziel sollte jedoch stets das Gegenteil sein, nämlich das ein zufriedener Kunde von seinen positiven Erfahrungen anderen gegenüber berichtet und somit als Fürsprecher für das Unternehmen im Hinblick auf weitere potenzielle Kunden fungiert.

Das Internet kann hierbei wertvolle Dienste leisten. Per E-Mail können Kritik und Anregungen an das Unternehmen geleitet werden. Solche E-Mail Meckerkästen nehmen dem Kunden die Scheu, sich mit gut geschulten Kundendienstmitarbeitern telefonisch auseinander zusetzen. Wichtig ist aber, dass eingehende Beschwerden auch weitergeleitet und zeitnah bearbeitet werden.

Es ist aber in diesem sensiblen Bereich darauf hinzuweisen, dass ein solches Beschwerdemanagement nicht rein aus anonymen Unternehmens-Antwort-E-Mails mit Standardtexten, welche auf die allgemeinen Geschäftsbedingungen beziehungsweise FAQ-Listen verweisen, bestehen kann. Der Kunde fühlt sich dann nicht als Individuum wahrgenommen, so dass er sich nicht ernstgenommen fühlt.

Vielmehr muss darauf hingewirkt werden, den Kundenbeschwerden durch eine zuvorkommende und auf die individuelle Problemsituation des Kunden eingehende Reaktion seitens des Unternehmens positiv gegenüberzutreten, so das ein ehemals unzufriedener Kunde in einen loyalen Fürsprecher für das Unternehmen umgemünzt wird[185].

---

[183] In Anlehnung an Stolpmann, M.: Online-Marketingmix - 2. Auflage, 2001 Bonn, Seite 66

[184] Gerade durch das Internet können Meinungen sehr schnell verbreitet und offengelegt werden (siehe Beispiel „Kommunikationskrise" Kapitel 7 „Kommunikationspolitik).

[185] Vgl. Stolpmann, M.: Kundenbindung im E-Business, 2000 Bonn, Seite 46

Vielfach wird ein Kunde, dessen Beschwerden zu seiner Zufriedenheit abgewickelt worden sind, zum einen weiterhin mit der Unternehmung Geschäftsbeziehungen eingehen, aber auch anderen Personen von seinen positiven Erfahrungen berichten.

Im Hinblick auf die beiden Ausprägungen der Garantieleistungspolitik bleibt festzuhalten, dass sich hier der Einflussfaktor der neuen Medien eher auf den administrativen Part der Tätigkeiten beschränkt.

Durch Hilfsmittel wie elektronische Kommunikation oder formularbasierte Garantiefallabwicklungen können lediglich **Anschubprozesse** seitens des Kunden für die eigentliche Abwicklung gegeben werden. Jedoch stellt diese Vorgehensweise unter anderem für die Kunden eine effiziente Arbeitsweise dar, da sie durch Kurzinformationen von einem ihnen zur Verfügung stehenden PC die Reklamation oder Garantieabwicklung starten können. Sie geben einen Hinweis und im Idealfall kümmert sich die kontaktierte Unternehmung um alles weitere. Lange Anfahrtswege zu Händlern oder entsprechende postalische Schriftwechsel können entfallen, so dass hier dem **Bequemlichkeitsaspekt** des Kunden Rechnung getragen wird. Auch kann er entscheiden, zu welcher Zeit er eine entsprechende Abwicklung starten möchte.

> *Somit sollte eine Unternehmung im Sinne einer E-Business orientierten Marketingausprägung solche E-Garantieleistungsaspekte und Garantieleistungspotenziale aktiv nutzen.*

Die Ausgestaltung der angesprochenen Garantieleistungspolitik sollte unter anderem im Speziellen in sogenannten **Service Level Agreements (SLA's)** Nennung finden, welche explizit transparent über die neuen Medien dem potenziellen Kundenkreis präsentiert werden sollten.

In solchen SLA's, die normalerweise Bestandteil des Vertrages sind, werden Absprachen über die Qualität der Dienstleistungen, über die Verfügbarkeit und Erreichbarkeit eines Dienstes und insbesondere auch über den Support für die eingekauften Dienste vereinbart[186].

Nichts liegt demzufolge näher, diese im Rahmen der Produktpolitik über die neuen Medien offenzulegen, so dass der Kunde direkt ein vertraglich abgesichertes Vereinbarungswerk einsehen kann. Diese transparente Präsentation von qualitäts- und serviceorientierten Gesichtspunkten unterstützt die oben erwähnten Garantieleistungspotenziale einer E-Business orientierten Marketingausprägung.

---

[186] Vgl. Kriebel, V. / Lohmann, K.: Servicewüste Deutschland, 05.2001 e-commerce magazin, Seite 24 ff.

5 Die Kontrahierungspolitik als E-Marketinginstrument

Gegenstand der Kontrahierungspolitik sind die Teilbereiche Preispolitik und Konditionenpolitik. Sie umfasst Entscheidungen und Vereinbarungen[187], die mit den preis- und konditionsspezifischen Bedingungen eines Kaufes zu treffen sind[188].

Aus diesem Grunde trifft man im Rahmen dieses Marketing-Mix-Instruments zum einen sowohl Entscheidungen über die Höhe des geforderten Preises sowie über kunden- und mengenspezifische Preisdifferenzierungen. Zum anderen werden aber auch Entscheidungen über die Gewährung von Rabatten, die Festschreibung von Liefer- und Zahlungsbedingungen und schließlich auch über finanzierungspolitische Aspekte im Sinne von kundenansprechenden Kreditgewährungsprogrammen zur Kontrahierungspolitik gerechnet.

> ***Zusammenfassend umfasst die Kontrahierungspolitik alle Instrumente, welche Gegenstand vertraglicher Vereinbarungen über das Leistungsentgelt sind.***

Dies soll durch die Abbildung 5.1 verdeutlicht werden.

Die an sich nüchternen Bestandteile der Kontrahierungspolitik werden von den Kunden oftmals als Anhaltspunkt für die eigentliche Bewertung einer Leistung herangezogen.

So können unter anderem festgesetzte Preise eines Produktes das Vertrauen der Kunden in dieses verstärken oder verringern, Kundenerwartungen erhöhen oder reduzieren. Der Hintergrund für diese Kundenassoziationen in Verbindung mit der Preisgestaltung ist in dem Qualitätsdenken der potenziellen Käufer, die oft ein höherpreisiges Produkt gleichbedeutend mit einer höheren Qualität setzen. Dass diese Gedankenkombination nur bedingt zutrifft muss nicht näher erläutert werden.

Der Preisaspekt fungiert gerade im E-Business unter anderem als Ausschlusskriterium. Infolge der bereits mehrfach angesprochenen Transparenz des Internets kann sehr schnell zum Beispiel durch eine elektronische Preisagentur oder Produktsuchmaschine[189] ein gleichwertiges Produkt gefunden werden. Liegt dieses preislich

---

[187] Als Synonymbegriff für eine **Kontraktion** kann man die Vereinbarung heranziehen. Ein Kontrakt ist ein Vertrag, der bindende Grundlagen für dem ihm zugrundeliegenden Eigenschaften und Vereinbarungen enthält.

[188] Vgl. Mülder, W. / Weis, C.: Computerintegriertes Marketing, 1996 Ludwigshafen (Rhein), Seite 44

[189] Auf die **angesprochenen Preissuchmaschinen** aber auch die **elektronischen Preisagenturen** wird ausführlich in Unterkapitel *5.1.3 Elektronische Preisfindungsmittel* eingegangen.

deutlich unter dem eigenen Angebot, so wird der Kunde von einer Geschäftsbeziehung absehen und beim Wettbewerber kaufen.

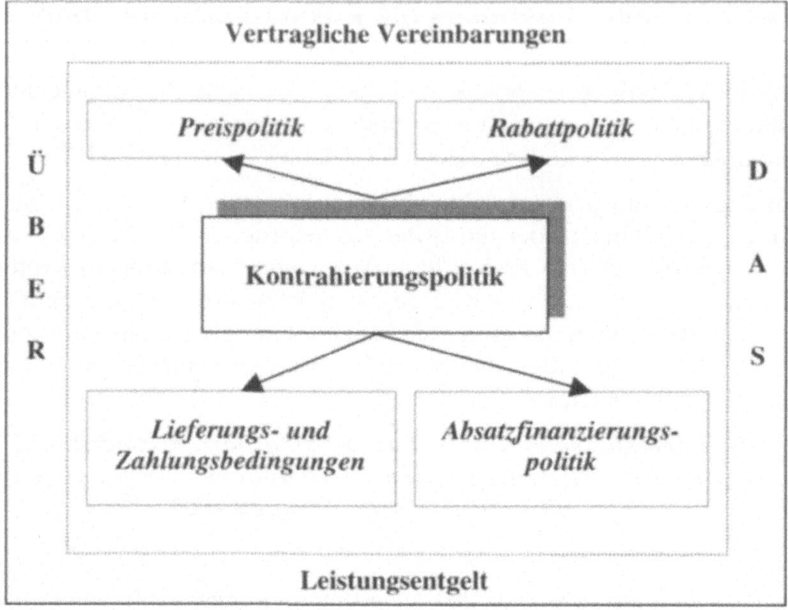

Abbildung 5.1: Die Kontrahierungspolitik

Im Zuge der Preisbildung für über das Internet angebotene Produkte und Dienstleistungen begibt sich das Unternehmen in folgendes Spannungsfeld:

(a)   Setzt es den Preis zu hoch an, so wird sich auf elektronischem Wege kaum ein Kunde für dieses Produkt entscheiden, wenn ihm ohne großen Suchaufwand ein vergleichbares Produkt wesentlich kostengünstiger durch Preis-Software-Agenten angeboten wird.

(b)   Setzt die Unternehmung den Preis zu niedrig an, so kann sie unter Umständen ihre Kosten nicht mehr decken. Des Weiteren bleibt zweifelhaft, ob allein ein günstiger Preis zu einem wirtschaftlichen Erfolg führt, denn die Kunden werden infolge der Unterstützungskomponenten des Internets bei dem Aufspüren von noch günstigeren Produkten die Unternehmung dazu drängen, ihr Produkt weiter im Preis zu senken[190]. Somit besteht die Gefahr, sich in eine Preisspirale, dargestellt in Abbildung 5.2, zu begeben, deren Sogwirkung hin zu einem Nullpreis des Produktes immer größer wird.

---

[190] Vgl. Gatzke, M.: Marketing im Internet ..., http://www.ecin.de/ marketing/strategie/index.html Stand: 04.01.2000

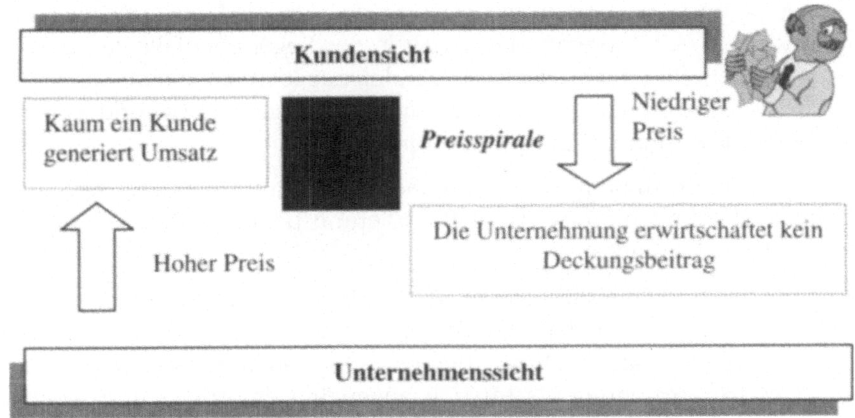

Abbildung 5.2:   Die Preisspirale im Zuge der E-Marketing orientierten Kontrahierungspolitik

Es zeigt sich somit, dass es für eine E-Business orientierte Unternehmung von großer Bedeutung ist, die verschiedenen preisbeeinflussenden Maßnahmen des Internets zu kennen und gezielt auf diese ihr jeweiliges Preiskonzept abzustimmen.

Aus diesem Grunde wird im weiteren Verlauf dieses Kapitels auf einzelne im Internet existente Preismodelle aus Käufersicht eingegangen, um diese im Hinblick auf die Generierung von E-Marketing-Mix Methoden beachten zu können.

Diese tangieren vielfach sehr stark die Thematik der **Rabattpolitik**, die durch den Wegfall des Rabattgesetzes gerade im transparenten und schnelllebigen Internet-Zeitalter ein nicht zu unterschätzendes Marketing-Mix-Instrument repräsentiert. Beide Zweige müssen immer weiter miteinander verzahnt werden. Ansatzpunkte hierfür liefert das **„Prinzip des Gebens und Verkaufens"**, welchem im Webmarketing durch seine vorherrschende Anonymität und fehlenden zwischenmenschlichen Kontakten eine zentrale Bedeutung zukommt.

Das **Prinzip des Gebens und Verkaufens** besagt, dass durch das Anbieten eines kostenlosen Geschenkes oder eines Zusatznutzens (Value Added Services) Webseitenbesucher dazu bewegt werden können, einen umsatzgenerierenden Zusatzkauf zu dem kostenlos offerierten Produkt oder der kostenlos offerierten Dienstleistung zu tätigen[191].

Ohne **Value Added Services** wird es nicht mehr möglich sein, eine Geschäftsbeziehung zu einem potenziellen Kunden aufzubauen und eine längerfristige Kundenbeziehung zu pflegen. Da Value Added Services in der Regel einen kostenlosen beziehungsweise preislich interessanten Zusatznutzen für einen potenziellen Käufer

---

[191] Vgl. Wilson, R. F.: Die fünf Prinzipien des Webmarketings, http://www.ecin.de/marketing/wilson/wilson_prinzipien.html *Stand:* 03.12.1999

repräsentieren, kann man diese im weitesten Sinne auch als Rabatte bezeichnen. Der Grund dafür liegt in der Tatsache, dass diese in der Regel ebenfalls zu einem direkten oder indirekten Preisnachlass durch Produktzugaben zu einem zu kaufenden Produkt führen. Demzufolge ist eine Verzahnung zwischen Preis- und Rabattpolitik im Rahmen einer E-Business-Konzeption erforderlich.

Auch die weiteren Instrumente der Kontrahierungspolitik, nämlich die Lieferungs- und Zahlungsbedingungen sowie Absatzfinanzierungspolitik, erlangen eine nicht zu unterschätzende Bedeutung.

Sicherheitsorientierte Zahlungskonzepte und ansprechende Kundenbelieferungen sind anzubieten, so dass bei dem Kunden eine Erwerbsaufwandsminimierung entsteht[192] (Convenience-Faktor). Dieser Bequemlichkeitsfaktor sorgt dafür, dass der Kunde die Geschäftsbeziehung als für sich angenehm empfindet und hieraus eine dauerhafte Kundenbindung entstehen kann.

Die nachfolgende Tabelle 5.1 soll abschließend einen Überblick über die Gruppierungen und Entscheidungsbereiche geben, bevor diese im Speziellen näher unter E-Marketing-Gesichtspunkten durchleuchtet werden[193].

Preispolitik	*Rabattpolitik*	*Lieferungs- und Zahlungsbedingungen*	*Absatzfinanzierungspolitik*
Preisbildungspolitik	Funktions- / Händlerrabatte	Politik der Liefer- und Zahlungsbedingungen	Finanzierungspolitik
Preishöhenpolitik	Mengenrabatte	Zustellpolitiken	Leasingmodelle
Preisdifferenzierungspolitik	Saison- / Zeitrabatte	Abholungspolitiken	Finanzierungsberatung
Preisstellung	Rabattstaffel	Servicepolitiken hinsichtlich Zahlung und Lieferung	
Preismodelle	Kundenbindungs-Value-Added-Services		
	Sondernachlässe		

Tabelle 5.1: Entscheidungsbereiche der Kontrahierungspolitik

---

[192] Vgl. Stolpmann, M.: Kundenbindung im E-Business, 2000 Bonn, Seite 123

[193] Vgl. Mülder, W. / Weis, C.: Computerintegriertes Marketing, 1996 Ludwigshafen (Rhein, Seite 44

5.1 Die Preispolitik im Rahmen der Kontrahierungspolitik

Im Rahmen der Preispolitik geht es im Wesentlichen um die Festlegung von unternehmensgestützten Preisstrategien, die Festlegung von Preisen für ein Produkt oder eine Dienstleistung, die Anpassung von festgesetzten Preisen im Verlauf des Lebenszyklus aber auch um die Preisdifferenzierung zu Konkurrenzprodukten.

Dabei sind sowohl die Unternehmensseite als auch die marktgerichteten Ziele zu beachten.

Somit resultiert die Preisfindung immer aus einer Symbiose zwischen Unternehmens- und Kundensicht, das heißt der Preis resultiert immer aus den Kosten für das Produkt, den Preisen der Mitbewerber für gleichartige Produkte und letztendlich durch die marktgetriebene Nachfrage[194].

Jede angebotene Preisalternative führt zu einem anderen Nachfrageverhalten und Nachfrageniveau. Wie zu Beginn des Kapitels zur Kontrahierungspolitik angesprochen, impliziert man vielfach mit einem höheren Produktpreis auch ein qualitativ höherwertiges Produkt. Für Produkte mit einem hohen Prestigewert (zum Beispiel: Kosmetika) ist man vielfach bereit, infolge des Geltungsnutzens der Produkte einen hohen Preis zu zahlen. Hier verläuft die Beziehungslinie zwischen Preis und Nachfrage steigend, wohingegen im Normalfall ein höherer Preis einen sinkenden Absatz impliziert, was durch Abbildung 5.3 nochmals verdeutlicht werden soll[195].

Die Preissensibilität des Kunden hängt von verschiedenen Einflussfaktoren ab, welche sowohl psychologischer aber auch wirtschaftlicher Natur sein können. Diese Einflussfaktoren sind im Rahmen von Marktforschungsstudien zu eruieren und bei der Preisfestsetzung und Preisanpassung zu berücksichtigen.

Das Internet ermöglicht eine kurzfristige Preisanpassung, die auf entsprechende Nachfragepotenziale und preisliche Nachfragerestriktionen reagiert. Mit geringem Aufwand und zeitnah können Preisanpassungen beziehungsweise Preisfestsetzungen den Kunden offeriert werden. Auch steht man in einem weltweiten Wettbewerb mit Konkurrenten, die unter Umständen Produkte auf Grund ihrer günstigeren Kostensituation preiswerter anbieten können.

Haben diese darüber hinaus auch in den übrigen Entscheidungsfeldern des Marketing-Mixes Wettbewerbsvorteile, so werden die Kaufinteressenten sich für die Konkurrenzprodukte entscheiden. Schafft man es hingegen zunächst über einen ansprechenden Preis den Kunden für eine gegenseitige Geschäftsbeziehung zu begeistern und offeriert diesem durch Value Added Services und weitere günstige Konditionen eine kundenfreundliche Geschäftsbasis, so ist nicht zwingend eine Preisführerschaft vonnöten.

---

[194] Vgl. Ohlsen, D.: Die Preispolitik, http://www.dirk-ohlsen.de/... Stand: 08.01.2001

[195] Die klassische Preisabsatzfunktion unterstellt eine steigende Nachfrage mit sinkendem Preis. Ausnahmefälle hiervon, also Nachfrageanstieg bei steigendem Preis werden in der Literatur auf spezielle Effekte wie den Giffen-Effekt, den Veblen-Effekt oder den Mitläufereffekt zurückgeführt; vgl. hierzu beispielhaft Jaspert, F.: Marketing, 1992, S. 50 ff.

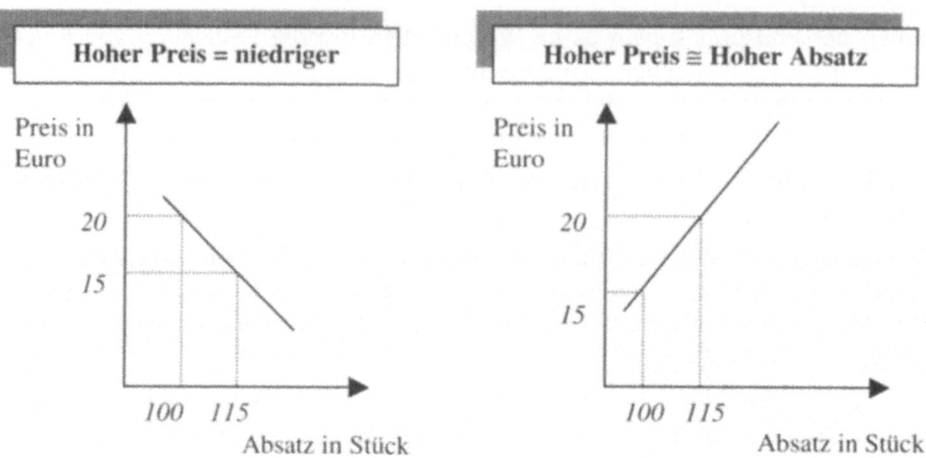

Abbildung 5.3: Ausprägungen von Preisabsatzfunktionen

Im Hinblick auf die erwähnte Preissensibilität auf Nachfrageseite, sprich der Kunden, haben Thomas T. Nagle und Reed K. Holden[196] unterschiedliche Effekte ausgemacht, welche im Folgenden verkürzt dargestellt werden[197]. Dabei wird auf den Effekt der Lagerbarkeit verzichtet, da in der heutigen Zeit - infolge der dem Endkunden zur Verfügung stehenden Lagerungsmöglichkeiten - diese nicht mehr als Einflussfaktor angesehen werden kann.

(a)	Produktalleinstellung	Existieren nahezu keine Substitutionsprodukte, das heißt besitzt das Produkt eine monopolitische Produktstellung, so ist eine Reaktion der Kunden auf Preisänderungen weniger ausgeprägt.
(b)	Kenntnis von Substitutionsprodukten	Sind den Kunden Substitutionsprodukte weniger bekannt, so reagieren sie weniger preisempfindlich.

---

[196] Vgl. Nagle, Th. T. / Holden, R. K.: The Strategy and Tactics of Pricing – 2nd edition, 1995 Englewood Cliffs, N.J.

[197] Vgl. Kotler, P. / Bliemel, F.: Marketing-Management – 9. Auflage, 1999 Stuttgart, Seite 766 ff.

(c)   Vergleichskomplexität   Lassen sich Qualitätsaspekte von Substitutionsprodukten nicht vergleichen, so reagieren die Kunden weniger preisempfindlich.

(d)   Ausgabengrößen   Mit der Höhe des verfügbaren Einkommens sinkt die Preisempfindlichkeit.

(e)   Teilkosten   Werden Teilprodukte eines Gesamtproduktes gekauft und sind die Ausgaben für die Teilprodukte im Verhältnis zum Gesamtprodukt wesentlich geringer, desto weniger preisempfindlich reagieren die potenziellen Kunden auf Preisvariationen (zum Beispiel: Ersatzteilkauf vom Originalhersteller eines Automobils).

(f)   Kostenteilung   Die Abnehmer reagieren weniger preissensibel, wenn ein Kostenpart von einer anderen Partei im Sinne einer Gemeinschaftsanschaffung getragen wird.

(g)   Folgekosten   Wird das zu erwerbende Produkt in Verbindung mit bereits im Einsatz befindlichen Produktsystemen verwendet, so reagieren die potenziellen Kunden ebenfalls weniger preissensibel.

(h)   Preis / Qualität   Eine implizierte hohe Produktqualität, Exklusivität und eine hoher Prestigefaktor tragen zu einer Preisunempfindlichkeit bei.

Insbesondere die ersten drei Effekte werden maßgeblich durch die Nutzung der neuen Medien und im Speziellen durch das Internet beeinflusst, denn durch die weltweiten Zugriffsmöglichkeiten des Kunden auf Substitutionsprodukte lässt sich ein Produktalleinstellungseffekt nur noch in den seltensten Fällen ausmachen (zum Beispiel: Spezialmaschinenbau). Ebenso werden durch die bequemen und schnellen Recherchemöglichkeiten des Internets Substitutionsprodukte immer leichter auffindbar sowie eine Vergleichsmöglichkeit auch im Hinblick auf qualitätsorientierte Ge-

sichtspunkte geschaffen, so dass bei diesen drei Effekten eine erhöhte Preissensibili-
sierung seitens der Kunden beobachtet werden kann.

Somit kristallisiert sich heraus, dass eine E-Marketing-Konzeption im Rahmen der
Preispolitik die Nachfrageseite hinsichtlich ihrer Preissensibilisierungseffekte wesentlich enger kategorisieren muss. Ansonsten besteht die Gefahr, durch eine nicht fun-
dierte Preisfestsetzung potenzielle Kunden von einer Geschäftsbeziehung abzuhalten. Da der Preis vielfach als Einstiegskriterium fungiert, lassen sich auch nicht im
Nachhinein durch weitere Instrumente des Marketing-Mixes insbesondere durch die
Value Added Services solche Kunden- / Unternehmensbeziehungen aufbauen beziehungsweise, wenn überhaupt, nur durch einen erhöhten Aufwand (zum Beispiel:
Werbeausgaben, Rabatte, etc.).

Die Beachtung der Preissensibilisierungseffekte auf Nachfragerseite kann hierbei we-
sentliche Dienste leisten, um die im Folgenden zu behandelnden Stützfelder der
Preisfestsetzung beziehungsweise Preisanpassung entsprechend zu positionieren.
Die Stützfelder sind im einzelnen:

- Preisfindung vom Kunden her

- Wettbewerbsorientierung der Preise, das heißt die Orientierung an potenziellen Konkurrenzprodukten

- Eigene Unternehmenspreisstrategie

- Beachtung der eigenen Kostensituation

Auf diese ***vier Stützfelder der Preisfestsetzung*** hat das Internet als das verbrei-
tetste neue Medium maßgeblichen Einfluss.

- Um zum Beispiel bei der Preisfestsetzung vom Kunden her zu vermeiden,
  dass durch den Handel die Preissensibilisierungsgrenze des Kunden überschritten wird, kann eine Unternehmung dazu übergehen, via Internet ihre
  Produkte selbst an die Endkunden zu vermarkten. Dies kann jedoch zu Ka-
  nalkonflikten mit dem existenten Vertriebskanal führen. Hierauf wird im Zuge
  des weiteren Verlaufes des Preispolitikkapitels noch näher eingegangen.

- Ebenso lässt sich eine Preisorientierung an Leitpreisen unter Nutzung des Internets sowohl für die Unternehmung aber auch für die Kunden leichter
  nachvollziehen, da der Rechercheaufwand durch die Transparenz des Internets im Hinblick auf ein Substitutionsprodukt gegen Null tendiert. Gleichzeitig
  bedeutet dies aber auch einen verstärkten Preiskampf innerhalb dieses Preis-
  festsetzungssegmentes, da bei Senkung des Leitpreises eine sofortige Reaktion
  der dieser Preispolitik verfolgenden Unternehmung gefragt ist, denn das Internet erlaubt eine sehr schnelle und zeitnahe Verbreitung dieses entsprechenden Orientierungspreises. Wird nicht sofort darauf reagiert, so kann dies
  zu Umsatzeinbussen beziehungsweise Wettbewerbsnachteilen führen.

- Die Festlegung einer eigenen Preisstrategie wird ebenfalls durch die Transparenz des Internets tangiert. Unter anderem lassen sich durch die existenten
  Möglichkeiten des Preisvergleichs via Internet die gewählten Preisstrategien

und entsprechenden Unternehmensziele ohne jeweiliges Fundament sehr schnell offenlegen, was ebenfalls zu Umsatzeinbußen führen kann.

Beispiel:

Eine Unternehmung (Unternehmung 1) verfolgt das Ziel der maximalen Marktabschöpfung. Infolge der Transparenz des Internets entschließt sich jedoch eine weitere Unternehmung (Unternehmung 2) trotz der hohen Markteintrittskosten in diesen Markt einzusteigen. Elektronisch gestützte Recherchen haben gezeigt, dass das Umsatzpotenzial in diesem Marktsegment diesen Einstieg rechtfertigt. Ebenso zeigt der neue Wettbewerber über das Internet potenziellen Kunden durch Meinungsforen auf, dass die Qualität des hochpreisigen Produktes von Unternehmung 1 dessen Preis nicht untermauert. Somit kann das Unternehmensziel der maximalen Marktabschöpfung von Unternehmung 1 nicht weiter verfolgt werden, da zwei tragende Bedingungen dieses Konzeptes (hohes Preis-/Leistungsverhältnis und keine Konkurrenz) nicht mehr gegeben sind.

✎ Auch unter Kostengesichtspunkten führt die Verfolgung des E-Business orientierten Ansatzes zu einem Einflusspotenzial auf die Preisgestaltung. Da die Kostenstrukturen durch effiziente Arbeitsabläufe beziehungsweise elektronisch unterstützte Prozessabfolgen positiv beeinflusst werden, muss die Preisfestsetzung anhand dieser neu vorliegenden Einflussstrukturen überdacht werden.

Es zeigt sich, dass die neuen Medien massiven Einfluss auf die Preispolitik einer Unternehmung nehmen können, so dass im folgenden Unterkapitel zunächst auf verschiedene Unternehmens-Preisstrategien im Rahmen einer E-Business orientierten Geschäftsphilosophie eingegangen wird. Anschließend erfolgt eine Überleitung auf Preismodelle, welche direkt durch den Käufer beeinflusst werden, beziehungsweise auf kundengetriebene Preisfindungshilfsmittel. Abschließend werden Möglichkeiten für eine Unternehmung aufgezeigt, durch eine effiziente Preispolitik Vorteile zu erwirtschaften.

Verdeutlicht werden diese Aspekte durch die nachfolgenden Einflussfaktoren der neuen Medien auf die Preispolitik:

📖 Durch die neuen Medien ist eine größere Transparenz im Hinblick auf die unterschiedlichen Angebote der einzelnen Unternehmen geschaffen worden. Per Mausklick lassen sich Angebote vergleichen, Tiefpreise sehr schnell und leicht ausfindig machen sowie Substitutionsprodukte ohne große Schwierigkeiten für die auf elektronischem Wege suchende Person automatisch zusammenstellen.

📖 Die regionale Ausdehnung des Wettbewerbs durch das Internet bis hin zu einer weltweiten Konkurrenz führt zu einem stärkeren Wettbewerbsdruck.

📖 Virtuelle Preisagenten erlauben potenziellen Kunden den Anbieter mit dem günstigsten Preis für die sie interessierenden Produkte zu ermitteln. Die Anwendung solcher Agenten ist heute schon bei wenig erklärungsbedürftigen Produkten möglich.

Es wird auch Agenten geben, die für eine Ware einen Preis anbieten. Findet der Preisagent keinen Händler, der für den gebotenen Preis liefert, erhöht der Agent sein Angebot, bis er letztendlich Erfolg hat. Die Thematik der virtuellen Preisagenten wird im Unterkapitel „Elektronische Preisfindungshilfsmittel" aufgegriffen.

📖 Durch ein verstärktes Auftreten von Einkaufsgemeinschaften sowohl im Business-To-Business Bereich (Marktplätze, E-Procurement-Plattformen) aber auch im Business-To-Consumer Sektor (Consumer-Shopping-Plattformen, Power-Buy-Plattformen[198]) sind rabattpolitische Aspekte zu beachten.

Aus den genannten Punkten wird deutlich, dass der Preisdruck für die Unternehmungen deutlich verstärkt wird. Manche Experten prognostizieren in bestimmten Sektoren Preiskriege ähnlich wie bereits im traditionellen Handel - unter anderem beispielhaft anzutreffen innerhalb des Einzelhandels oder am Zeitschriftenmarkt.

5.1.1 Unternehmensgestützte Preisstrategien

Wie bereits erwähnt, hat die E-Business orientierte Geschäftsphilosophie grundlegenden Einfluss auf die Kontrahierungspolitik im Allgemeinen und hier im Besonderen auf die Preispolitik. Neben den käufergetriebenen Einflussfaktoren, auf die wir im nachfolgenden Kapitel noch explizit eingehen werden, gibt es auch auf Verkäuferseite zahlreiche Gestaltungsmöglichkeiten. Unter anderem gilt es die Frage zu beantworten, ob Produkte, welche sowohl Online als auch Offline angeboten werden, je nach genutztem Vertriebsmedium mit anderen Preisen versehen werden oder infolge ihrer gleichen Produkteigenschaften auch gleich bepreist werden.

Gleichzeitig muss eine Unternehmung, welche den Online-Vertriebskanal für nicht digitalisierbare Produkte[199] nutzt, in die Preisfestsetzung unter Umständen höhere Transaktionskosten einkalkulieren, da die Logistikdienstleistungen, welche für den Weg zum Kunden vonnöten sind, aber auch für die Zahlungsabwicklung (zum Beispiel: Sicherheitskonzepte) durch die Produktpreise ebenfalls gedeckt werden müssen[200].

Des Weiteren erlegt die Gesetzgebung durch das Fernabsatzgesetz im Business-To-Consumer Bereich den Unternehmungen umfassende *Rücknahmerestriktionen* von ausgelieferten Waren auf, wobei der Käufer nur in geringem Maße an den Kos-

---

[198] Auf das sogenannte *Powershopping* wird innerhalb des Kapitels 5.1.2 Käufergestützte Preiseinwirkungsstrategien noch näher eingegangen.

[199] Produkte, die nicht direkt via Datenfernübertragung zum Kunden übertragen werden können.

[200] Vgl. Preißner, A.: Marketing im E-Business, 2001 München Wien, Seite 369

ten beteiligt werden kann. Auch dies ist in der Produktpreiskalkulation für auf onlinetechnischem Wege zu vertreibende Produkte zu berücksichtigen. Auf Einzelheiten dieser entsprechenden gesetzlichen Restriktionen gehen wir im Rahmen dieses Buches bewusst nicht ein, da hierzu am Markt spezielle Fachliteratur vorhanden ist[201].

Ein Online-Vertriebskanal bedingt zunächst auch erhöhte Werbungskosten, da die anzusprechenden Käuferschichten zunächst auf den neuen Vertriebskanal Internet aufmerksam gemacht werden müssen. Anschließend sind weitere Aufwendungen für Werbeprogramme aber auch kundenbindende Maßnahmen, wie zum Beispiel die noch zu behandelnden Rabattsystemen, zu tätigen.

Kundenbindungsmaßnahmen sind gerade für eine E-Business Geschäftsphilosophie wichtig und infolge der schnellen Nachahmbarkeit durch den Konkurrenten sehr kostenintensiv. Es gilt stets neue Konzepte zu entwickeln, um den Kunden an die eigene Unternehmung zu binden, da zum einen die potenziellen Wettbewerber durch die Transparenz des Internets die vorhanden Konzeptionen aufgegriffen haben und ebenfalls einsetzen. Zum anderen verlangen die Kunden laufend neue serviceorientierte Unternehmensverhaltensweisen, da sie sehr leicht via Internet verschiedene Angebote von den diversen im Wettbewerb stehenden Unternehmen vergleichen können. Somit sind auch diese Aufwendungen für eine dauerhafte Kundenbindung bei der Produktpreiskalkulation zu berücksichtigen.

Auf der anderen Seite sind bei der Preiskalkulation nicht nur Kostenpotenziale für Online offerierte Produkte zu berücksichtigen, sondern in gleichem Maße auch die ***Einsparung von Prozesskosten*** durch die Verfolgung einer unternehmensgestützten E-Business Geschäftsphilosophie.

Unter anderem lassen sich auf der Einkaufsseite, der unternehmensinternen administrativen Abwicklungsseite aber auch auf der Verkaufsseite durch elektronisierte Prozesse Kosten von bis zu 70% im Vergleich zu vorher manuell abgewickelten Arbeitsprozessen einsparen.

Beispiele zu diesen drei aus der Wertschöpfungskette des Unternehmens herausgegriffenen Felder zeigt Abbildung 5.4 auf.

Des Weiteren werden potenzielle Käuferschichten durch Nutzung des Online-Vertriebskanals immer selbständiger in Bezug auf die Abwicklung eines Geschäftsprozesses. Persönliche Verkäuferfunktionen im Rahmen eines solchen werden vielfach nicht mehr notwendig, so dass auch hier Kosteneinsparungseffekte zu verzeichnen sind. Als Beispiele hierfür fungieren unter anderem das Online-Banking, die Buchbestellung sowie die Einholung von Reiseinformationen mittels Internet.

---

[201] Wir verweisen hier auf unsere buchspezifische Webseite, welche weiterführende Literaturquellen zu diesen Thematiken aufführt.

Einkauf	**Administration**	**Verkauf**
E-Procurement-Lösungen	Elektronische Rechnungsstellung	Produktkonfiguratoren als Verkaufsberatung
Elektronische Produktkataloge	Elektronische Verbuchung der Zahlungseingänge	Elektronisiertes Reklamations- und Beschwerde-management
B2B-Portale für geringpreisige Gebrauchsgüter ☞ C-Artikel	Elektronisches Mahnwesen	Elektronische Garantie-abwicklung
	Kostengünstiger Schriftverkehr durch E-Mail	Produktinformation durch elektronische Medien

Abbildung 5.4:   Kosteneinsparungspotenziale durch eine E-Business-Geschäftsphilosophie

Aus den genannten Kostenpotenzialen sowie den Kosteneinsparungspotenzialen lassen sich für eine internetaffine Preisfestsetzung folgende preispolitischen unternehmensgetriebene Strategien für Produkte, welche den Vertriebskanal Internet verwenden, ableiten[202]:

- Käufergruppenabhängige Preisfestsetzung

- Zeitlich bedingte Preisfestsetzung

- Verhaltensabhängige Preisfestsetzung

- Nutzungsabhängige Preisfestsetzung

Käufergruppenabhängige Preisfestsetzung

Das Medium Internet erlaubt im Gegensatz zu den traditionellen Vertriebskanälen eine Verkaufsfront für verschiedene Käufergruppen bereitzustellen, welche sich auf den ersten Blick nicht unterscheidet, jedoch hinsichtlich der Produktbepreisung gezielte Unterscheidungen zwischen den Käufergruppen vornimmt.

Individualisierte Preise je nach Kundeneigenschaften sind möglich, wobei diese auch durch die Kunden selbst mittels Konfiguration ihres eigenen ***Produktleistungsumfanges*** generiert werden können. Dem Käufer kann die Möglichkeit geboten werden, durch Auswahl der Versandart, durch Definition der mit dem Produkt verbundenen Serviceleistungen aber auch durch die Konfiguration des Produktes in seinen originären Eigenschaften selbst zu entscheiden, welchen Gesamtpreis sein definiertes

---

[202] Vgl. Preißner, Andreas: Marketing im E-Business, 2001 München Wien, Seite 370 ff.

Produkt letztendlich aufweist. Hierbei spielen die bereits im Kapitel der Produktpolitik vorgestellten Konfiguratoren eine wesentliche Rolle.

Durch die elektronischen Auswertungsmöglichkeiten der onlinegestützten Kundenkäufe lassen sich bereits bei der individuellen Produktpräsentation für den entsprechenden Kunden Rabatte innerhalb des Preises integrieren, so dass dieser bei Interesse des Kunden an dem Produkt stets dynamisch neu errechnet wird.

Im Zuge der Distributionspolitik werden wir noch auf die im Internet existenten unternehmensseitigen ***Partnerschaftsprogramme*** eingehen. Auch für diese Gruppen lassen sich käuferabhängige Preise festsetzen. Durch die gegenseitige Partizipierung an kundengetriebenen Geschäftstransaktionen durch Verlinkung der einzelnen Web-Seiten treten die beteiligten Parteien gegenseitig als Vermittler von Geschäftsabschlüssen auf. Die Partner erhalten als Gegenleistung für die Link-Setzung kostengünstigere Preise.

Beispiel:

Als Privatperson besitzen sie eine stark frequentierte Web-Seite. Dort bieten sie ein Link zu einem Unternehmen mit passenden Produkten zu ihren Web-Seiten-Inhalten. Für die Bereitstellung dieser Form des Unternehmenszuganges für potenzielle Kunden erhalten sie selbst bei diesem Unternehmen Vorzugspreise ohne im Speziellen bei einem Kaufvorgang darauf hinweisen zu müssen. Ihre eigenen Preise werden ihnen direkt bei der Produktauswahl präsentiert.

Unternehmen mit sich ergänzenden Produkten können ebenfalls eine Verlinkung zueinander vornehmen, so dass die Kunden im Rahmen einer Cross-Selling Verkaufsphilosophie umfassend betreut werden können. Hier können dann den Kunden, welche durch den Link auf ein Unternehmensangebot gestoßen sind, spezielle Konditionen unterbreitet werden.

Käufergruppenabhängige Preisfestsetzungen sind gerade innerhalb einer E-Business-Geschäftsphilosophie zu empfehlen, da diese bei Nutzung des Vetriebsmediums Internet individuell ohne großen Aufwand durch die Unternehmung vorgenommen werden können. Ein potenzieller Käufer wird somit individuell durch die Kontrahierungspolitik angesprochen, was sich positiv auf eine langfristig andauernde Geschäftsbeziehung auswirken kann.

Gleichzeitig führen aber unterschiedliche, käuferabhängige Preise vielfach auch zu Kundenverärgerungen, wenn bekannt wird, dass ein anderer Käufer ein Produkt wesentlich günstiger erstanden hat. Diesen Aspekt sollte man als Unternehmung ebenfalls bei käuferabhängigen Preisfestsetzungen berücksichtigen.

Zeitlich bedingte Preisfestsetzung

Durch den Realzeit-Charakter des Mediums Internet ist es möglich, Preise in Abhängigkeit einer bestimmten Marktsituation direkt für die potenziellen Kunden festzusetzen. Es werden dabei marktähnliche Strukturen geschaffen, da direkt auf die Angebots- und Nachfragesituation unternehmensseitig eingegangen werden kann[203]. Ebenso kann auf die preislichen Wettbewerbssituationen zeitnah reagiert werden, wenn zum Beispiel Konkurrenzunternehmen durch kundenfreundliche Konditionen Substitutionsprodukte wesentlich günstiger anbieten. Eine direkte Preisreduktion oder aber auch Preiserhöhung ist demzufolge auf elektronischem Wege ohne Vorlaufzeiten möglich. Auch hier ist der sogenannte First-Mover-Effekt von zentraler Bedeutung, denn Schnelligkeit zahlt sich im Internet zumindest kurzfristig gesehen aus. Ein Markt lässt sich durch kurzfristige Preisreduktionen für eine gewisse Zeit für sich vereinnahmen, da der Preis als Kaufentscheidungsmerkmal noch eine zentrale Rolle besitzt.

Verhaltensabhängige Preisfestsetzung

Durch die elektronischen Marktforschungsmethoden ist es ebenfalls möglich, via Auswertung des sogenannten Logfiles zu eruieren, von welcher Web-Seite der potenzielle Kunde beim Betreten der eigenen gekommen ist. Handelt es sich hierbei um eine konkurrierende im Hinblick auf den Produktverkauf, so lassen sich dem Kunden Preise anbieten, die unter den veröffentlichten Preisen der zuvor besuchten Konkurrenz liegen. Inwiefern hier aber datenschutzrechtliche Gesichtspunkte zum Tragen kommen, soll an dieser Stelle nicht durchleuchtet werden, da hierfür der Markt entsprechende Fachliteratur bereithält. In gleichem Sinne lassen sich natürlich auch die Kundengewohnheiten via Auswertung von Cookie-Dateien eruieren, um anhand dieser einen individuellen Preis festzusetzen. So bietet es sich zum Beispiel an, einem Kunden, welcher sich bereits mehrfach über ein bestimmtes Produkt informiert jedoch sich noch zu keinem Kauf entschlossen hat, bei dem nächsten Informationsbesuch auf der Web-Seite einen günstigeren Preis anzubieten, so dass dessen Entscheidungsprozess im Hinblick auf den Produktkauf positiv beeinflusst wird.

Des Weiteren kann bei der verhaltensabhängigen Preisfestsetzung der Gesichtspunkt des *Customer Relationship Management* zum Tragen kommen, da das Wissen über den Kunden immer mehr zu einem kritischen Erfolgsfaktor für eine Unternehmung wird[204]. Durch analytische CRM-Online-Auswertungen im Hinblick auf die Nachfrage, das Kaufverhalten beziehungsweise des „Click Streams[205]" lassen sich

---

[203] Vgl. Preißner, Andreas: Marketing im E-Business, 2001 München Wien, Seite 371

[204] Vgl. Brezina, R.: Analytisches Customer Relationship Management, Controlling 2001, Seite 219 ff.

[205] „Bei der *Click-Stream Analyse* handelt es sich um die Auswertung des Verhaltens von Besuchern einer Webseite. Sie gibt Aufschluß über die Präferenzen und Interessen von Online-Kunden."

aus Brezina, R.: Analytisches Customer Relationship Management, Controlling 2001, Seite 224

umfassende Informationen über einen Kunden sammeln und auswerten, welche anschließend in der Preisfestsetzung für ein bestimmtes Produkt Niederschlag finden können.

Kombiniert man diese Online-Verhaltensinformationen über einen Kunden mit weiteren gesammelten Informationen aus der Online- aber auch Offlinewelt, wie zum Beispiel sozio-demographischen Informationen, so kann man sich gezielt durch die Preispolitik auf den Kunden zubewegen und ihm ein preislich zusagendes Angebot offerieren.

Nutzungsabhängige Preisfestsetzung

Der stationäre Einzelhandel wünscht sich in der Regel zu bestimmten Stosszeiten höhere Produktpreise ansetzen zu können. Zum einen könnten hierdurch verkaufsschwache Zeiten durch preisliche Anreizfaktoren stärker durch die Kunden frequentiert werden und zum anderen wäre seine Gewinnspanne bei großem Kundenzulauf höher. Infolge der dort existenten fixen Präsentationsmöglichkeiten der Preise müsste dies durch Ansprache der Kunden an die Verkäufer erfolgen, welche dann den entsprechenden Zeitpreis kommunizieren könnten. Dies ist jedoch nicht im Kundeninteresse, da hier eine Preisinformation lediglich auf Zuruf erfolgt und seitens des Kunden durch Nachfragen initiiert werden muss. Ferner ist der aktuell gültige Preis auszuzeichnen. Eine häufige Preisänderung ist im stationären Handel sehr personalintensiv und damit teuer.

Innerhalb des Mediums Internet stellt diese Tatsache kein Problem dar, weil hier unter anderem durch Auswertung der Gesamtzugriffszahlen zu einem bestimmten Zeitpunkt Preise gebildet werden können, welche sich zum Beispiel nach folgenden Gesichtspunkten errechnen könnten:

Zeitpunktproduktreis   =

   Produktgrundpreis

 + (Produktgrundpreis * Auslastungs-

   quote des Webservers)

Solche zeitbedingten aber auch nutzungsbedingten Sonderaktionen bezeichnet man vielfach auch als sogenannte **Happy-Hours**, in Anlehnung an solche Stunden in Bars, welche zur Ankurbelung des Umsatzes in lastschwachen Zeiten initiiert worden sind. Zu umsatzschwachen Zeiten kann durch eine solche nutzungsabhängige Preisfestsetzung der Umsatz erhöht werden, da sich infolge der entsprechenden Aktion der Zulauf an potenziellen Käufern verstärken wird[206].

---

[206] Vgl. Stolpmann, M.: Online-Marketingmix - 2. Auflage, 2001 Bonn, Seite 221

Je nach Nutzungsfrequenz des onlinegestützten Produktpreisangebotes errechnet sich der entsprechende Produktpreis. Selbstverständlich kann diese Kalkulation auch in umgekehrtem Wege erfolgen, dass sich mit steigender Nachfrage der Produktpreis dynamisch erniedrigt.

Durch die nutzungsabhängige Preisfestsetzung kann man somit als Unternehmung gezielt in Abhängigkeit der Frequentierung des entsprechenden Online-Angebotes Preise festsetzen und dynamisch anpassen.

Die aufgeführten Preisfestsetzungskategorien sind bei der Preisfestsetzung von Produkten, die über den Online-Vertriebskanal angeboten werden, heranzuziehen.

Laut Preißner lassen sich sowohl für online- als auch offline angebotene Produkte im Zuge einer E-Kontrahierungspolitik, wie in Abbildung 5.5 dargestellt, Unterscheidungen nach einer[207]:

      📖   Premiumstrategie und einer

      📖   Promotionstrategie

vornehmen.

Unter einer ***Premiumstrategie*** versteht man die höhere Bepreisung eines Internet-Produktes im Gegensatz zu seinem Offline-Pendant.

Durch Value Added Services, unterschiedliche Ausstattungsmerkmale, verbesserte Produkteigenschaften, logistische kundenindividuelle Belieferungen beziehungsweise individuell konfigurierbare Produkteigenschaften des Internet-Produktes muss dieser höhere Preis untermauert und gerechtfertigt werden, so dass ein Kunde trotz Erwartung einer niedrigeren Online-Preises zu einem Kauf bewogen werden kann. Auch die Mehrkosten für die Vorhaltung von zwei Vertriebskanälen können eine Bepreisung eines Internet-Produktes nach der Premiumstrategie begründen. Diese Strategie dürfte derzeit wohl eher die Ausnahme sein.

Bei Umsetzung der ***Promotionstrategie*** hingegen wird das Internet-Produkt zu einem niedrigeren Preis als sein Offline-Pendant angeboten, da sein Administrationsaufwand und seine Prozesskosten im Rahmen der verkaufsorientierten Wertschöpfungskette durch Nutzung des Online-Vertriebskanals wesentlich geringer ausfallen. Bedingung ist jedoch, dass sich die Organisation von onlinetechnischem und offlineorientiertem Vertriebskanal innerhalb der Unternehmung unterscheidet, da sonst keine Einsparungseffekte auf elektronischem Wege verzeichnet werden können.

Des Weiteren ist es wichtig, dass sich Online- und Offline-Produkt durch gewisse Eigenschaften unterscheiden, denn sonst könnte der Käufer sich zunächst Offline umfassend informieren, letztendlich den Kauf aber Online tätigen und so Kosten einsparen. Hierfür prädestiniert sind Produktleistungseinschränkungen wie zum Beispiel der Verzicht auf jegliche Art von Kulanzleistungen oder auch die Produktdokumentation auf Papierform. Diese muss sich der Kunde mittels Download selbst beschaffen.

---

[207] Vgl. Preißner, A.: Marketing im E-Business, 2001 München Wien, Seite 371

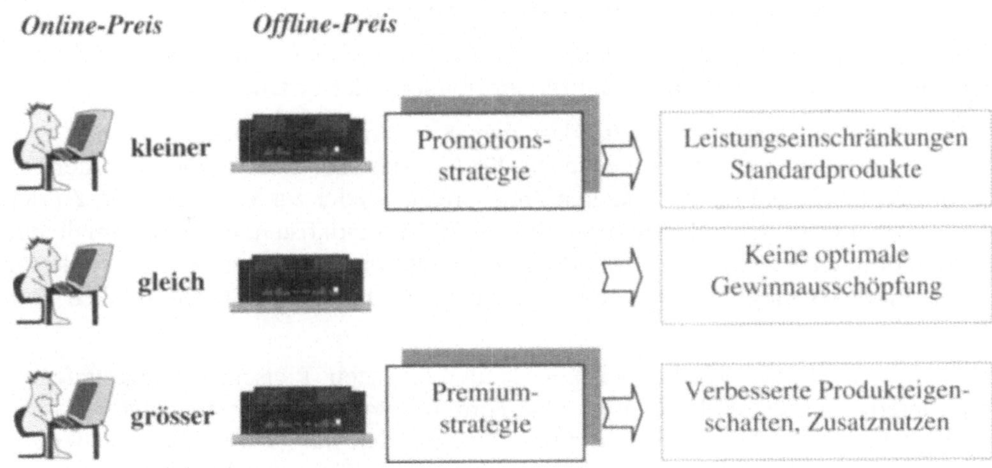

Abbildung 5.5: Preisstrategien bei Synonymprodukten der *Online- und Offline-Welt*

Abhängig sind diese gewählten Preisstrategien für sowohl online- als auch offline-vertriebene Produkte von der bereits vorgestellten Preissensibilität auf Nachfragerseite aber auch von den gesetzten Unternehmenszielen.

Eine weitere wichtige Frage gilt es dann zu beantworten, wenn sich ein Unternehmen, das bisher seine Produkte über den Handel vertrieben hat, zum ***Direktvertrieb*** über das Internet entschließt. Wird der traditionelle Vertriebsweg parallel beibehalten, so kann ein Unterschreiten der Preise der Händler dazu führen, dass diese Kunden an den Hersteller verlieren. Die Folge hiervon können Abwehrreaktionen des Handels bis hin zur Auslistung sein[208].

Wird hingegen die Aufgabe des traditionellen Vertriebsweges[209] ins Auge gefasst, dann müsste eigentlich eine Preissenkung gegenüber den bisherigen Handelspreisen vorgenommen werden, da ein Teil der alten Handelsspanne direkt an den Kunden weitergegeben werden sollte. Auch hier ist die veränderte Kostensituation bei Direktvertrieb sorgfältig zu analysieren.

Das ***Auktionspreismodell***, welches ebenfalls zur Anwendung kommen könnte, wird bewusst erst zu einem späteren Zeitpunkt besprochen, da hier sowohl eine durch das Unternehmen als auch durch die Käufer initiierte Preisfestsetzung möglich ist. Unterkapitel „5.1.4 Potenziale der Preisgestaltungsmöglichkeiten" wird sich dieser Thematik annehmen.

---

[208] Zu den Problematiken eventuell aufkommender Handelskonflikte durch Nutzung des Vertriebsmediums Internets der produktherstellenden Unternehmungen siehe auch Kapitel 6 „Die Distributionspolitik als E-Marketinginstrument".

[209] Derzeit durch die noch zu geringe Verbreitung des Internets für viele Unternehmen nicht zu empfehlen.

5.1.2 Käufergestützte Preiseinwirkungsstrategien

Unter käufergestützten Preiseinwirkungsstrategien versteht man Preiseinwirkungs-maßnahmen seitens der Kunden auf die Preisbildung der Unternehmen.

Dabei ist jedoch darauf zu achten, dass dem Kunden *Inklusivpreise* offeriert werden. Ansonsten werden durch versteckte Kosten, das sind Kosten, die nach dem eigentlichen Kauf anfallen, die erzielten Preisvorteile wieder zunichte gemacht. Zu den versteckten Kosten[210] zählen unter anderem die Versandkosten, eventuell anfallende Zölle aber auch Aufschläge für kundenindividuelle Produktwünsche, die gerade bei mittels Produktkonfigurator zusammengestellten Produkten sehr leicht anfallen können.

Vielfach handelt es sich bei solchen käufergestützten Preiseinwirkungsstrategien beim Internet-gestützten Handel um eine Form der Rabattgewährung seitens des Unternehmens an die jeweiligen Kunden. Insbesondere bei dem anzusprechenden Preismodell des Powershopping, vielfach auch als Co-Shopping bezeichnet, werden über die traditionellen Mengenrabatte Preisvorteile durch die Kunden generiert, da diese in einer gewissen Anzahl einen Gemeinschaftskauf bei dem Unternehmen inszenieren. Aus diesem Grunde liegt gerade im E-Business-Sektor die bereits zu Beginn des Kapitels der Kontrahierungspolitik angesprochene enge Verknüpfung zwischen der Preis- und der Rabattpolitik vor.

Im Folgenden werden nun einige käufergestützte Internet-Preiseinwirkungsstrategien vorgestellt. Diese sind zusammenfassend in Abbildung 5.6 aufgeführt.

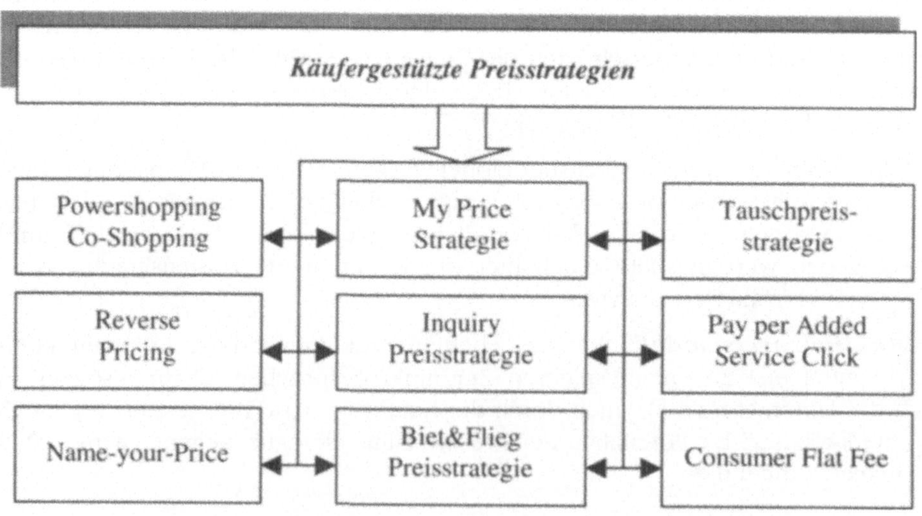

Abbildung 5.6: Käufergestützte Preiseinwirkungsstrategien

---

[210] Vgl. Stolpmann, M.: Kundenbindung im E-Business, 2000 Bonn, Seite 124

Powershopping/Co-Shopping

Anfang 1999 etablierte sich zunächst in den USA eine käufergestützte Preisstrategie, welche durch Nutzung des onlineorientierten Vertriebskanals erlaubte, Mengenrabatte auch für private Kunden einzufordern. Bisher war dieses Konzept nur Firmen- und institutionellen Kunden vorbehalten gewesen, da private Kunden vielfach nicht die Möglichkeiten besaßen, so große Mengen eines Produktes zu ordern, dass sie in den Genuss dieser Mengenrabatte hätten kommen können. Durch das Internet wurde es möglich, vereinzelte Online-Shopper in Einkaufsteams zusammenzufassen und so günstigere Preise bei den entsprechenden Produktanbietern zu fordern. Dieses Konzept firmierte in den USA unter dem Namen *„Group Buying Model"*[211]. Dabei agieren spezielle Dienstleister zwischen den eigentlichen Produktanbietern auf der einen Seite und den Nachfragern auf der anderen Seite.

Ein halbes Jahr später kam diese Preisstrategie auch erstmals in Deutschland zur Anwendung. Im Rahmen eines Joint Ventures zwischen der Metro und der Debis wurde durch das Unternehmen Primus Online diese Dienstleistung den Kunden angeboten[212].

Hierbei wollen die entsprechenden Betreiber und Verwalter des internetbasierten Produktangebotes den potenziellen Kunden das Feilschen um den Produktpreis abnehmen, indem sie bestimmte Mengenstaffeln mit einer unterschiedlichen Bepreisung anbieten. Je mehr Nutzer eine Kaufabsicht für ein bestimmtes Produkt zusichern, desto stärker sinkt bei dem Gemeinschaftseinkauf der Produktstückpreis[213]. In der Regel wird den potenziellen Käufern ein gewisser Zeitraum zur Anvisierung des Produktwunsches eingeräumt. Am Ende dieses Zeitraumes wird schließlich der Produktpreis anhand der eingegangenen Produktwünsche gemäß der zuvor veröffentlichten Mengenstaffel festgesetzt. Dabei muss jedoch meist eine kritische Produktmenge überschritten werden, bevor ein Preisvorteil gegenüber dem traditionellen Handel erzielt wird. Dies ist dadurch begründet, dass auch der traditionelle Handel durch Großeinkäufe Rabatte von den Herstellern erhält, die er an seine Kunden weitergeben kann.

Das Erreichen dieser Mengen bereitet den Unternehmen mit Powershopping-Preisstrategie vielfach noch Probleme. Demzufolge kann es durchaus passieren, dass bei dieser Preisstrategie dem Käufer durchaus nicht immer die günstigsten Konditionen angeboten werden[214].

---

[211] Vgl. Gatzke, M.: Widerstand zwecklos – die Preise purzeln beim Powershopping, http://www.ecin.de/marketing/powershopping/index.html Stand: 09.09.1999

[212] http://www.primus-powershopping.de

[213] Vgl. von Radetzky, G.: Der Kunde ist noch längst nicht König, 11/2001 Computerwoche, Seite 114

[214] Vgl. Ohne V.: „Co-Shopping ist tot – es lebe Powershopping"?.

Des Weiteren dauert es vielfach zu lange bis die erforderliche Menge an potenziellen Käufern erreicht worden ist, um in den Genuss eines lohnenswerten Mengenrabattes zu kommen.

> *„Der Kaffeeautomat, der am Freitag streikt, soll am Montag wieder laufen. Wer will da tagelang auf den vierten Mitstreiter warten, selbst wenn sich ein Hunderter sparen ließe?"*[215]

Die Preisstrategie des Powershoppings wird auch unter den Bezeichnungen Power Buying, Co-Shopping oder Co-Buying geführt[216], die jedoch das gleiche Konzept verfolgen. Nicht nur für physische Produkte lässt sich diese käufergestützte Preisstrategie anwenden, sie kann auch beim Kauf von Dienstleistungen ihre Berechtigung finden, wie nachfolgendes Beispiel zeigt[217]:

> Ein Content-Anbieter[218] offeriert redaktionelle Artikel nach dem Prinzip des Gemeinschaftseinkaufs, das heißt, je mehr Abnehmer sich für den Artikel finden, desto preiswerter werden diese Nachrichten. Man bezeichnet dies als sogenannten Shared Content, wobei gilt, dass die Preise für die Beiträge parallel zu ihrer Exklusivität, sprich in Abhängigkeit von der Menge der Käufer, fallen.

Durch Wegfall des Rabattgesetzes im Sommer des Jahres 2001 kann diese käufergestützte Preisstrategie einen großen Aufschwung erhalten. Gerade auf dem Gebiet der hochpreisigen Produkte, wie zum Beispiel die der Unterhaltungselektronik, lassen sich durch Anwendung der Powershopping-Strategie erhebliche Preisvorteile erzielen[219].

---

http://www.akademie.de/news/langtext.html?id=8209 Stand: 19.01.2001

[215] Vgl. von Radetzky, G.: Der Kunde ist noch längst nicht König, 11/2001 Computerwoche, Seite 114

[216] Die unterschiedlichen Namensgebungen fußen auf unterschiedlichen Unternehmen, welche jeweils die Konzepte unter einem ihnen direkt zuordenbaren Namen vermarkten wollten. Das Unternehmen Letsbuyit.com bevorzugt dabei den Namen **Co-Shopping**, wohingegen die Primus-Online-Gruppe den Namen **Powershopping** favorisiert.

[217] Vgl. Ohne V.: Content-Bezug im CoShopping-Stil, http://www.akademie.de/news/langtext.html?id=8220 Stand: 22.01.2001

[218] Hierbei handelt es sich um die Profact Web Content GmbH.

[219] Als Erfahrungswert der Primus-Online Gruppe ergibt sich ein durchschnittlicher Preisnachlass von 250 Euro.

Reverse Pricing[220]

Bei der Preisstrategie des Reverse Pricing gibt der Kunde internetgestützt ein Kaufgebot bei einer Absatzvermittlungsagentur zu einem bestimmten Preis[221] ab und verpflichtet sich mit der Eingabe seiner Kreditkartennummer, ein spezielles Produkt zu diesem maximalen Preis zu erwerben. Dieses bepreiste Kaufgebot wird in einen sogenannten Buy Cycle™ eingestellt[222]. Je mehr andere Online-Shopper sich in diesem Buy Cycle für das gleiche Produkt entscheiden, desto höher fällt dabei der zu erzielende Mengenrabatt aus. Der anfängliche Preis fällt mit steigender potenzieller Käuferanzahl ähnlich wie bei einer Reverse Auction.

Dieser Preisverfall kann durch die Kaufinteressenten, die bereits ihre Kaufabsicht abgegeben haben, beobachtet werden. Sie haben auch die Möglichkeit, andere Personen von diesem Produkt zu überzeugen, so dass auch diese ihre Kaufabsicht abgeben können. Hierzu existiert auf den entsprechenden Webseiten ein *„Click and Tell"-Button*, mittels dessen eine Benachrichtigung über das zu erwerbende Produkt an Freunde, Kollegen und sonstige Personen per E-Mail erfolgen kann. Nach Abschluss der Buy Cycle Phasen kommen letztendlich alle registrierten Käufer in den Genuss des erreichten Preises, sofern er das individuelle Kauflimit nicht überschreitet.

Die Preisstrategie unterscheidet sich von der zuvor vorgestellten Powershopping-Methode dadurch, dass die Kaufinitiierung durch den Kunden via Auswahl aus einem Produktangebot erfolgt. Beim Powershopping hingegen stellt das Unternehmen eine gewisse Anzahl von Produkten für einen bestimmten Zeitraum den Interessenten zur Äußerung einer Kaufabsicht zur Verfügung. Ist diese Zeit abgelaufen, so kann es durchaus sein, dass diese Produkte längere Zeit nicht mehr offeriert werden, wohingegen das Reverse Pricing in Abhängigkeit eines Kundenwunsches diese Möglichkeit zu jedem Zeitpunkt vorsieht. Der Kunde entscheidet hierbei über den Startpunkt einer solchen mengenrabattorientierten Verkaufsaktion und nicht das Unternehmen, so dass man hier auch von einem kundengetriebenen aggregierten Einkauf[223] sprechen kann.

---

[220] Vgl. Gatzke, M.: Widerstand zwecklos – die Preise purzeln beim Powershopping, http://www.ecin.de/marketing/powershopping/index.html Stand: 09.09.1999

[221] Der Preis wird dabei anfänglich von der Absatzvermittlungsagentur festgesetzt.

[222] Die Accompany Demand Network™ bietet diese Preisstrategie ihren Kunden an.

[223] Marc Andreessen, der Gründer des Unternehmens Netscape, bezeichnet eine solche Preisstrategie als aggregierte Einkaufsmöglichkeit und sieht darin die nächste Welle der Bepreisung im Rahmen des E-Commerce.

Name-your-Price

Die Name-your-Price Strategie wurde im Internetumfeld durch das US-Unternehmen Priceline.Com[224] begründet. Hierbei wird dem Kunden die Möglichkeit geboten, Eckdaten eines entsprechenden Produktgesuches sowie den Preis, welchen er bereit ist zu zahlen, auf der Webseite des Unternehmens bekannt zu geben. Anschließend versucht ein Softwaretool die eingegebenen Daten mit bekannten Händlerdaten in Einklang zu bringen. Ergibt sich hierbei eine Überschneidung, so wird der Produktwunsch dem entsprechenden Händler mitgeteilt und automatisch bei ihm in Auftrag gegeben.

Bereits bei der Eingabe der Eckdaten durch den Kunden erklärt dieser sich bereit, für eine gewisse Zeit sein Ersuchen als verbindlich anzusehen. Schafft es Priceline.com in dieser Zeit, einen entsprechenden Händler zu finden, so wird, wie oben erwähnt, der Auftrag dem Händler verbindlich zur Erledigung weitergeleitet, ansonsten verfällt das Kundenersuchen automatisch und wird nicht weiter verfolgt

Erst durch eine neue Kundenanfrage kann ein erneuter Suchprozess gestartet werden. Der Vorteil für den Händler beziehungsweise das beauftragte Unternehmen, das an dieser Name-your-Price Strategie durch Priceline.com teilnimmt, besteht darin, dass existente Preisstrukturen beziehungsweise Vertriebskanäle nicht beeinträchtigt werden. Die Preise stehen in Form einer Händlerdatenbank Priceline.Com vor der eigentlichen Suche zur Verfügung und werden somit nicht dynamisch angepasst.

Es wird auf bestehende Preisstrukturen von Unternehmen zurückgegriffen und hieraus derjenige Anbieter ausgewählt, welcher den Kundenanforderungen gerecht wird.

Der Kunde hat bei dieser Preisstrategie die Möglichkeit, seinen Produktwunsch direkt mit einem Preis zu versehen, den er bereit ist zu zahlen. Somit kann er das Preisgefüge seines Produktwunsches direkt vorgeben und muss sich nicht an ihm bekannten Unternehmenspreisen orientierten. Lediglich, wenn sein Ersuchen kein Erfolg hat, kann er seinen gesetzten Preis überdenken und ein neues Gesuch starten.

My Price Strategie

Die My Price Strategie[225] verfolgt ein ähnliches Konzept wie die Name-your-Price Strategie. Hier hat der Kunde jedoch lediglich die Möglichkeit, aus einem vordefinierten Angebot ein für ihn passendes auszuwählen. Nur der Preis bleibt offen. Diesen legt der Kunde in Form seines Wunschpreises fest. Anschließend wird durch die Preisagentur, die das zur Auswahl stehende Produktangebot vorgibt, eine Anfrage bezüglich des Produktpreises an ihre Kooperationspartner gestellt. Diese Anfrage ist

---

[224] http://www.priceline.com

[225] Die **My Price Strategie** findet sich unter anderem auf der folgenden Webseite wieder: http://www.ihrplatz.de Stand: 16.05.2001

für den Kunden im Gegensatz zu dem Preismodell von Priceline.com unverbindlich. Geht ein Kooperationspartner auf den Wunschpreis des Kunden ein, so wird an diesen eine E-Mail versendet, die ihn über die Transaktionsmöglichkeit informiert. Erst jetzt kann der Kunde verbindlich entscheiden, ob er das Produkt tatsächlich über die Preisagentur erwerben möchte. Findet sich kein Kooperationspartner so verfällt die entsprechende Kundenanfrage und der Kunde bekommt von der Preisagentur eine entsprechende Mitteilung.

Ein weiteres Unterscheidungsmerkmal zu der vorgestellten Name-Your-Price Strategie liegt in der Vorgabe der zur Verfügung stehenden Produkte. Während bei der Name-your-Price Strategie lediglich Eckdaten zu einem gewünschten Produkt, also dessen Produkteigenschaften, eingeben werden, wählt der Kunde bei der My Price Strategie aus einem vordefinierten elektronischen Produktkatalog sein zu erwerbendes Produkt aus. Somit ist er hinsichtlich seiner Bedürfnisbefriedung nicht so flexibel als bei der käufergestützten Preisstrategie von Priceline.com.

Inquiry Preisstrategie

Das Internet erlaubt potenziellen Käufern Preisrecherchen auf individuelle Weise mittels Preissuchmaschinen oder Preisagenturen. Einige Unternehmen bieten die Möglichkeit, dass der Kunde ihnen ein Angebot hinsichtlich eines Produkterwerbes unterbreitet, welches er im Speziellen zu begründen hat. Dies bedeutet, dass der Kunde dem Unternehmen auch mitteilt, welchen Produktpreis er bei der Konkurrenz zu zahlen hätte; er legt also das Ergebnis seiner Preisrecherche offen, um einen niedrigeren Preis bei dem von ihm gewünschten Unternehmen zu erreichen.

Der Vorteil für den Verkäufer ist der, dass er nur denjenigen Kunden einen günstigeren Preis einräumen muss, die über die notwendige Preistransparenz verfügen[226]. Gleichzeitig erfährt er so das Preisgefüge der Konkurrenz und kann sich dementsprechend ohne eigene Recherchen auf diese einstellen. Für den Kunden liegt der Vorteil dieser Preisstrategie darin, dass er das Unternehmen seines Vertrauens hinsichtlich seines Produktwunsches kontaktieren und beauftragen kann, ohne dabei auf günstige Preise verzichten zu müssen.

Biet&Flieg Preisstrategie

Die Biet&Flieg Preisstrategie lehnt sich an die der My Price und die der Name-your-Price Strategie an. Sie ist eine Kombination aus beiden und wird unter anderem von der Fluggesellschaft LTU[227] auf ihren Webseiten angewandt.

---

[226] Vgl. Preißner, Andreas: Marketing im E-Business, 2001 München Wien, Seite 371

[227] http://www.bietundflieg.de

Hierbei wählt der Kunde aus einer Art Flug-Produktkatalog einen Flug mit den Parametern Abflughafen, Zielflughafen, Hinflugdatum und Rückflugdatum aus. Anschließend gibt er ein verbindliches Preisangebot zu seiner Produktauswahl an. LTU benachrichtigt ihn innerhalb 24 Stunden auf elektronischem oder telefonischem Wege über die Annahme oder die Ablehnung dieses Gebotes. Im Gegensatz zur My Price Strategie wird hier ein verbindlicher Wunschpreis dem Unternehmen mitgeteilt, welcher bei Annahme auch bezahlt werden muss, so dass eine Geschäftstransaktion bereits bei Abgabe des Gebotes gestartet wird. Es besteht keine Möglichkeit neben den angebotenen Flügen weitere durch Gebote anzufragen.

Tauschstrategien

Mittlerweile etablieren sich im Internet auch sogenannte kommerzielle Tauschplattformen, bei denen Kunden entweder direkt ein Produkt unter Nennung eines bestimmten Preises suchen oder ein Produkt zu einem bestimmten Preis anbieten. Auf Verhandlungsbasis kann dann ähnlich wie bei dem privaten Automobilkauf ein *kundeninitiierter Preis* ausgehandelt werden, wovon die Tauschplattformbetreiber eine Provision für die Bereitstellung ihrer Kommunikationsplattform erhalten.

Wird ein Kaufgesuchen auf diesen Plattformen mitgeteilt, so entspricht dies in etwa der Name-your-Price Strategie, wobei hier das Gesuchen einen unverbindlichen Charakter hat. Solche Tauschplattformen richten sich im Wesentlichen an Geschäftsbeziehungen zwischen Privatkunden.

Consumer Flat Fee

Hierbei entrichten potenzielle Kunden ähnlich wie bei Providern eine monatliche Gebühr und können dann mengenunabhängig an dem jeweiligen Produktangebot partizipieren. Dies eignet sich unter anderem für einen Nachrichtenkanal, dessen Produktangebot die potenziellen Kunden monatlich abonnieren können. Das verkaufende Unternehmen hat dann keinen Einfluss mehr auf die abgerufene Menge von Nachrichten .

Dieses All-Inclusive-Paket gibt den Kunden die Möglichkeit, zu Fixkosten ihren Produktwünschen nachzukommen. Das Unternehmen ist dagegen daran interessiert, dass die in Anspruch genommenen wertmäßigen Produkteinheiten die monatliche Kundengebühren nicht übersteigen, also in Summe die Flat Fee Umsätze größer als die Kosten des Angebotes sind und damit ein Gewinn erwirtschaftet wird.

Pay per Added Service Click

Eine Unternehmung offeriert ein Standardprodukt potenziellen Kunden zu einem feststehenden Preis. Die Kunden können jedoch in Form ihrer jeweiligen Produktkonfigurationen per Mausklick entscheiden, wie teuer letztendlich ihre individuelle Produktausprägung kommt. Hierbei kann man von einer Art Preiskonfigurator sprechen, da sich die Kunden auf individuellem Wege ihren Produktpreis durch Produkteigenschaftsbeeinflussung zusammenstellen können.

Wie auch die Consumer Flat Fee eignet sich diese Preisstrategie insbesondere für Produkte, welche in immer wiederkehrendem Rhythmus seitens des Kunden bezogen werden. Dabei kann die Variation hinsichtlich der Produkteigenschaften schwanken, so dass sich eine Consumer Flat Fee nicht unbedingt wirtschaftlich für den Kunden erweist. Er möchte nur für das bezahlen, was er auch von dem Produkt nutzt und beeinflusst den Produktpreis somit durch eine Bezahlung nach in Anspruch genommenen Produkteigenschaften.

Die vorgestellten ***käufergestützten Preiseinwirkungstrategien*** werden sich, wie bereits bei der Powershopping-Methode erwähnt, noch wesentlich stärker im Zuge einer E-Business Geschäftsphilosophie und damit auch innerhalb des Marketing-Mixes etablieren. Grund hierfür ist, dass dem Kunden durch diese käufergestützten Preiseinwirkungsstrategien die Möglichkeit gegeben wird, auf die Preishöhe einzuwirken. Somit wird ihm ein Mitspracherecht für diesen sensiblen Bereich eingeräumt, was dazu führen kann, dass der Kunde die aufzubauende Geschäftsbeziehung positiv sicht und damit sich in Richtung einer dauerhaften Bindung an das Unternehmen bewegt.

Das Unternehmen kann also eine dauerhafte Kundenbindung erreichen und damit das wirtschaftlich lukrative Stammkundenpotenzial erhöhen. Die Akquirierung von Neukunden ist mit Sicherheit stets teurer als die Pflege von Stammkunden.

5.1.3 Elektronische Preisfindungshilfsmittel

Als elektronische Preisfindungshilfsmittel bezeichnet man alle Unterstützungsmöglichkeiten, die das Internet im Hinblick auf einen Preisfindungsprozess potenziellen Käuferkreisen bietet.

Diese Hilfsmittel existieren sowohl für Endkunden-Unternehmensbeziehungen aber auch für Unternehmens-Unternehmensbeziehungen, wobei die Ziele jedoch die gleichen sind. Aus einer Vielzahl an Produkten versuchen sie das kostengünstigste bei gleichen Produkteigenschaften für die anfragende Institution (Unternehmen oder Endkunde) zu finden. Dabei haben sich auf Endkundenseite im Speziellen die beiden folgenden Preisfindungshilfsmittel etabliert:

- 📖 Elektronische Preisagenturen
- 📖 Price-Bots

Setzen Unternehmen solche elektronischen Preisfindungshilfsmittel für ihren Beschaffungsprozess ein, so führt dies in der Regel zu kostengünstigeren Einkäufen. Hieraus resultierende Kosteneinsparungen wirken sich wiederum positiv in den Preisen der eigenen Enderzeugnisse aus. Als wichtige Instrumente für den elektronischen Einkauf von Unternehmen sind zu nennen:

   📖 Elektronische Ausschreibung

   📖 Elektronische Auktionen

Des Weiteren existieren selbstverständlich auch entsprechende E-Procurement-Plattformen sowie elektronische Marktplätze, die ebenfalls ein Rationalisierungspotenzial auf die erwähnten Beschaffungskosten verkörpern. Da es sich hierbei jedoch nicht um explizite Preisfindungshilfsmittel handelt, werden diese im Rahmen dieses Unterkapitels nicht behandelt. Vielmehr findet die Erläuterung der Beschaffungsplattformen in dem nachfolgenden Hauptkapitel 6 statt.

Infolge ihres wertschöpfungskettenbeeinflussenden Charakters für die Preisfestsetzung einer Unternehmung werden wir die elektronischen Preisfindungshilfsmittel der Auktionen und der Ausschreibungen als Unternehmenspotenzial der Preisgestaltung ansehen und diese im sich anschließenden Unterkapitel 5.1.4 „Potenziale der Preisgestaltungsmöglichkeiten" näher erläutern.

Einen Überblick über die genannten elektronischen Preisfindungshilfsmittel beziehungsweise Unternehmenspotenziale hinsichtlich der Preisfindung zeigt nachfolgende Abbildung 5.7.

Da die ***kundenseitigen Preisfindungshilfsmittel*** im B-to-C Geschäft eine große Rolle spielen beziehungsweise spielen werden, ist die Kenntnis ihrer Funktion für die Unternehmen von großer Bedeutung. Denn nur wenn eine Unternehmung deren Arbeitsmethoden beziehungsweise Restriktionen kennt, kann sie sich darauf einstellen und entsprechende Produktpreise festsetzen. Die Online-Kunden werden verstärkt dieses Instrumentarium nutzen, da ihnen hierdurch die Möglichkeit geboten wird, ohne großen Aufwand einen Produktwunsch kostengünstig zu erfüllen. Da die Nutzung der entsprechenden Hilfsmittel für die potenziellen Käufer in der Regel kostenlos ist und eine Entlohnung in Form von Umsatzprovisionen, wenn überhaupt, durch kooperierende Unternehmungen stattfindet, werden sich diese in der Zukunft noch stärker im Rahmen der E-Business-Geschäftsphilosophie verbreiten.

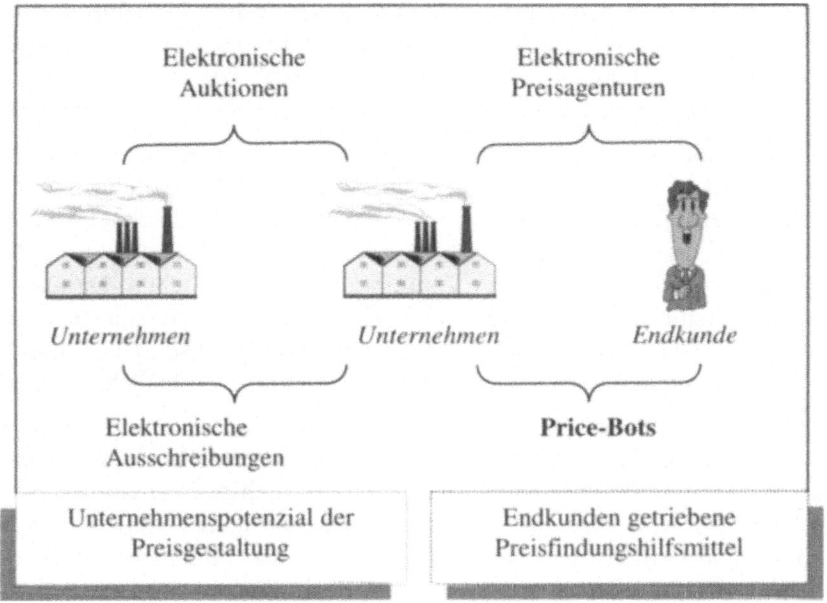

Abbildung 5.7: Elektronische Preisfindungshilfsmittel

Wir wollen deshalb die beiden bereits erwähnten kundenseitigen Verfahren kurz skizzieren.

Elektronische Preisagenturen

Eine elektronische Preisagentur[228] fungiert als Klammerfunktion für die eigentlichen Software-Agenten im Zuge einer kostengünstigen Preisfindung für die Kunden.

Durch Vorauswahl von Kooperationspartnern auf der Verkäuferseite (Unternehmen) wird der Preisfindungsprozess für einen geäußerten Produktwunsch beschleunigt. Gleichzeitig erhält der potenzielle Kunde durch die Vorauswahl der an dem Suchprozess teilnehmenden Unternehmen die Sicherheit, dass die nach dem Suchprozess eventuell anstehende Geschäftstransaktion reibungslos abgewickelt wird.

Nur vertrauenswürdige Unternehmungen werden in den entsprechenden Suchprozess involviert, um seitens der Preisagentur bereits ein Vertrauensverhältnis zwischen Kunden und zu beauftragender Unternehmung herzustellen. Dieser Dienstleistungscharakter der Preisagentur für das Unternehmen aber auch für den Kunden ist infolge der immer noch existenten Kaufabwicklungsängste über das Internet ein nicht zu unterschätzender Erfolgsfaktor. Vertraut der Kunde der von ihm beauftragten Preis-

---

[228] Unter anderem: http://www.preisauskunft.de Stand: 17.01.2001

agentur, so wird er auch dem Unternehmen, das seinen Produktwunsch erfüllt, vertrauen. Die Überzeugungsarbeit hinsichtlich der internetgestützten Abwicklung des Geschäftsprozesses wird auf die Preisagentur übertragen und muss nicht durch kostenintensive Marketingprogramme der Unternehmungen durchgeführt werden.

Seitens der Preisagentur besteht auch die Möglichkeit, dass nicht nur die Produkte von kooperierenden Unternehmen einem automatischen Preisvergleich unterzogen werden. Der einzusetzende Suchroboter kann selbstverständlich durch den Kunden auch beauftragt werden, den Inhalt sämtlicher Internet-Shops und Internet-Unternehmungen nach der getätigten Vorauswahl zu durchsuchen. Dadurch nimmt der Suchprozess natürlich eine längere Zeitspanne in Anspruch und der Kunde akzeptiert auch Suchergebnisse, welche nicht durch eine Vorinstanz auf ihre Vertrauenswürdigkeit hinsichtlich der Geschäftsprozessabwicklung untersucht worden sind.

Ganz gleich für welche Art von Kriterien sich der Kunde bei Einschaltung einer elektronischen Preisagentur entscheidet, er wird stets existente Marktpreise zu seinem Produktwunsch geliefert bekommen. Diese können auch als Verhandlungsbasis mit in der traditionellen Vertriebskette involvierten Unternehmen herangezogen werden, wenn dem Online-Vertriebsmedium nicht vertraut wird. Zudem erhält er einen Überblick über das existente Preisgefüge und kann dieses entsprechend in seine Kaufüberlegungen einbeziehen. Der Hauptvorteil bei der Einschaltung einer virtuellen Preisagentur liegt jedoch in der Tatsache, dass ohne großen Aufwand des Kunden, ihm verschiedene Unternehmungen zur Erfüllung seines Produktwunsches offeriert werden, aus denen er sich den kostengünstigsten Anbieter auswählen kann.

Ein Nachteil einer elektronischen Preisagentur ist die Begrenzung der Auswahlmöglichkeiten für entsprechende Produkte. Ein Kunde kann sich vielfach nicht seine individuellen Produktwünsche zusammenstellen, um anschließend mit diesen Vorgaben den kostengünstigsten Produktanbieter ausfindig zu machen. Die Preisagenturen halten eine entsprechende Produktdatenbank vor, aus denen durch Selektion nur bestimmte Produkte ausgewählt werden können, wobei der Preis als offenes Kriterium anzusehen ist. Wird diese Restriktion durch intelligente Suchmaschinen mit Vorschaltung eines Produktkonfigurators aufgehoben, so werden sich diese individualisierbaren Preisagenturen noch weiter durchsetzen.

Mit Einführung des Euro werden die elektronischen Preisagenturen eine noch größere Entscheidungsunterstützungskomponente für einen potenziellen Produktkäufer verkörpern, denn dann lassen sich Preisvergleiche tätigen, die den gesamten Euroraum abdecken[229]. Damit können dem Kunden vielfältige Alternativen aus preislicher Hinsicht angeboten werden, jedoch sollte dabei darauf geachtet werden, dass es sich dabei um Inklusivpreise handelt. Ansonsten könnte ein Preisvorteil für den Kunden durch Bezug eines Produktes aus dem europäischen Ausland infolge der Versandkosten schnell ins Gegenteil münden.

---

[229] Vgl. Simon, R.: Die Findmaschine -> „preisauskunft.de" fahndet mit Suchroboter Spike nach Produkten und Preisen im Internet, 02.2000 Cybiz, Seite 74 ff.

Price-Bots

Unter Price-Bots versteht man softwaregestützte Preisagenten, unter anderem auch als Bargainfinder („Schnäppchenfinder") bezeichnet, die lernfähig sind und im Auftrag der Käufer das Internet durchsuchen. Dabei kommunizieren diese einzelnen Suchprogramme untereinander sowie mit ihren Benutzern über existente Preisentwicklungen und ausgemachte Sonderangebote. Die Agenten unterliegen nicht den üblichen Beschränkungen des Marktes wie lokal beschränkte Auswahl und begrenzte Vergleichsmöglichkeiten, sondern sie operieren weltweit und können sofort auf Preisänderungen in Echtzeit reagieren[230].

Szenario:

„Wer online eine bestimmte CD kaufen will, will nur den Preis wissen. Denn Grönemeyer ist in jedem Shop derselbe. Also müsste der Kunde das Angebot mehrerer Internet-Shops durchwühlen, um zu sparen. Das aber nervt, weil es zuviel Zeit kostet, und gerade unerfahrene Online-Shopper schrecken solche Recherchen ab."[231]

Um die in dem Szenario geschilderten Probleme zu beheben, bietet sich der Einsatz der beschriebenen Price-Bots an, da diese für wenig erklärungsbedürftige Produkte, wie eben der angesprochenen CD, sehr gute und ausgereifte Vorschläge hinsichtlich des kostengünstigsten Online-Anbieters tätigen können. Die Preisvorschläge können anschließend noch durch den entsprechenden Software-Agenten mit Zusatzinformationen angereichert werden, so dass dem Betrachter gleichzeitig ein Mehrwertfaktor zu der eigentlichen Preisanfrage geboten wird.

Beispiel:

Das Unternehmen Acses[232] setzt einen Price-Bot bei der Offerierung seiner Produkte wie CD's, Bücher und Videos ein. Wer eine CD sucht, gibt auf der entsprechenden Web-Seite deren Titel ein und erhält aufsteigend eine nach Inklusivpreisen[233] sortierte Liste mit Lieferanten und Konditionen. Ebenso werden die Lieferzeit, detaillierte Informationen zu der Wunsch-CD sowie ausgewählte Pressestimmen als Value Added Service angezeigt. Für die Kunden ist dieser Dienst kostenlos, wohingegen die mit der Geschäftstransaktion betrauten Online-Shops eine Verkaufsprovision an Acses entrichten müssen.

Bei technisch anspruchsvollen, erklärungsintensiven Gütern helfen die Agenten zur Zeit noch nicht weiter. Es fehlt ihnen an Möglichkeiten, logische Zusammenhänge sinngemäß zu erfassen und weiterzugeben. Gerade bei beratungssensitiven Gesprä-

---

[230] Vgl. Ohne V.: Agenten schüren den Preiskampf, http:// www.akademie.de/news/langtext.html?id=524 Stand: 02.07.1998

[231] Lixenfeld, C.: Nachts kommt der Robot raus, 03/1999 Computerwoche Spezial, Seiten 16-17

[232] http://www.acses.com Stand: 17.05.2001

[233] Inklusive Versandkosten

chen spielt neben dem eigentlichen Fachwissen des Beraters dessen Wortwahl bei der Erklärung komplizierter Zusammenhänge eine entscheidende Rolle. Computer beziehungsweise Roboter arbeiten nach logisch vorstrukturierten Mustern. Im Zuge eines Verhandlungsgespräches kann es jedoch zu Situationen kommen, in denen zum Beispiel Aufheiterungseffekte zur Entschärfung einer angespannten Verhandlung eingesetzt werden, die nicht diesen Strukturen folgen, so dass hier ein Software-Roboter zumindest derzeit noch überfordert ist.

Price-Bots können aber schon heute persönliche Beziehungen zu Individuen aufzubauen, so dass maßgeschneiderte kundenindividuelle Angebote durch robotergestützte Verhandlungspartner unterbreitet werden können[234]. Zukünftige Generationen von elektronischen Anbietern werden in der Lage sein, mit anderen Agenten um den Preis zu feilschen. Am Massachusetts Institute of Technology (MIT) in Boston arbeitet die sogenannte „Intelligent Agents Group" bereits seit einiger Zeit an einem Negotiation-Roboter namens *„Kasbah"*, der selbständig mit seinen Geschäftspartnern über Preise und Konditionen verhandeln soll[235].

Die Zukunft wird also noch eine weitere Verschmelzung zwischen Preisagentur und Price-Bots mit sich bringen, wobei mit weiter voranschreitender Entwicklung die momentan noch existierenden Vorteile von Preisagenturen -- wie zum Beispiel die Vorauswahl von zu durchsuchenden anbietenden Unternehmen nach bestimmten Kriterien -- aufgehoben werden. Nach logischen Prozessstrukturen können diese Restriktionen direkt innerhalb des Software-Agenten abgebildet werden, so dass dieser den Selektionsprozess fast vollständig übernehmen kann. Auch die existente Verhandlungsfähigkeit durch traditionelle Preisagenturen kann in Zukunft durch elektronische Preisagenten übernommen werden. Das zuvor aufgeführte Beispiel von Kasbah hat dies gezeigt.

Wie bereits bei den elektronischen Preisagenturen erwähnt, bieten die softwaregestützten Preisagenten einem potenziellen Käuferkreis einen großen Bequemlichkeitsfaktor im Hinblick auf das Aufspüren von kostengünstigen Produkten. Somit ist von einer weiteren Verbreitung dieser Price-Bots auszugehen.

5.1.4 Potenziale der Preisgestaltungsmöglichkeiten

Aus den vorgestellten unternehmens- sowie käufergesteuerten Preisgestaltungsmöglichkeiten ergeben sich diverse geschäftsprozessbeeinflussende Potenziale im Hinblick auf eine dem ökonomischen Prinzip folgende Unternehmensteuerung.

Die weitaus wichtigste Möglichkeit ist die Nutzung moderner Kommunikations- und Informationsinstrumente als *Rationalisierungspotenziale*. Beispiele hierzu sind der eigene Einkauf über das Web, Workflow-Systeme in allen Unternehmensbereichen oder auch der Einsatz der neuen Medien in der Logistikkette. Ziel all dieser

---

[234] Vgl. Lixenfeld, C.: Nachts kommt der Robot raus, 03/1999 Computerwoche Spezial, Seiten 16-17

[235] Vgl. Lixenfeld, C.: Nachts kommt der Robot raus, 03/1999 Computerwoche Spezial, Seiten 16-17

Maßnahmen ist eine Verbesserung der Kostensituation des Unternehmens, um für eventuelle Preiskämpfe gewappnet zu sein. Dazu sind naturgemäß auch traditionelle Rationalisierungsinstrumente wie Wertanalyse, Automatisierung, Verlagerung der Produktion in Niedriglohnländer, Outsourcing oder das Kaizen-Prinzip heranzuziehen. Die Ausschöpfung von Rationalisierungspotenzialen ist permanente Aufgabe aller Unternehmensbereiche. Im Zusammenhang mit dem verstärkten Preisdruck wird die Kalkulation der Selbstkosten von Erzeugnissen und die Bestimmung von Preisuntergrenzen an Bedeutung gewinnen.

In diesem Zusammenhang fällt speziell in den Bereich des Marketing der Versuch der **_Differenzierung_** der eigenen Produkte gegenüber Wettbewerbserzeugnissen, um ein aquisitorisches Potenzial mit entsprechenden Preisspielräumen aufzubauen. Hier können wiederum Zusatzleistungen eine große Rolle spielen.

Eine weitere Möglichkeit der Preispolitik im Internet bieten die sogenannten Versteigerungen, auch als **_Auktionen_** bezeichnet, bei denen die Produkte meistbietend an die Kunden gebracht werden. Diese können sowohl unternehmens- als auch käufergestützte Preisgestaltungsmöglichkeiten widerspiegeln, so dass hier ein von beiden Transaktionspartnern genutztes Instrumentarium vorliegt[236]. Demzufolge verkörpern die Auktionen im Sinne der Preisfestsetzung und Preisfindung ein auf Marketingbelange ausgerichtetes Instrument, das beide Seiten gewinnbringend für sich einsetzen können. Aus diesem Grunde werden die Auktionen explizit in diesem Kapitel angesprochen.

Das Verfahren ist zum einen in der Preissondierungsphase einzusetzen, das heißt man untersucht vor der endgültigen Preisfestsetzung, was die Kunden bereit sind, für die angebotene Leistung zu zahlen[237].

Weiterhin eignet sich das Verfahren zum Verkauf von Restposten, Sonderposten und Ladenhütern. Die Firma Sixt versteigert beispielsweise ihre Leasingfahrzeuge mittels Internet. Für das laufende Sortiment eignet sich hingegen das Verfahren aus folgenden Gründen nicht:

- ✎ Es ist in der Umsetzung und Betreuung zu aufwendig.

- ✎ Nicht alle Zielgruppen werden erreicht.

- ✎ Es existieren eventuell starke, schwer kalkulierbare Preisschwankungen.

- ✎ Es liegt eine Transaktionsunsicherheit vor, da nicht sichergestellt werden kann, dass der Kunde, der den Zuschlag erhält, auch tatsächlich die Ware übernimmt.

- ✎ Durch Scheinanbieter (zum Beispiel Konkurrenzunternehmen) können die zu erzielenden Preise manipuliert werden.

---

[236] Verkaufsorientiert versus Einkaufsorientiert

[237] Hierbei handelt es sich um den sogenannten preislichen Markttest.

Internetgestützte Auktionen gehören zu den am schnellsten wachsenden Internet Commerce Services, und zwar sowohl im Consumer- als auch im Business-Markt. Über Auktionen sind demzufolge sowohl Konsumgüter als auch Industrie- und Dienstleistungsgüter handelbar[238].

Ein Grund für ihre schnelle Verbreitung liegt mit Sicherheit in der Tatsache begründet, dass sie ein sehr effizientes Mittel sowohl zur Absatzsteuerung aber auch hinsichtlich eines kostengünstigen Einkaufes repräsentieren.

Unabhängig ob sich das E-Business im Business-To-Consumer, im Business-To-Business oder auch im Consumer-To-Consumer Bereich vollzieht, bietet das Verfahren der Auktion gerade im Hinblick auf die Neuakquirierung von potenziellen Kunden vielfältige Möglichkeiten, da über den Preis direkt auf elektronischem Wege verhandelt werden kann. Dies führt jedoch auch dazu, dass aggressive Konkurrenzunternehmen durch diese Form der Preisfestsetzung versuchen, die Position eines Marktführers anzugreifen beziehungsweise die Kunden Preise vorschlagen, die zu keinem Produktdeckungsbeitrag führen. Dennoch können die Unternehmen diese Form der internetgestützten Preisfestsetzung nicht ignorieren, da nach einer Erhebung der META Group AG via Online-Auktionen ein Transaktionsvolumen von 8,5 Mrd. $ getätigt wird, das bis zum Jahr 2004 auf circa 100 Mrd. $ angewachsen sein soll[239].

Unterschieden werden zwei Auktionsmechanismen. Es handelt sich hier zum einen um die sogenannte *Verkaufsauktion* und zum anderen um die *Einkaufsauktion*, auch Reverse Auctioning oder Request for Quote[240] genannt, wie Abbildung 5.8 zeigt.

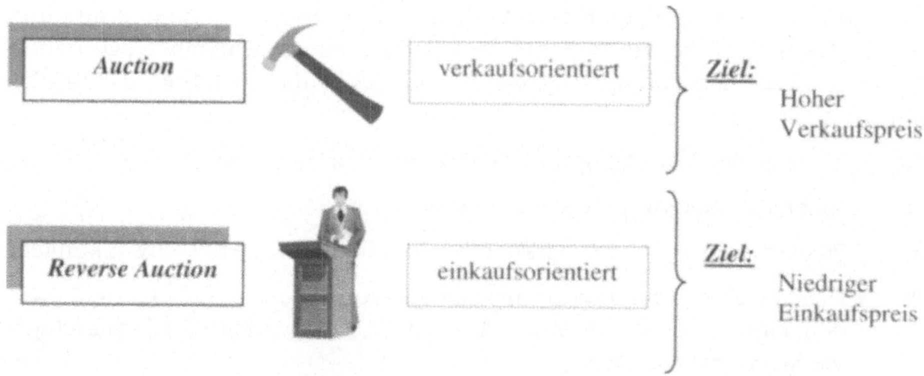

Abbildung 5.8: Internetgestützte Auktionsformen

---

[238] Vgl. Stolpmann, M.: Online-Marketingmix - 2. Auflage, 2001 Bonn, Seite 64 ff.

[239] Vgl. Stolpmann, M.: Online-Marketingmix - 2. Auflage, 2001 Bonn, Seite 65

[240] Vgl. Preißner, A.: Marketing im E-Business, 2001 München Wien, Seite 164

Dabei werden bei der **Verkaufsauktion** Produkte oder Dienstleistungen durch einen Verkäufer mit einem Mindestpreis auf den entsprechenden Auktionsseiten veröffentlicht. In einer festgesetzten Zeitspanne geben Kaufinteressenten online ihre individuellen Angebote ab, wobei gegen Ende der Auktion das Angebot mit der höchsten Summe den Zuschlag erhält. Durch solche Verkaufsauktionen wird der Preis durch das tatsächliche Nachfrageverhalten festgesetzt. Diese Art der Auktion kann zum einen auf verstecktem Wege vollzogen werden, das heißt, dass die Bieter während der Bieterfrist die einzelnen Gebote nicht einsehen können, um entsprechend darauf zu reagieren. Ebenso kann sie aber auch auf offenem Wege erfolgen, bei dem jeweils die Höchstgebote auf der Auktionswebseite veröffentlicht werden. Potenzielle Bieter können dann auf diese Gebote reagieren und ihr eigenes Gebot anpassen.

Bei der **Einkaufsauktion** hingegen geht die Initiierung der Auktion vom Einkäufer aus. Er veröffentlicht auf einer Auktionsseite eine Beschreibung zu seinem Warenbedarf und fordert die Lieferanten zu einer entsprechenden Angebotsabgabe im Hinblick auf seine geforderten Waren auf. Im Gegensatz zur Verkaufsauktion sind hier nicht steigende Gebote gefragt sondern fallende, so dass der Einkäufer durch diese umgekehrte Auktionsform Preiszugeständnisse seiner potenziellen Lieferanten eruieren kann[241]. Auch diese Auktion kann entweder auf offenem oder auf verstecktem Wege durchgeführt werden.

Für Unternehmen eignen sich die genannten Auktionsformen sowohl für Geschäfte mit anderen Unternehmen aber auch mit Endkunden. Durch solche Auktionen wird es insbesondere kleineren Händlern gestattet, sich neue überregionale Märkte über den Preis zu erschließen.

Neben den kommerziellen Auktionen sind mittlerweile auch Auktionen zwischen Privatleuten über das Internet möglich, die sogenannten Consumer-To-Consumer Auktionen. Hier werden in der Regel über eine Auktionsplattform gebrauchte Produkte offeriert oder auch gesucht (reverse auction), die durch Gebote ersteigert oder abgeben werden sollen. Der Plattformbetreiber sollte dabei von dem Verkaufserlös einen gewissen Prozentsatz des Verkauferlöses als Provision für seine Dienste erhalten. Es kommt jedoch nicht selten vor, dass Verkäufer und Käufer, nachdem sie auf einer One-To-One Seite, das heißt mit persönlichen Daten versehenen Seite, zueinander gefunden haben, per E-Mail den Deal abschließen und alles weitere auf privatem Sektor regeln[242]; dabei entgeht dem Auktionator seine Abschlussprovision.

Dass Auktionen gerade im Geschäftsleben eine immer größere Bedeutung erlangen, zeigt folgende Nachricht über eine Online-Auktion mit einem Volumen von 3,5 Milliarden Euro:

---

[241] Vgl. Bareiß, R. Dr.: Auktionen leicht gemacht, 01/2000 Sonderheft e-commerce-magazin „Bauchladen oder Online-Marktplatz – Entscheidungshilfen für das richtige Shopsystem", Seite 8

[242] Vgl. Seeger, H.: Der Online-Hammer, 03/1999 Computerwoche Spezial, Seiten 74-75

> *Anfang Mai des Jahres 2001 führte die DaimlerChrysler AG über den Internet-Marktplatz Covisint die bisher umfangreichste Online-Auktion durch. Der Internet-Bietprozess bestimmte die Preise für Teile von zwei neuen Produktlinien von DaimlerChrysler. An der viertägigen Auktion nahmen fünf Zulieferer teil, welche über 1.200 Produkte, die in 80 Kombinationen gefragt waren, anboten. Im Einzelfall erreichte der Wert einer dieser Kombinationen knapp zwei Milliarden Euro bei einem Gesamtvolumen von 3,5 Milliarden Euro. Neben einer Verkürzung des Bestellprozesses konnten die teilnehmenden Bieter durch die Online-Auktion wertvolle Informationen über ihre Position im Preiswettbewerb im Vergleich zu ihren Konkurrenten sammeln[243].*

Ebenfalls können über Auktionsplattformen die traditionellen ***Ausschreibungen*** abgewickelt werden, da beide Verfahren den gleichen Sachverhalt abbilden. So kann man entweder fünf Lieferanten zusammenrufen, an einen Tisch setzen und sie auffordern, sich um einen Zuschlag zu streiten oder man führt dieses Verfahren über das Internet in Form einer Internet-Auktion[244] durch. Da auch Ausschreibungen auf offenem oder verstecktem Wege stattfinden können, steht dieser Abwicklung über eine entsprechende Internet-Auktion nichts im Wege.

Ein weiteres Potenzial hinsichtlich der Preisgestaltungsmöglichkeiten liegt sowohl auf Unternehmensseite als auch auf Kundenseite in der Anbietung von ***Discount-Produkten*** im Rahmen eines speziellen Webauftritts.

Hier werden Produkte, welche eventuell mit kleinen Mängeln versehen sind, nicht mehr den neuesten Stand der Technik verkörpern oder als Sonderaktionen preislich kostengünstiger angeboten. Somit bekommen die Kunden an einer zentralen Stelle kostengünstige Produkte offeriert und Unternehmen besitzen die Möglichkeiten, über den normalen Online-Handel vielfach nur mit sehr großen Preisnachlässen absetzbare Produkte mit einer größeren Gewinnspanne über eine spezielle Discountplattform zu verkaufen, da das Wort Discount bereits das Wort kostengünstig impliziert. In der Regel werden hier keine weiteren Preisnachlässe gefordert.

Insgesamt gesehen ist festzuhalten, dass der Einsatz der neuen Medien zu einem verstärkten Preisdruck in den Unternehmen führen wird. Die Unternehmen können darauf zum einen mit stärkeren Differenzierung ihres Angebots reagieren oder aber zum andern mit rigoroser Kostensenkungen, wobei in beiden Fällen Reaktionspotenziale der Unternehmung durch eben diese neuen Medien geboten werden.

---

[243] Ohne V.: DaimlerChrysler mit Online Auktion erfolgreich, http://www.ecin.de/news/2001/05/17/02084 Stand: 17.05.2001

[244] Vgl. Simon, R.: „Eine historische Chance!", 02.2001 CYbiz, Seite 64 ff.

5.2 Die Rabattpolitik im Rahmen der Kontrahierungspolitik

Die Rabattpolitik ist das Feinsteuerungsinstrument der Preispolitik[245], indem sie durch kundenindividuelle Preisnachlässe eine differenzierte Preisgestaltung erlaubt[246]. Auf Grund von abnahmespezifischen Umständen können dem Kunden direkte Preisnachlässe gewährt werden.

Des Weiteren lassen sich auch durch Produktzugaben, finanzierungspolitische Vergünstigungen, Prämien für getätigte Transaktionen bis hin zu Einräumung von Vergünstigungen hinsichtlich des Kaufes von Cross-Up Produkten[247] bei Partnerunternehmen preisliche Anreize für den Kunden schaffen. Da diese wiederum zu einer Vergünstigung des eigentlichen Produktpreises führen, kann man auch hier von Rabatten sprechen.

Bisher konnten diese Vergünstigungsmaßnahmen infolge des existenten Rabattgesetzes und der Zugabeverordnung nur sehr restriktiv angewendet werden

Das Rabattgesetz verbot die Ankündigung und die Gewährung von Preisnachlässen auf Waren und Dienstleistungen des täglichen Bedarfs. Lediglich Preisreduzierungen von bis zu 3% bei Zahlung direkt nach Lieferung, auch als Skonti bezeichnet, konnte eine Unternehmung einem Käufer einräumen[248].

Neben dieser Gewährung von Barzahlungsrabatten sah das Rabattgesetz lediglich die Gewährung von Sondernachlässen, Mengenrabatten und der Treuevergütung bei Markenartikeln vor. Ebenso strikt wurde die Zugabeverordnung zu einem Produkt gehandhabt[249], um den Kunden vor Preisverschleierung, Irreführung und unsachlicher Beeinflussung zu schützen[250].

---

[245] Vgl. Ohlsen, D.: Die Rabattpolitik, http://www.dirk-ohlsen.de/ Lexikon2/Stichworte_R/Rabattpolitik/rabattpolitik.html

[246] Vgl. Wöhe, G.: Einführung in die allgemeine Betriebswirtschaftslehre – 20. Auflage, 2000 München, Seite 570

[247] Hierbei handelt es sich um Produkte, die das zuvor gekaufte Produkt in seinen Funktionalitäten beziehungsweise in seinen Nutzungsmöglichkeiten erweitern (Beispiel: Automobil – Cross-Up Produkt Alu-Felgen).

[248] Vgl. Bange, J. / Maas, S.: Verbraucherschutz vs. Kundennutzen, Juni 2000, http://www.galileo-press.de/mygalileo/jur_01.html

[249] Nach der Zugabeverordnung ist es untersagt, sogenannte Wertreklame zu betreiben. Das beinhaltet das Verbot, neben der Hauptware oder Hauptleistung eine Nebenware oder Nebenleistung unentgeltlich anzubieten.

Vgl. Weigmann, K.: Die Karten werden neu gemischt, 03.2001 Cybiz, Seite 54

[250] Vgl. Bange, J. / Maas, S.: Verbraucherschutz vs. Kundennutzen, Juni 2000, http://www.galileo-press.de/mygalileo/jur_01.html

Diese Rechtslage stellte für den Internet-Handel eine schwerwiegende Restriktion dar. Mit der Aufhebung des Rabattgesetzes im Juli des Jahres 2001 wurde jedoch diese restriktive Handhabung von Rabatten entschärft. Aus diesem Grunde kann das Instrumentarium der Rabattpolitik im Rahmen des E-Marketing-Mixes eine neue Bedeutung erlangen.

Den E- Business orientierten Unternehmen wird es fortan ermöglicht, durch Sonderkonditionen und erweiterte preisliche Zugeständnissee an die potenziellen Kunden diese zum einen zu gewinnen, aber auch in Form von Kundenclubs mit entsprechenden Rabattierungsfunktionen dauerhaft an das Unternehmen zu binden.

Der Wegfall des Rabattgesetzes und der Zugabeverordnung führt jedoch nicht automatisch dazu, dass den Verbrauchern Rabatte und Zugaben unbegrenzt gewährt werden dürfen. Dem steht nach wie vor das Gesetz gegen den unlauteren Wettbewerb (UWG) entgegen, welches Wettbewerbshandlungen, die gegen die guten Sitten verstoßen oder wettbewerbswidrig sind untersagt. Hierzu hat der Bundesgerichtshof verschiedene Fallgruppenspezifikationen entwickelt, die die Einschränkungen des Gesetzes gegen den unlauteren Wettbewerb verdeutlichen [251].

Die durch das Rabattgesetz gesetzlich aufgelegten Einschränkungen führten bisher dazu, dass sowohl teilweise käufergestützte Preisstrategien wie das Powershopping, aber auch von Unternehmen anzubietende Preisgestaltungsmöglichkeiten (unter anderem auch Value Added Services) seitens des Gesetzgebers als bedenklich eingestuft wurden.

Da das Internet jedoch einem potenziellen Kunden erlaubt, ortsunabhängig zu agieren, wurden diese einschränkenden und damit geschäftsbeziehungsbeeinflussenden Restriktionen sowohl von ausländischen aber auch inländischen Online-Unternehmen als nicht mehr zeitgemäß und als Wettbewerbsnachteil empfunden, was letztendlich auch die Aufhebung des Rabattgesetzes und der Zugabeverordnung führte. Dies wird durch ein Statement des deutsche Bundeswirtschaftsministers Dr. Werner Müller nochmals untermauert[252]:

> *„Mit Rabattgesetz und Zugabeverordnung sind zunehmend Standortnachteile für deutsche Unternehmen verbunden. Beide Gesetze, die früher ihren guten Sinn hatten, passen nicht mehr ins Zeitalter des Internet. Sie behindern innovative Werbe- und Marketingstrategien, die im Ausland heute schon verbreitet sind.“*

An dem eigentlichen Grundcharakter der Rabattpolitik, der Gewährung von direkten oder indirekten Preisnachlässen in Form von Value Added Services oder Produktzugaben, wird sich auch durch Verfolgung einer E-Business-Geschäftsphilosophie nichts ändern. Da aufgrund der Preistransparenz und der vielfältigen Preisfindungshilfsmittel sowie der käufergestützten Preisstrategien die im Internet offerierten Produkte vielfach mit einem Endpreis ausgestattet sind, der bereits eventuelle Preisnachlässe berücksichtigt, wird eine Rabattabwicklung über dieses Medium auf individua-

---

[251] Vgl. Weigmann, K.: Die Karten werden neu gemischt, 03.2001 CYbiz, Seite 52 ff.

[252] Weigmann, K.: Die Karten werden neu gemischt, 03.2001 CYbiz, Seite 54

lisiertem Wege nicht unbedingt erleichtert[253]. Dennoch verlangen gerade elektronisch einkaufende Kunden zu dem offerierten Produktpreis noch einen weiteren Preisnachlass, da der Begriff „preisgünstig" mit einem elektronischen Kaufprozess assoziiert wird. Des Weiteren fallen für den Kunden eventuell noch Versandkosten für die Produktzustellung an, welche er natürlich durch einen entsprechend niedrigeren Preis als den des stationären Handels kompensieren möchte.

Im Folgenden werden einige spezielle für die E-Business Ausrichtung einer Unternehmung geeignete Rabattprogramme vorgestellt, welche jedoch auch vielfach bereits schon in der Offline-Geschäftswelt zur Anwendung gekommen sind. Abbildung 5.9 zeigt diese zunächst im Überblick, wobei bei der anschließenden Beschreibung herausgearbeitet wird, welche Bedeutung die Konzepte im Zuge einer E-Business-Konzeption bekommen können.

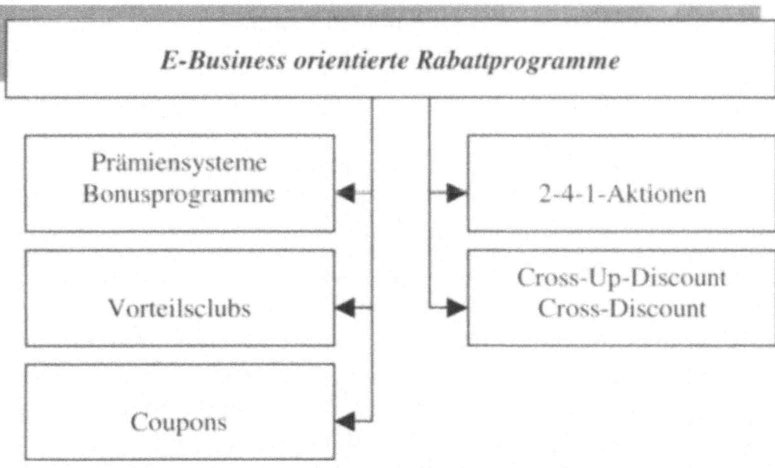

Abbildung 5.9: E-Business-orientierte Rabattprogramme

Prämiensysteme

Insbesondere durch die Personalisierungsmöglichkeiten der Neuen Medien und im Besonderen des Internets lassen sich seitens der Unternehmungen Rabattprogramme auflegen, die aufgrund ihres Sammelcharakters zunächst gewisse Kundenumsätze vor der Gewährung eines Rabattes erfordern.

---

[253] Vgl. Stolpmann, M.: Kundenbindung im E-Business, 2000 Bonn, Seite 125

Hierzu zählen im Wesentlichen die Prämiensysteme, bei denen über einen längeren Zeitraum **Bonuspunkte** gesammelt werden müssen[254], welche dann gegen eine Prämie vom Unternehmen eingetauscht werden[255]; hierbei entsteht für den Kunden eine neue „Währung", die der Bonuspunkte.

Diese Prämiensysteme gab und gibt es selbstverständlich auch bei den traditionellen Vertriebswegen. Hier haben sich insbesondere die Miles&More-Karten von Fluggesellschaften einen Namen gemacht. Innerhalb des Internets lassen sich jedoch die angesammelten Bonuspunkte sowohl für den Kunden als auch den Anbieter sehr leicht verwalten. Beide Seiten können bei jeder Transaktion sofort die aktuellen Daten abrufen und besitzen demzufolge in Echtzeit einen Einblick auf ihr jeweiliges Bonuskonto. Ebenfalls lassen sich via Internet zwischen verschiedenen Unternehmen sehr effiziente Partnerschaftsprogramme zur Bonusgewährung etablieren, welche für den Kunden als Anreiz die schnellere Erreichung einer Prämienberechtigung haben. Eine Gesamtpunktzahl wird schneller erreicht, wenn man diese durch Einkäufe bei verschiedenen Unternehmen erreichen kann.

Solche Kooperationen gibt es natürlich auch in der Offline-Welt, doch lassen sich hier solche Partnerschaftsgeflechte nur schwerfällig realisieren, da eine direkte Verknüpfungsmöglichkeit zwischen den Unternehmen in der Regel nicht vorgenommen werden kann. Innerhalb der Online-Medien genügt ein Mausklick oder die Einbindung eines bestimmten Banners[256] auf den jeweiligen Webseiten und schon ist man an ein bestimmtes Bonusprogramm angeschlossen (Anmeldung vorausgesetzt).

Gerade im E-Business ist es von besonderer Bedeutung, Kunden dauerhaft an das eigene Unternehmen zu binden. Durch die Teilnahme an einem Bonusprogramm bindet das Unternehmen die Kunden länger an seine Geschäftsphilosophie. An einem Bonus-Partnerprogramm sollten natürlich nicht zwei direkt konkurrierende Unternehmen teilnehmen, denn sonst wäre der Kundenbindungseffekt durch die Auswahlmöglichkeit des Kunden bei gleicher Bepunktung aufgehoben. Als mögliche Prämien erscheinen Sachprämien deutlich lukrativer, denn die Möglichkeit zu der Teilnahme an einer Karibik-Reise nach einer bestimmten Anzahl von getätigten Käufen ist ansprechender als ein Direktrabatt von 4% bei jedem einzelnen Produktkauf.

Um jedoch Bonusprogrammteilnehmer nicht allzu lang auf bestimmte Prämien warten zu lassen, ist es zu empfehlen, die Prämien zu kategorisieren und zum Beispiel in nachfolgende vier Klassen einzuteilen[257]:

---

[254] Beispiele: http//www.bonus.net http://www.webmiles.de

[255] Vgl. Stolpmann, M.: Kundenbindung im E-Business, 2000 Bonn, Seite 68

[256] Auf die Thematik der Banner (internetaffine Werbefläche) wird noch im Speziellen in Kapitel 7 „Die Kommunikationspolitik als E-Marketinginstrument" eingegangen.

[257] In Anlehnung an: http://www.rabatte.de Stand: 18.05.2001

Schnelle Prämien

Für Bonusprogrammteilnehmer, die nur unregelmäßig an dem entsprechenden Bonusprogramm teilnehmen, sollten kleinere Prämien (zum Beispiel: Taschenkalender) bereitgehalten werden. Es wird einem Ärgernispotenzial dieser Kunden über allzu lange Wartezeiten auf Prämien vorgebeugt.

Normale Prämien

Es handelt sich hierbei um ganz normale Sachprämien, die auch direkt gekauft werden könnten. Solche Prämien bieten sich für einen Kundenkreis an, welcher eher sachorientiert ausgerichtet ist und die Prämisse verfolgt: „Nicht kaufen – sondern sammeln".

Originelle Prämien

Hier handelt es sich um Prämien, die ein potenzieller Kunde in der Regel nicht durch einen direkten Kauf erwerben würde. Der Spaßfaktor an der Prämie spielt hier eine große Rolle. Auch die Eigenschaft des Besonderen fördert eine solche Prämiengruppe, so dass ein großes Anreizpotenzial zur Teilnahme an diesem Bonusprogramm bestehen kann.

Beispiele für originelle Prämien sind:

- Bungee-Sprung
- Stardinner
- Teilnahme an einer Oldtimer-Rallye
- Persönlicher Hausbuttler für einen Tag

Luxus-Prämien

Diese Prämien verkörpern die höchste Kategorie im Rahmen der Sammlung von Bonuspunkten. Diese Stufe zu erreichen erfordert eine hohe Anzahl von Bonuspunkten, kann jedoch auch gleichzeitig Grund dafür sein, dass die Kunden über einen längeren Zeitraum ihre Punkte sammeln und nicht gegen geringerwertige Prämien eintauschen. Der Kundenbindungseffekt ist bei dieser Prämienkategorie am höchsten, da ein längerer Geschäftsbeziehungszeitraum vonnöten ist, um die entsprechenden Punkte eintauschen zu können.

Beispiele für Luxus-Prämien sind:

- Flugreise in die Karibik
- Eine Musicalabonnementkarte in einem Schauspielhaus
- Ein Wochenende mit einem hochpreisigen Miet-Cabrio
- Aktienpaket

Innerhalb des Internets ist es für eine Unternehmung wichtig, über ihre potenziellen Kunden Daten zu erheben, um den fehlenden persönlichen Kontakt ein wenig auszugleichen[258].

Bonuspunkte können daher auch bei der Anmeldung eines Interessenten zu einer bestimmten elektronischen Dienstleitung, wie einem Newsletter, bei der Abgabe von Produktmeinungen, bei Seitenbesuchen, bei Umfrageteilnahmen, bei der Teilnahme an Online-Spielen, bei Übermittlung von Personendaten anderer potenzieller Interessenten oder weiterer sonstigen Dienste vergeben werden.

Hintergrund hierfür ist die Gewinnung eines Kundenprofils, denn die Teilnahme an einem Bonusprogramm erfordert vielfach die Mitteilung von detaillierten Nutzerdaten, wie zum Beispiel die Adresse und Kontoverbindung. Dabei wird dann die Grundlage für eine individualisierte Marktforschung gelegt. Bei jedem Produktkauf oder allgemeiner bei jeder Erhöhung des Bonuskontos wird die dazu führende Aktivität des Nutzers erfasst und kann zu Marktforschungszwecken verwendet werden. Auch aus diesem Blickwinkel heraus leisten die Bonusprogramme für Unternehmungen wertvolle Dienste.

Dabei gilt stets die Devise:

> Je mehr Waren und Dienstleistungen über das Prämiensystem erworben werden, desto lückenloser wird das Bild von dem jeweiligen Kunden[259].

Vorteilsclubs

Die sogenannten Vorteilsclubs bieten den Teilnehmern direkte, unmittelbare Vorteile, die vielfach in Form von Sonderkonditionen und einem günstigeren Einkaufspreis zum Tragen kommen[260].

Eine Mitgliedschaft in einem solchen Vorteilsclub setzt eine persönliche Registrierung voraus. Auch hierdurch können wie bei den angesprochenen Prämiensystemen umfassende Kundendaten erhoben und ausgewertet werden. Innerhalb des traditionellen Vertriebskanals kennt man diese Vorteilsclubs unter anderem aus dem Buchsektor, wo diverse Buchclubs bestimmte Bücher zu Sonderkonditionen durch sogenannte Clubausgaben anbieten können. Für Clubfunktionalitäten ist das Internet sehr gut geeignet, da sich auch hier verschiedene Unternehmen nur durch einen Mausklick zusammenschließen und ausgewählten Kunden durch einen speziellen Login

---

[258] Hierdurch erreichen die beteiligten Unternehmen eine sogenannte ***Win-2-Win Situation***, denn zum einen binden sie durch die entsprechenden Bonussysteme Kunden an die eigene Unternehmung und zum anderen erfahren sie wertvolle Informationen über das spezifische Verhalten ihrer Kunden.

[259] Vgl. Robben, M.: Bonusprogramme – kleine Geschenke erhalten die Freundschaft, http://www.ecin.de/marketing/bonusprogramme/index.html Stand: 10.01.2001

[260] Vgl. Stolpmann, M.: Kundenbindung im E-Business, 2000 Bonn, Seite 68 ff.

bestimmte Produkte zu kostengünstigen Preisen offerieren können. Clubs eignen sich auch hervorragend zur Gewährung von Zielgruppenrabatten[261], denn ein Club sollte sich durch eine Klammerfunktion hinsichtlich seiner Mitglieder auszeichnen. Ein allzu starkes heterogenes Umfeld bedingt, dass auch ein großes vergünstigtes Produktangebot zur Verfügung steht, was jedoch vielfach aus Kosten-Nutzenüberlegungen nicht realisierbar ist.

Durch definierte Zielgruppen lassen sich spezielle Produkte in einem Vorteilsclub anbieten, die zum einen ein überschaubares Sortiment bilden und zum anderen speziell auf diese Zielgruppe zugeschnitten sind. Ein Suchaufwand nach passenden Produkten entfällt für Mitglieder dieser Zielgruppe vielfach, da sie eine Vorauswahl zu sehr günstigen Konditionen geboten bekommen. Auf diesem Wege kann für dieses Zielgruppensegment eine dauerhafte Kundenbindung zustande kommen, zumal hier häufig ein Multiplikatoreneffekt anzutreffen ist. Mitglieder der Zielgruppe unterrichten andere potenzielle Zielgruppenkandidaten über die Vorzüge des Clubs, so dass auch diese sich infolge der Preisvorteile als Mitglied einschreiben.

Im Gegensatz zu den zuvor vorgestellten Prämiensystemen werden bei den Vorteilsclubs direkte den Preis beeinflussende Rabatte vergeben. Für preissensible Kunden bieten sich daher diese Vorteilsclubs an, da sie hier einen direkten sichtbaren Preisvorteil erwirtschaften. In der Regel müssen sie jedoch mit einer begrenzten Produktauswahl innerhalb des Clubs Vorlieb nehmen, wohingegen das Prämiensystem vielfach über alle Produkte des an dem Bonusprogramm teilnehmenden Unternehmens angewendet wird.

Coupons

Unter Coupons[262] versteht man ebenfalls ein rabattorientiertes Instrument zur Bindung und Reaktivierung einer bestehenden Kundenbasis. Registrierte Unternehmenskunden erhalten mittels E-Mail einen Code zugesendet, der bei einer Bestellung einen gewissen Rabatt mit sich bringt. Solche Aktionen sind in der Regel zeitlich befristet und eignen sich besonders dazu, Stammkunden zu einem Kaufimpuls durch den Hinweis auf bestimmte Produkte zu einem ansprechenden Preis zu verleiten.

Beispiel:

Unter der Internetadresse http://www.raba.tt (Stand: 25.07.2001) hat man die Möglichkeit, als registrierter Nutzer der angebotenen Dienste zum einen ***Online-Coupons*** und zum anderen ***Print-Coupons*** zu erwerben.

---

[261] Beispiele für Zielgruppendefinitionen: Schüler, Studenten, Senioren, Öffentlicher Dienst, etc.

[262] In Anlehnung an: Stolpmann, M.: Online-Marketingmix – 2. Auflage, 2001 Bonn, Seite 220

Bei den Online-Coupons gelangt man bei den beworbenen Produkten mittels Mausklick zu den entsprechenden Anbietern, bei denen raba.tt-Mitglieder diese mit einem Preisnachlass erwerben können. Dieser wird zuvor auf den Seiten von raba.tt mitgeteilt; daher der Name Online-Coupon.

Bei den Print-Coupons hingegen wird ein Produkt beworben, zu dem man sich einen entsprechenden Coupon für einen kostengünstigeren Erwerb ausdrucken kann. Mit diesem Ausdruck geht man dann zu dem entsprechenden Anbieter des Produktes und löst diesen ein. Der Preisvorteil wird somit nicht auf direkten onlinetechnischem Wege gewährt, sondern erst bei dem Aufsuchen des realen Händlers[263].

2-4-1-Aktionen

Bei den 2-4-1-Aktionen[264] offeriert eine Unternehmung potenziellen Kunden zwei Produkte zum Preis von einem. Ein Kunde erhält zu seinem ursprünglichen Produktwunsch noch ein zusätzliches Produkt, welches dazu beitragen kann, den Kunden zu einem Spontankauf zu veranlassen. Da das Zusatzprodukt im Produktpreis des eigentlich gewollten Produkt mit beinhaltet ist, wird dem Kunden eine hohe Preisersparnis suggeriert, so dass Spontan- oder Impulskäufe mit diesen 2-4-1-Aktionen impliziert werden.

Cross-Up-Discount/Cross-Discount

Wie noch in dem Kapitel über die Distributionspolitik erwähnt wird, zeichnet sich eine E-Marketing-Geschäftsphilosophie vielfach auch durch eine Verbundlösung von verschiedenen Unternehmen aus, welche den Kunden umfassend hinsichtlich eines Produktkaufes betreuen. Es entsteht dadurch eine Art von Portalen, auf denen der Kunde alles zu seiner Bedürfnisbefriedigung findet. Für die Renovierung eines Bades benötigt man in der Regel zum Beispiel einen Fliesen- und Sanitärausstattungslieferanten.

Kooperieren diese nun mit Hilfe eines virtuellen Partnerschaftsprogramms, so können den Kunden des Fliesengeschäftes unter anderem spezielle Rabatte beim Kauf der Sanitärgüter bei der Partnerunternehmung zugesichert werden. Der Kunde besitzt hinsichtlich des Produktpreises lediglich einen Ansprechpartner und muss nicht mit zwei unterschiedlichen Lieferanten verhandeln. Dabei ist es unabhängig, welchen Rabatt er bereits für den Fliesenkauf eingeräumt bekommen hat. In gewissen

---

[263] Eine Cocktailbar offeriert Longdrinks zu einem bestimmten kostengünstigen Preis. Via Coupon kann man als raba.tt-Mitglied diese in der Cocktailbar zu den offerierten Preisen einnehmen.

[264] In Anlehnung an: Stolpmann, M.: Online-Marketingmix – 2. Auflage, 2001 Bonn, Seite 221

Rabattgrenzen offeriert der Fliesenlieferant Preisnachlässe des Sanitätslieferanten, welche dann auch bindend bei der Auswahl der Produkte sind.

5.3 Lieferungs- und Zahlungsbedingungen im Rahmen der Kontrahierungspolitik

Den Lieferungs- und Zahlungsbedingungen wird im Internet affinen Geschäftsumfeld eine besonders kritische Bedeutung zugemessen. Zum einen kennen sich die jeweiligen Geschäftspartner nicht persönlich und zum anderen versucht jeder von beiden sein persönliches Risiko im Rahmen einer anstehenden Geschäftstransaktion zu minimieren[265]. Das Geschäftsverhältnis basiert auf einer rein virtuellen Vertrauensbasis.

Dies spiegelt sich auch in einer Anfang des Jahres 2001 durchgeführten Studie hinsichtlich des Angebotes von Zahlungssystemen durch die Unternehmensseite sowie die Nachfrage nach bestimmten Zahlungssystemen durch die Kunden wieder.

Während gerade kleine Online-Shops die sehr sichere Zahlungsform der Nachnahme offerieren, bevorzugt der Kunde die Lieferung per Rechnung. Zwar sind neue elektronische Zahlungs- und Inkassosystem zu Genüge vorhanden, fristen jedoch innerhalb der Zahlungsabwicklung eher ein Schattendasein[266]. Hierfür verantwortlich sind die diversen Sicherheitsbedenken der Kunden, die herkömmlichen Zahlungsvarianten eher vertrauen als einer Abwicklung von Geldgeschäften über das Internet. Die nachfolgende Abbildung 5.10 soll anhand zweier Umfrageergebnisse diesen Sachverhalt untermauern.

Internetgestützte Zahlungssysteme sollen im Grunde dieselben Funktionen erfüllen, welche man auch dem realen Geld zumisst. Dies hat im Wesentlichen heutzutage folgende Aufgaben[267]:

- Das Geld fungiert als ***Tauschfunktionsmittel***, das als neutrales Tauschelement die Marktteilnehmer davon entbindet, Handelspartner mit korrespondierenden Güterwünschen zu finden.

- Der Wert des Geldes unterliegt in der Regel in wirtschaftlich stabilen Ländern nur geringen Wertschwankungen. Aus diesem Grunde eignet es sich als ***Wertaufbewahrungsmittel*** und erlaubt Kunden, Kaufentscheidungen in die Zukunft zu verlegen.

- Das Geld als ***Wertmaßstab*** eignet sich zur Wertmessung von Gütern untereinander. Des Weiteren lassen sich Zinsen für die leihweise Überlassung von Gütern aber auch von Geld an sich berechnen.

---

[265] Vgl. Stolpmann, M.: Online-Marketingmix – 2. Auflage, 2001 Bonn, Seite 217

[266] Vgl. Robben, M.: ePayment -- Alte Besen ..., http://www.ecin.de/ zahlungssysteme/epayment/index.html Stand: 22.03.2001

[267] Vgl. Fochler, K. / Perc, P. / Ungermann, J.: Electronic Commerce mit Lotus Domino, 1998 Bonn, Seite 139 ff.

📖   Das Geld wird als allgemeine ***Einheit*** zur Berechnung aller Austauschverhält-
nisse genutzt, so dass eine Vergleichbarkeit von unterschiedlichen Austausch-
verhältnissen gewährleistet werden kann.

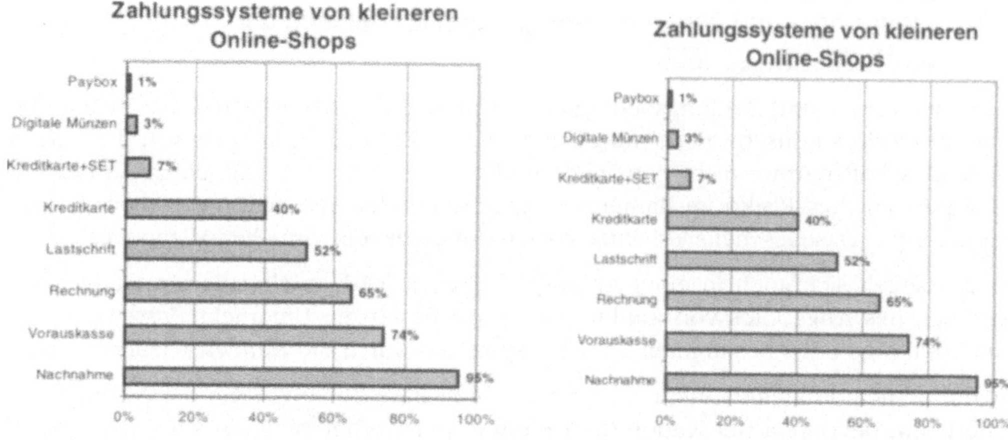

Abbildung 5.10: Angebotene und nachgefragte Zahlungssysteme[268]

Neben diesen funktionsorientierten Anforderungen an ein Zahlungssystem werden
im Rahmen einer E-Business orientierten Kontrahierungspolitik weitere Anforderungen gestellt. Dabei handelt es sich um[269]:

↬   eine sichere Abwicklung der elektronischen Geschäftsvorgänge sowohl für
den Kunden als auch für den entsprechenden Händler,

↬   eine Vertrauensbasis bezüglich des Zahlungssystems, da man die Gewissheit
besitzen möchte, jederzeit das Zahlungsmittel wieder gegen Waren und
Dienstleistungen in einem entsprechenden Gegenwert eintauschen zu können,

↬   eine Akzeptanz des Zahlungsmittels bei allen Beteiligten der
Geschäftstransaktionen,

↬   eine zuverlässige Transformationsmöglichkeit des Geldes ohne großen Aufwand für beide beteiligten Seiten,

↬   eine schnelle und benutzerfreundliche Abwicklung des Geschäftsprozesses,

↬   einen kostengünstigen Zahlungsabwicklungsvorgang,

---

[268] Entnommen aus: Robben, M.: ePayment -- Alte Besen ..., http://
www.ecin.de/zahlungssysteme/epayment/index.html Stand: 22.03.2001

[269] Vgl. Preißner, A.: Marketing im E-Business, 2001 München Wien, Seite 358 und Gora, W. /
Mann, E. (Hrsg.): Handbuch Electronic Commerce, 1999 Berlin Heidelberg, Artikel „Banken –
Sichere Zahlungsmittel im Internet von Michael Selbmann", Seite 278 ff.

✎ eine anonymisierte Zahlungsfunktionalität wie die des traditionellen Bargeldes,

✎ eine skalierbare Form des Zahlungsmittels, welche für jedweden Betrag geeignet ist,

✎ einen interoperablen Einsatz des Zahlungsmittels zwischen den beteiligten Parteien einer Geschäftstransaktion, wie zum Beispiel den Unternehmen, den Banken und schließlich den Kunden,

✎ eine Authentifizierungs- und Echtzeitprüfungsmöglichkeit des Zahlungsmittels, um Fälschungstendenzen vorzubeugen.

Aus diesen traditionellen und neueren durch die E-Business Geschäftsphilosophie begründeten Zielsetzungen rund um die Thematik des Geldes heraus, wurden und werden seit Jahren Zahlungskonzepte entwickelt, die hinsichtlich einer Internet-basierten Geschäftstransaktion als Standardzahlungsverfahren diskutiert werden.

Wie man anhand der Grafiken in Abbildung 5.10 ersehen kann, ist ein Durchbruch dieser neuen Verfahren jedoch bis heute nicht gelungen, so dass die traditionellen Zahlungsverfahren auch weiterhin einen sehr großen Stellenwert einnehmen. Zusammenfassend werden nochmals in Abbildung 5.11 die angesprochenen Geldzielsetzungen dargestellt.

Hieran wird sich auch aller Voraussicht nach in absehbarer Zukunft recht wenig ändern, da ein sehr großes Interesse seitens der Kredit- und Kreditkarteninstitute besteht, ihre bisherigen Einnahmequellen zu erhalten beziehungsweise nur Systeme zu unterstützen, welche ihre originären Back-Office Funktionalitäten nutzen.

Daher ist es nahezu unmöglich, im Moment eine bestimmte Empfehlung hinsichtlich des Internet-affinen Zahlungssystems der Zukunft zu geben, da auch von großen Finanzinstituten geförderte digitale Zahlungssysteme bereits heute wieder vom Markt genommen worden sind. Dies verdeutlicht die nachfolgende Pressemeldung recht deutlich[270]:

Nachdem im Dezember des Jahres 2000 die Firma CyberCash ihre Cybercoins in Deutschland vom Markt genommen hat, zieht nun auch die Deutsche Bank 24 die Notbremse und stellt eCash ein. Trotz verstärkter Marketing-Aktivitäten war es der Deutschen Bank 24 allem Anschein nicht gelungen, genügend Händler und Kunden von der elektronischen Geldbörse zu überzeugen. Lediglich 50 Händler konnte man zum Einsatz der Software-Geldbörse überreden. ECash galt zwar in Expertenkreisen als ein sehr sicheres und auch anonymes Zahlungsmittel, doch empfanden es viele Nutzer als zu kompliziert.

---

[270] Verkürzte Mitteilung - Ohne V.: Ende für eCash, ECIN News vom 11.04.2001, Newsletter unter http://www.ecin.de

Selbst das in Amerika durch Presseberichte entsprechend angepriesene Electronic Bill Presentment und Payment, kurz EBPP, ruft bei der amerikanischen Bevölkerung nur ein geringes Interesse hervor. Lediglich 17 Prozent der 127 Millionen US-Internet-Nutzer tendieren laut Gardner Group zu einer Abwicklung ihrer eigenen Rechnungen über eine entsprechende Rechnungs-Webseite. Anstelle der Inanspruchnahme eines solchen Rechnungsservices wickeln diese die entsprechenden Zahlungen lieber direkt über das kontaktierte Unternehmen ab[271].

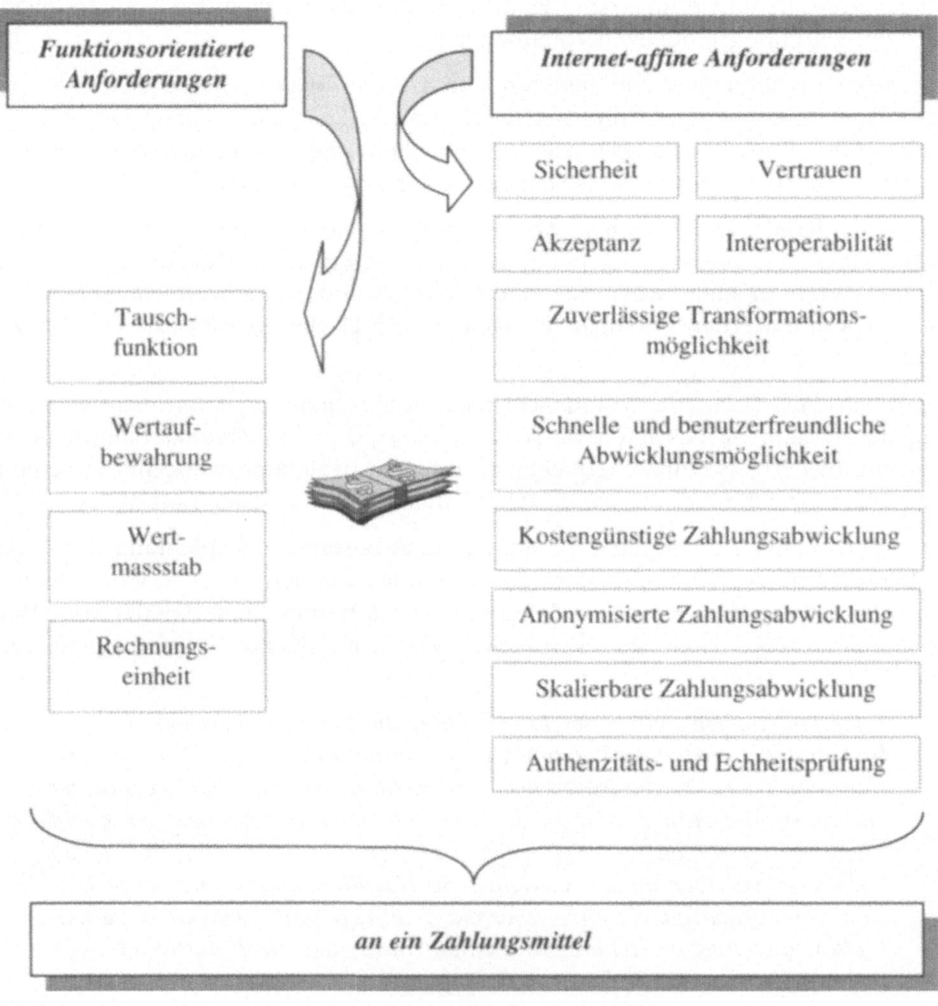

Abbildung 5.11: Zielgerichtete Anforderungen an ein Zahlungsmittel

---

[271] Vgl. Ohne V.: Die Rechnung ohne den User gemacht, http://www.ecin.de/news/2000/11/10/00995/index.html Stand: 10.11.2000

Weiterhin sind bei der Diskussion von Zahlungssystemen vielfach technische Besonderheiten und Sicherheitsaspekte zu beachten. Hierzu ist auf dem Markt jedoch spezielle Fachliteratur vorhanden, so dass wir im Rahmen dieses Buches auf eine umfassende Darstellung der Zahlungssysteme verzichten möchten. Vielmehr möchten wir für bestimmte Zahlungsbereiche allgemeine Informationen wiedergeben, anhand derer eine spezielle Zahlungsart für eine Geschäftstransaktion ausgewählt werden kann.

Zunächst bietet es sich an, die Zahlungsmittel nach ihren spezifischen Eigenschaften, welche jeweils für ganz bestimmte geldwerte Transaktionen geeignet sind, zu gruppieren[272]. Im Wesentlichen handelt es sich hierbei um die in Abbildung 5.12 dargestellten Segmente.

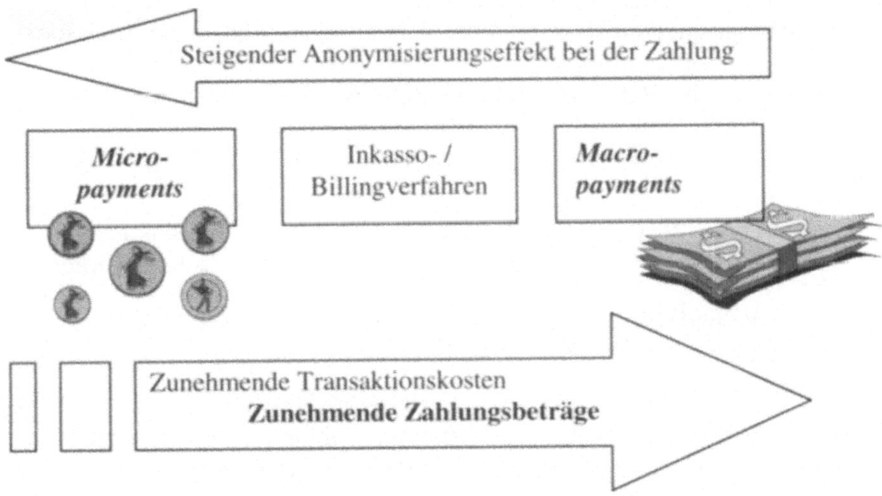

Abbildung 5.12: Gruppierungen der Zahlungsmittel

Inkasso- oder auch Billingverfahren eignen sich in der Regel für wiederkehrende Zahlungen, die oftmals an bestimmte Transaktionen, welche eine zeitliche Abrechnungsform unterstützen, gebunden sind. Hierzu prädestiniert ist zum Beispiel der Telefonkakt, da durch ihn eine messbare Abrechnungseinheit geschaffen werden kann. Diese ist anschließend in einen geldwerten Betrag umzurechnen.

Beispiele:

- Software-Download
- Download von Verbrauchertipps
- Internet-Musikangebote
- Videoangebote

---

[272] In Anlehnung an Gora, W. / Mann, E. (Hrsg.): Handbuch Electronic Commerce, 1999 Berlin Heidelberg, Artikel „Banken – Sichere Zahlungsmittel im Internet von Michael Selbmann", Seite 284

Micropayments sind bei kleineren Zahlungsbeträgen[273] anzusetzen, da hier die Abwicklung über Kartenzahlungen oder Überweisungen zu teuer und zu aufwendig ist. Des Weiteren sind kleinere Zahlungen häufig mit einem entsprechenden Anonymitätsfaktor versehen, so dass man nicht gerne seine persönliche Daten, wie bei einer Kreditkartenzahlung oder Überweisung, an die jeweilige kontaktierte Unternehmung weiterreichen möchte.

Gerade bei Online-Angeboten, die nicht die traditionelle Logistikkette mit einer physischen Warendistribution in Anspruch nehmen, bieten sich solche Micropayment Verfahren an, da es hier meist nicht notwendig ist, persönliche Daten für einen Produktkauf an die Unternehmung weiterzugeben. Auch entsteht dann kein Medienbruch zwischen der Distributionsform der reinen onlinegestützten Auslieferung mit dem entsprechenden Bezahlungsverfahren. Ansonsten würde der Bequemlichkeitseffekt einer online-gestützten elektronischen Direktbelieferung durch die Notwendigkeit eines gesonderten Zahlungskanals für den Kunden aufgehoben werden, da er stets ein zweites Mal bezüglich der Zahlung aktiv werden muss.

Beispiele:

📖	Zigaretten per Handy[274]		📖	Elektronische Briefmarken
📖	Informationen Nachrichtenformat	im	📖	Videoangebote

Macropayments eignen sich hingegen für alle Zahlungen, die betragsmäßig über denen der Micropayments liegen. Hier spielt dann auch weniger die Anonymitätsfrage eine Rolle, da in der Regel im Vorfeld bereits personenbezogene Daten an die Unternehmung weitergeleitet wurden. Gerade für offerierte Online-Angebote, welche die traditionelle Logistikkette in Anspruch nehmen müssen, um zu dem entsprechenden Kunden zu gelangen, ist es notwendig, den Anonymisierungseffekt der anfordernden Person oder der anfordernden Unternehmung aufzuheben, da die Zustelladresse bekannt sein muss.

---

[273] Die Grenze von kleineren Zahlungsbeträgen ist nicht eindeutig definiert. Sie schwankt von kleiner 5 Euro bis hin zu ≤ 200 Euro. Wir schlagen vor, diese bei 100 Euro anzusetzen, oder haben sie in der Regel mehr als 100 Euro in ihrer Geldbörse?

[274] Durch eine gemeinsame Entwicklung der Paybox.net AG und einem der führenden deutschen Automatenhersteller der Sielaff GmbH ist es möglich, via Mobiltelefon bei der Paybox-Zentrale die Zigarettenfreigabe an einem speziellen Automaten zu fordern, wobei die Zahlung anschließend durch die Paybx.net AG im Auftrag des Zigarettenkäufers abgewickelt wird.

Vgl. Ohne V.: Zigaretten per Handy ziehen, Newsletter v9.8 http:// www.billiger-telefonieren.de vom 05.11.2000

Beispiele:

 📖 Buchbestellungen 📖 Online Reisebuchungen
   via Internet

 📖 Business-To-   📖 Abruf von Marktforschungs-
   Business Transaktio-   studien oder auch wissen-
   nen   schaftlichen Untersuchungen

Je nach abzuwickelnden Geschäftstransaktionen sollte man entscheiden, welche Zahlungsform man einsetzen möchte. Für Bereiche, bei denen sowohl kleinere als auch größere zahlungswirksame Aktivitäten zu verzeichnen sind, bietet es sich an, neben den Macropayment-Verfahren zusätzlich ein Micropayment- oder Billing-Verfahren einzusetzen, um zum einen dem Anonymisierungswunsch der Kunden nachzukommen und zum anderen die Zahlungsabwicklungskosten für die eigene Unternehmung gering zu halten.

Da bei diesem Buch marketingspezifische Gesichtspunkte einer E-Business Geschäftsphilosophie in den Vordergrund gestellt werden sollen, verzichten wir darauf, einzelne Zahlungsverfahren explizit zu erläutern. Dies würde in der Regel auf eine technische Beschreibung dieser Verfahren hinauslaufen, was aus unserer Sicht eher in technisch-orientierten Büchern abzuhandeln ist. Wir möchten aber an dieser Stelle für die einzelnen, in Abbildung 5.12 dargestellten Verfahrensgruppen passende und real existierende Zahlungsverfahren zur Verdeutlichung kurz skizzieren.

Micropayment-Zahlungssysteme

Bei den sogenannten Micropayment Verfahren handelt es sich um *elektronische Bargeldlösungen*, die eine entsprechende Software verwenden, um einen äquivalenten Bargeldbetrag auf einem persönlichen, dem Nutzer obliegenden Medium zu speichern. Dabei kann es sich zum Beispiel um die persönliche Festplatte handeln. Signierte Dateien fungieren als Synonymprodukt zu Münzen oder Banknoten, wobei kein direkter Bezug zu der sie besitzenden Person hergestellt werden kann. Durch einen virtuellen Geldautomaten kann die dieses Zahlungsmittel nutzende Person ihren elektronischen Bargeldbestand erhöhen und anschließend wie bei der traditionellen Barzahlung mit diesem seine internetgestützten Transaktionen begleichen[275].

Gerade infolge diverser Sicherheitsbedenken bezüglich der Verwahrung des elektronischen Geldes konnte sich bisher kein rein softwaregestütztes elektronisches Micropayment Verfahren etablieren. Hier ist unter anderem des eCash Verfahren zu erwähnen. Es handelt sich um ein softwarebasiertes Verfahren, bei dem wertspezifische elektronische Werteinheiten auf ein persönliches Speichermedium übertragen werden, welche ihren spezifischen Wert inhärent selbst tragen. Diese virtuellen

---

[275] Vgl. Amor, D.: Die E-Business-(R)Evolution, 2000 Bonn, Seite 667 ff.

Werteinheiten werden bei einem Zahlungsvorgang an einen entsprechenden Händler weitergegeben, der diese bei einer entsprechenden Partnerbank wiederum gegen reale Geldeinheiten eintauscht[276].

Zählt man hingegen die **Smartcards** zu den elektronischen Micropayment Verfahren, so ist hier in Zukunft eine Etablierung eines solchen über das Internet ablaufende Zahlungsverfahrens zu erwarten. Zum einen sind Smartcards, die Geldbeträge in beliebiger Höhe auf einem Kartenchip in verschlüsselter Form speichern können, bereits weit in der Bevölkerung verbreitet.

Unter anderem zählen zu den Smartcards auch die bekannten Telefonkarten, Krankenkassenkarten aber auch die eigentlichen Geldkarten[277]. Zum anderen kann auch hier die zahlende Person anonym bleiben, sofern auf dem Geldkartenchip lediglich als Identifizierungsmerkmal eine Identnummer gespeichert ist, durch die bankseitig eine Verbindung mit personenbezogenen Daten hergestellt werden kann. Wie bei der Telefonkarte kann auch gänzlich auf ein solches Identifizierungsmerkmal verzichtet werden.

Um mit Hilfe eines solchen Zahlungsverfahrens internetgestützte Transaktionen tätigen zu können ist es vonnöten, jeden Internetzugangsrechner mit einer zusätzlichen Apparatur auszustatten, über die der entsprechende Kartenchip für die Zahlung ausgelesen werden kann[278]. Dieser Aspekt ist im Moment noch dafür verantwortlich, dass die Smartcards im E-Business Sektor noch recht wenig verbreitet sind. Zählen diese Zusatzapparaturen in Zukunft zu der Standardausstattung eines jeden Personal Computers oder auch eines mobilen Kommunikationsmittels, so ist von einer stärkeren Nutzung dieses Zahlungsmittels auszugehen.

Inkasso- oder Billing-Zahlungssysteme

Ein sehr erfolgversprechendes Zahlungssystem dieser Kategorie verkörpert ein Inkassoverfahren namens Net900 der Deutschen Telekom, bei dem Online-Entgelte über eine spezielle Telefonnummer entrichtet werden. Wählt ein Internetnutzer diese Zahlungsart, so baut sich eine neue Internetverbindung über eine gebührensensitive Telefonnummer auf. Anhand des Gebührentaktes orientiert sich der Einheitenpreis eines auf diesem Wege offerierten Produktes, so dass die Gesamtsumme sich aus den in Anspruch genommenen Gebühreneinheiten berechnet. Nach Abschluss der Geschäftstransaktion, zum Beispiel eines Downloads, wird diese der Zahlung dienende Internetverbindung automatisch beendet und der Internetzugang über den Provider des Nutzers wieder hergestellt. Über die Telefonrechnung wird der angefal-

---

[276] Vgl. Gora, W. / Mann, E. (Hrsg.): Handbuch Electronic Commerce, 1999 Berlin Heidelberg, Artikel „Banken – Sichere Zahlungsmittel im Internet von Michael Selbmann", Seiten 284-285

[277] Vgl. Amor, D.: Die E-Business-(R)Evolution, 2000 Bonn, Seite 669 ff.

[278] Vgl. Preißner, A.: Marketing im E-Business, 2001 München Wien, Seite 366

lene Betrag beglichen, das heißt, der Telefonanbieter zieht diesen Betrag in Form des Inkassoverfahrens bei den Kunden ein und leitet ihn an die an diesem Zahlungssystem teilnehmenden Händler weiter.

Macropayment-Zahlungssysteme

Als Macropayment-Zahlungssysteme, besser gesagt Zahlungsverfahren, sind bei E-Business orientierten Geschäftsvorgängen sehr weit der Verkauf auf Rechnung oder aber auch die Kreditkartenzahlungen durch Mitteilung der entsprechenden Kreditkartennummer an die jeweiligen Händler verbreitet[279]. Durch spezielle Sicherheitsverfahren, wie **SSL oder SET**[280], wird bei Kreditkartenzahlungen versucht, missbräuchliche Zahlungstransaktionen auszuschließen, wobei dies jedoch nicht vollkommen garantiert werden kann. Dies ist unter anderem ein Grund dafür, warum internetbasierte Kreditkartenzahlungen nicht so stark frequentiert werden wie der Kauf von Waren oder Dienstleistungen auf Rechnung.

Auch im **M-Business Bereich** lässt sich diese Gruppierung von Zahlungssystemen vornehmen. Letztendlich hat sich aber hier ebenfalls noch kein mobilorientiertes Zahlungssystem durchsetzen können. Bekanntester Vertreter von mobilfunkgestützten Zahlungen ist die Paybox AG mit ihrem **Paybox-Zahlungsverfahren**.

Hat hierbei ein Kunde eine geschäftliche Transaktion vorgenommen, so kann das an das Paybox–System angeschlossene Unternehmen veranlassen, dass das Handy des entsprechenden Geschäftspartners angerufen wird. Der zu zahlende Betrag wird diesem auf dem Display mitgeteilt, wobei dieser anschließend durch Eingabe einer vierstelligen Pin-Nummer den Zahlungsauftrag bestätigt. Durch ein großes deutsches Kreditinstitut wird der Zahlungsvorgang schließlich abgeschlossen, indem eine Belastung des Kundenkontos mit einer Gutschrift auf dem Unternehmenskonto erfolgt. Unter anderem nutzen dieses Verfahrens rund 300 Taxis in Frankfurt am Main als zusätzliche Zahlungsmöglichkeit für Ihre Kunden[281]. Sowohl Kunden als auch Unternehmungen müssen bei diesem Zahlungssystem bei der Paybox AG registriert sein, um eine zahlungstechnische Abwicklung der Geschäftstransaktion vornehmen zu können.

Wie zu Beginn dieses Kapitels erwähnt, haben unter anderem auch die Lieferbedingungen einen entscheidenden Einfluss auf den Erfolg hinsichtlich der Kontrahierungspolitik-Maßnahmen einer Unternehmung. Diese hängen jedoch in der Regel direkt mit den entsprechenden logistischen Aktivitäten der Unternehmung zusammen, so dass an dieser Stelle auf eine nähere Betrachtung der Lieferbedingungen für eine E-Business Geschäftsphilosophie verzichtet wird. Im Rahmen der Distributionspolitik werden diese logistischen Aktivitäten jedoch behandelt.

---

[279] Siehe hierzu auch Abbildung 5.10: Angebotene und nachgefragte Zahlungssysteme

[280] SET ≈ Secure Electronic Transactions; SSL ≈ Secure Socket Layer

[281] Vgl. Heckerott, B.: Bezahlen mit dem Handy, 10.2000 e-commerce magazin, Seite 104 ff.

Die Lieferungs- und Zahlungsbedingungen im Rahmen der Kontrahierungspolitik sind zum größten Teil innerhalb des E-Marketing-Mixes zumindest auf Zahlungsbedingungsseite aus einem technischen Blickwinkel zu betrachten. Rein onlinegestützte Zahlungssysteme müssen sich noch etablieren, da für diese das Vertrauen der Kunden noch nicht existiert. Demzufolge muss gerade im Zuge eines E-Marketing darauf geachtet werden, kundenorientierte Zahlungssysteme anzubieten. Im Moment ist dies weiterhin der Verkauf auf Rechnung, obgleich hier natürlich auch für einen Händler die meisten Risiken bestehen. Doch akzeptieren die Kunden die angebotenen Zahlungssysteme nicht, so ist es für sie ein leichtes, gerade im Internet einen weiteren Händler mit dem gleichen Produkt und passenden Zahlungsbedingungen zu kontaktieren. Unter gleichem Blickwinkel sind die Lieferbedingungen zu sehen, denn nur kundenzufriedenstellende Bedingungen in dieser Richtung werden dazu führen, dass die Kunden eine entsprechende Geschäftstransaktion mit der Unternehmung tätigen.

5.4 Die Absatzfinanzierungspolitik im Rahmen der Kontrahierungspolitik

Im Rahmen der Finanzierungs- oder der Absatzfinanzierungspolitik sind Fragestellungen über grundlegende Finanzierungsaspekte für zu tätigende Geschäftstransaktionen aus Kundensicht, Leasingmodelle aber auch die eigentliche Finanzierungsberatung zu behandeln[282]. Dabei ist es unerheblich, ob es sich bei dem Kunden um einen Privat- oder einen Unternehmenskunden handelt. Beide erwarten für sich ein Optimum an Finanzierungsmaßnahmen von den von ihnen kontaktierten Unternehmen, da man heutzutage vielfach eine sequentielle, rhythmusorientierte Zahlung einer Einmalzahlung vorzieht.

Auch für diese Aspekte eignen sich die neuen Medien als Unterstützungsmedium zu den traditionellen Verfahren der persönlichen Kontaktion eines Finanzierungsberaters beziehungsweise der persönlich durchgeführten Verhandlung von Finanzierungskonzepten.

Gerade im Rahmen der Informationseinholung über Finanzierungskonzeptionen mit ihren unterschiedlichen Gebühren- und Auflagenkonzepten kann man über das Internet zu sehr effizienten Ergebnissen kommen, welche anschließend bei der eigentlichen persönlichen Beratung einen entscheidenden Einfluss auf das Gespräch nehmen können.

Solche Finanzierungsaktivitäten sind im Moment jedoch nur durch eine persönliche Vertragsunterzeichnung zu tätigen, so dass die neuen Medien als Vertriebskanal für solche Angebote nicht in direkter Art und Weise genutzt werden können. Erst mit einer weiteren Verbreitung der digitalen Signatur und der Akzeptanz der digitalen Unterschrift wird auch auf diesem Sektor das Internet eine zunehmende Bedeutung einnehmen. Im Moment eignen sich absatzfinanzierungspolitische elektronische Maßnahmen sehr gut als Value Added Service Angebote rein auf informatorischer Basis. Im Privatkundenbereich kann man hier als Beispiel einen Leasing- oder Fi-

---

[282] Vgl. Mülder, W. / Weis, C.: Computerintegriertes Marketing, 1996 Ludwigshafen (Rhein), Seite 44

nanzierungsrechner für einen zu tätigenden Automobilkauf anbieten, der durch Abfrage von bestimmten Kriterien genaue Auskünfte über die monatlichen Belastungen bei einem Automobilkauf errechnen kann. Solche informatorischen Angebote bieten für eine abzuwickelnde Geschäftransaktion eine Grundlage für eine Umsatzgenerierung durch einen potenziellen Kunden. Wird dieser bereits im Vorfeld über günstige Finanzierungsmaßnahmen informiert, so erleichtert es ihm seine Kaufentscheidung

Für den Business-To-Business Bereich entstehen im Bankensektor immer mehr Firmenkundenportale und spezielle internetbasierende Firmenkundenbanken, die alle geschäftlichen Transaktionen auf rein elektronischem Wege abwickeln. Ob sie sich durchsetzen können, bleibt abzuwarten, da eine direkte Beratungsmöglichkeit für diesen sensiblen Bereich fehlt. Gerade bei größeren geldwerten Transaktionen sucht man das persönliche Gespräch und möchte nicht ausschließlich einem elektronischem Medium vertrauen. Somit ist hier über eine entsprechende **Multi-Channel-Strategie** nachzudenken, das heißt die Verknüpfung eines elektronischen mit einem traditionellen Vertriebskanal dieser finanzpolitischen Produkte.

Wie bereits erwähnt, steht bei der Absatzfinanzierungspolitik die Information durch die neuen Medien im Vordergrund, weniger die eigentliche Abwicklung. Dennoch ist auch diese möglich, wie folgendes Beispiel zeigt:

> *„Ein Angebot der Rheinboden Hypothekenbank richtet sich an Privatkunden, die über das Online-Darlehen selbstgenutzte Immobilien in Deutschland bis zu 80 Prozent des Verkehrswertes mit Darlehen zwischen 100.000 und 500.000 Euro finanzieren können. ... Der Interessent gibt Daten wie Kaufpreis, Baujahr und Ausstattung seiner gewünschten Immobilie ein. Weiter werden Informationen zu seiner Lebens- und Finanzsituation abgefragt. Nach wenigen Minuten bekommt er Bescheid, ob ein Darlehen möglich ist. Das Beratungsprogramm führt den potenziellen Bauherren anschließend Schritt für Schritt durch den Kreditvertrag, der am PC ausgefüllt und abgeschickt wird. Neben einer Zusammenfassung der wichtigsten Finanzierungsdaten kann sich der Internetnutzer eine Liste mit Unterlagen ausdrucken, die für den Kreditvertrag im Original von der Bank benötigt werden. Sind alle Dokumente vor Ort, stellt die Rheinboden Hypothekenbank den Vertrag innerhalb von 24 Stunden aus."*[283]

Im Rahmen dieses Buches haben wir uns dazu entschieden, den Entscheidungsbereich der Absatzfinanzierungspolitik wie auch den der Lieferungs- und Zahlungsbedingungen nur kurz zu skizzieren.

---

[283] Vgl. Anderka, A.: Der Traum vom Eigenheim, 10.2000 e-commerce magazin, Seite 46 ff.

Hintergründe hierfür liegen zum einen in den eher technischen Prämissen bei den Zahlungsbedingungen und in der eher informatorischen Basis der neuen Medien auf dem Gebiete der Absatzfinanzierungspolitik. Dennoch sind auch diese Bereiche für eine E-Marketing Konzeption von Bedeutung und sollten nicht vernachlässigt werden. Hierzu sei jedoch auf die spezielle Fachliteratur verwiesen. Des Weiteren liegen diese Entscheidungen nicht einzig und allein bei den sie einsetzenden Unternehmen und sind somit nur indirekt durch diese zu beeinflussen, da man hier auf entsprechende weitere Partner angewiesen ist.

6 Die Distributionspolitik als E-Marketinginstrument

Im Rahmen der *Distributionspolitik* werden Entscheidungen getroffen, die im Zusammenhang mit dem Weg eines Produktes oder einer Dienstleistung vom Produzenten bis zum Endverbraucher oder Endverwender stehen. Hierbei ist sicherzustellen, dass die angebotenen Produkte beziehungsweise Leistungen zum richtigen Zeitpunkt, im richtigen Zustand sowie in der erforderlichen und gewünschten Menge der empfangenden Institution zur Verfügung gestellt werden[284].

Der Begriff der Distribution bedeutet jedoch mehr als die bloße Überbrückung räumlicher und zeitlicher Dimensionen. Vielmehr sind auch Lösungen für wirtschaftliche, *logistische*, juristische und insbesondere kommunikative Probleme zu finden, die sich im Zusammenhang mit dem Übergang von Produkten vom Sender zum Empfänger ergeben[285].

Insofern ist es etwas verwunderlich, wenn in zahlreichen Büchern zum E-Commerce/E-Business oder E-Marketing der Begriff „Logistik" nicht einmal im Stichwortregister auftaucht[286].

Zentrale Fragestellungen im Rahmen der Distributionslogistik sollten sich dabei mit folgenden Aspekten auseinandersetzen:

- Wahl der Vertriebswege *(Absatzwegepolitik)*
- Wahl der Vertriebsorganisation *(Handelspolitik)*
- Wahl der Distributionsform *(Distributionslogistik)*

Die *Absatzwegpolitik* sucht dabei nach Wegen und optimalen Bereitstellungsmöglichkeiten für die anzubietenden Produkte, wohingegen die *Handelspolitik* sich mit Fragen der Integration weiterer Handelspartner in das Marketingkonzept befasst. Als Bindeglied zwischen der Produktion und der Absatzseite einer Unternehmung fungiert die *Distributionslogistik*, welche alle Lager- und Transportvorgänge von Waren zum Abnehmer sowie die damit verbundenen Informations-, Steuerungs- und

---

[284] Vgl. Mülder, W. / Weis, C.: Computerintegriertes Marketing, 1996 Ludwigshafen (Rhein), Seite 43

[285] Vgl. Link, J. / Gerth, N. / Voßbeck, E.: Marketing-Controlling, 2000 München, Seite 293

[286] Vgl z.B. Köhler, T. /Best, R.: Electronic Commerce, 2000 München u.a.; Merz, M.: Electronic Commerce, 1999 Heidelberg; Pispers, R. / Riehl, S.: Digital Marketing, 1997 Bonn u.a.; Steimer, F.: Mit e-Commerce zum Markterfolg, 2000 München

Kontrolltätigkeiten umfasst[287]. Es geht hier also um den Aspekt der optimalen Bedienung der gewählten Absatzwege[288].

Somit kann man die Distributionspolitik nach akquisitorischen und physischen Aktivitäten untergliedern[289]. Dabei beinhalten die physischen Aktivitäten Lösungspotenziale für die entsprechenden Warenverteilprozesse (Distribution) und die akquisitorischen setzen sich mit der Gestaltung der zuvor benötigten Warenverkaufsprozesse (Absatzwege, Verkaufsmanagement und Verkaufsförderung) auseinander[290].

In Abbildung 6.1 sind beispielhaft einige Entscheidungsfelder aufgeführt, die im Zusammenhang mit der Distributionspolitik im E-Marketing zu bearbeiten sind.

Die Wahl der Vertriebswege determiniert alle weiteren Aktivitäten und Handlungsvorgänge innerhalb des Marketing-Mix-Instrumentes „Distributionspolitik", da sich hieraus vielfach Veränderungen der Vertriebsorganisation aber auch der Distributionslogistik zwingend ergeben.

Das Internet kann in diesem Kontext nicht nur als Informations- und Kommunikationsmedium eingesetzt werden, es ist vielmehr auch als eigenständiger Vertriebskanal für die Produkte und Dienstleistungen nutzbar.

So können unter anderem auf einem elektronischen Marktplatz alle für den Güteraustausch notwendigen Transaktionen bis hin zum Versand digitalisierbarer Produkte durchgeführt werden. Lediglich die Auslieferung physischer Güter kann nicht über das Netz erfolgen. Um den elektronischen Vertriebsweg zu nutzen, sind den bisher dargestellten Produktinformationssystemen und virtuellen Katalogen weitere Funktionalitäten beizustellen, die die elektronische Bestellung und Bezahlung der Waren möglich machen.

Bei digitalisierbaren Erzeugnissen kann darüber hinaus der Versand der Waren durch Download realisiert werden. Ein Problem hierbei ist der Kopierschutz und damit die Wahrung der Urheberrechte - zum Beispiel in der Musikindustrie.

Physische Güter hingegen lassen sich in der Regel nur auf dem herkömmlichen Versandwege an den Kunden übermitteln. Hierbei lässt sich jedoch mit Hilfe des Internet als Value Added Service eine Versandverfolgung als kundenorientiertes Informationssystem implementieren, das dem Kunden anzeigt, in welchem Stadium beziehungsweise an welchem Ort sich seine Warensendung gerade befindet. Man spricht hier von den sogenannten ***Online-Tracking-Systemen***.

Bevor die Güter jedoch versendet werden können, ist zunächst dem Kunden eine entsprechende Verkaufsplattform bereitzustellen. Hierbei ist darauf zu achten, dass der Online-Einkauf für den Kunden möglichst bequem erfolgen kann. Meist geschieht dies durch einen elektronischen Einkaufskorb, in den der Kunde die ausge-

---

[287] Vgl. Schulte, C.: Logistik - 3. Auflage, 1999 München, Seite 371

[288] Vgl. Traumann, P.: Marketing-Logistik in der Praxis, 1976 Main, Seite 32

[289] Vgl. Link, J. / Gerth, N. / Voßbeck, E.: Marketing-Controlling, 2000 München, Seite 293

[290] Ahlert, D.: Distributionspolitik – 3. Auflage, 1996 Stuttgart/Jena, Seiten 21 ff.

wählten Produkte ablegen kann. Ist er mit seiner Auswahl fertig, sendet er die Einkaufsliste per Mausklick ab. Selbstverständlich ist der Kunde mit Informationen über die zu erwerbende Ware in ausreichendem Umfange zu versorgen, so dass die fehlende Kontaktionsmöglichkeit eines realen Verkäufers ein wenig in ihrer Tragweite vermindert wird.

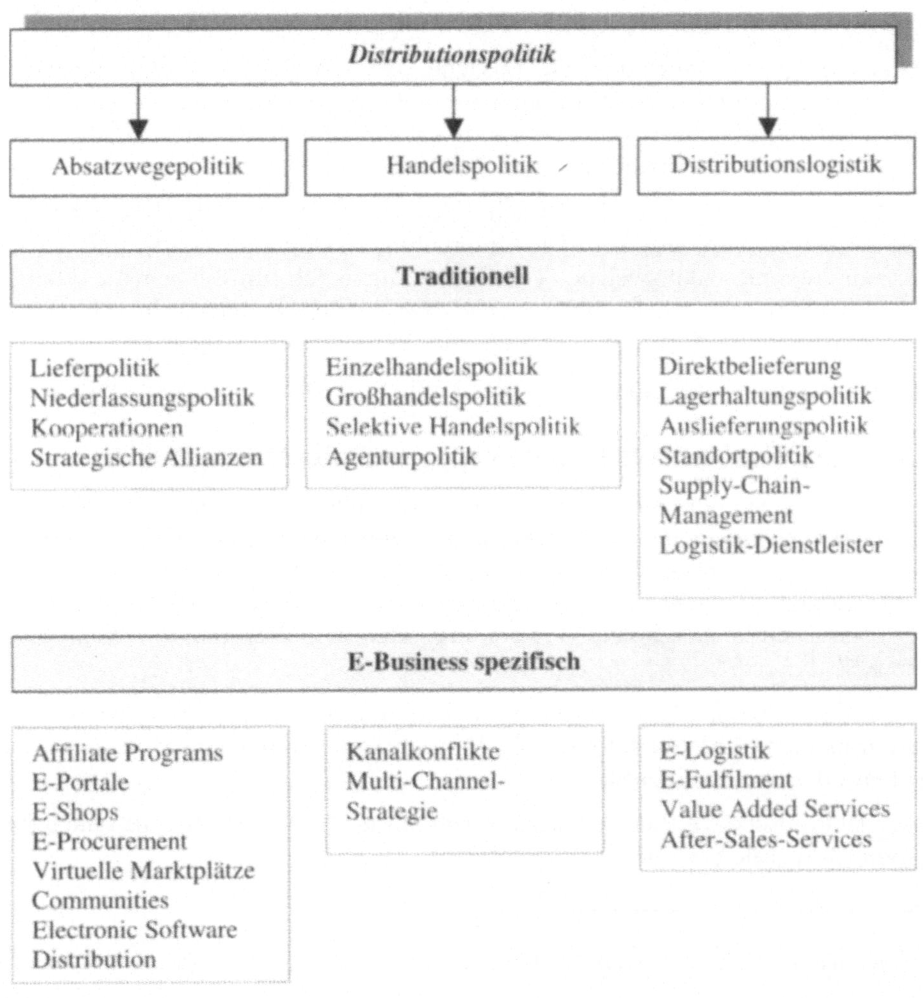

Abbildung 6.1: Entscheidungsfelder der E-Distributionspolitik[291]

Im Folgenden soll der Schwerpunkt auf die E-Business spezifische Fragestellungen im Rahmen der Distributionspolitik gelegt werden. Die traditionellen Klärungsaspek-

---

[291] In Anlehnung an (Traditioneller Part) Mülder, W. / Weis, C.: Computerintegriertes Marketing, 1996 Ludwigshafen (Rhein), Seite 43

te sind jedoch keinesfalls vernachlässigbar, da sie die Grundlagen der neuen Methodiken bilden. Hier sei jedoch auf die Marketing-Standardliteratur verwiesen[292].

Des Weiteren wird der Blickpunkt auf die sogenannte E-Distributionslogistik gelegt, da diese bisher in der Literatur kaum behandelt worden ist, wohingegen die Konzepte zur Absatzwegepolitik und Handelspolitik bereits recht umfangreich in verschiedenen Veröffentlichungen diskutiert werden[293].

Gerechtfertigt wird dies durch die Tatsache, dass sich die Distributionslogistik in vielen Branchen mittlerweile zum dominierenden Engpassfaktor entwickelt hat[294], denn niemand kauft bei einem Anbieter ein, der die gewünschte Ware zu spät, in schlechtem Zustand oder überhaupt nicht an den Besteller liefert[295].

Verstärkt wird dies durch die Tatsache, dass im E-Business die Märkte weltweit immer stärker zusammenrücken. Die Unternehmen ziehen vermehrt Profit aus dem elektronischen Geschäft, welches jedoch erst durch die physische Warenübergabe[296] abgeschlossen wird. Allein die Deutsche Post AG hat im Bilanzjahr 200 mehr als 30 Millionen Sendungen aufgrund von Internet-Bestellungen ausgeliefert[297].

Daher wird die Distributionslogistik das Kapitel der Distributionspolitik dominieren.

6.1 Die E-Business orientierten Aspekte der Absatzwegepolitik

Um die angebotenen Produkte optimal bereitstellen zu können, ist es notwendig, einen ***Absatzweg***, auch als ***Distributionskanal*** bezeichnet, zum Kunden hin zu definieren. Dabei verkörpert dieser Distributionskanal die Gesamtheit aller ineinandergreifenden Organisationen, welche am Prozess beteiligt sind, um ein Produkt oder eine Dienstleistung zur Verwendung oder zum Verbrauch verfügbar zu machen[298].

Durch die Vermarktung der Produkte mittels Internet oder auch mobilen Kommunikationsmedien wird der traditionelle Vertriebskanal durch einen elektronischen erweitert oder aber auch ersetzt.

Der elektronische Vertriebskanal kann sowohl im B-to-B-Bereich also auch im B-to-C-Bereich realisiert werden.

---

[292] Vgl. u.a. Kotler, P. / Bliemel, F.: Marketing-Management – 9. Auflage, 1999 Stuttgart

[293] Vgl. u.a. Preißner, A.: Marketing im E-Business, 2001 München Wien; Amor, D.: Die E-Business-(R)Evolution, 2000 Bonn; Krause, J.: Electronic Commerce und Online-Marketing, 1999 München Wien

[294] Vgl. Link, J. / Gerth, N. / Voßbeck, E.: Marketing-Controlling, 2000 München, Seite 294

[295] Vgl. Ohne V.: e-Logistik – Erfolgsfaktor im e-Business, http:// www.gus-group.com/presse/enews_23_00/2000_23_03.htm Stand: 15.12.00

[296] Unabhängig von der Tatsache, ob diese von digitaler oder non-digitaler Natur ist.

[297] Goldschmitt, W. H.: Die „elektronische" Logistik boomt, 09.04.2001 Tageszeitung Die Welt

[298] Stern, L. W. / El-Ansary, A. I.: Marketing-Chanels – 4th ed., 1992 New York, Seite 1

Dabei gilt im B-to-B-Bereich das Hauptaugenmerk der Rationalisierung der mit dem Verkauf der Güter verbundenen Transaktionen und darüber hinaus einer möglichst termin- und bedarfsgerechten Disposition der notwendigen Warenbestellungen zur Reduzierung beziehungsweise Vermeidung von Lagerbeständen. Hierzu werden häufig Verzahnungen der PPS-Systeme von Herstellern und Abnehmern im industriellen Bereich vorgenommen. Nur so lassen sich moderne Just-In-Time-Systeme beispielsweise in der Automobilindustrie realisieren. Das Gleiche gilt auch für die Beziehungen zwischen Konsumgüterherstellern und dem Handel, wo eine Anbindung der Herstellersysteme an die Warenwirtschaftsysteme des Handels erfolgen kann.

Im B-to-B-Bereich handelt es sich beim Online-Verkauf somit in der Regel nicht um einen zusätzlichen Vertriebskanal sondern um die ***Ausschöpfung von Rationalisierungspotenzialen durch Optimierung des Vertriebsweges***. Großkunden forderten dies bereits in der Vergangenheit von ihren Schlüssellieferanten in Form der EDI-Technologie[299].

Electronic Data Interchange beschreibt dabei eine Form der Kommunikation, bei der kommerzielle und technische Geschäftsdaten plattformunabhängig zwischen Applikationen verschiedener Geschäftspartner unter Anwendung offener elektronischer Kommunikationsverfahren ausgetauscht werden. Hierbei werden standardisierte Datenformate verwendet, die das Regelwerk für die Abbildung der Informationen beinhalten[300]. Durch den elektronischen Geschäftsdatenaustausch lassen sich vielfach Geschäftsprozesse neu strukturieren und optimieren[301].

Aufgrund hoher Einstiegsinvestitionen stehen insbesondere kleine und mittlere Unternehmen der EDI-Technologie eher skeptisch gegenüber. Um nicht wichtige Handelsbeziehungen mit Großkunden zu gefährden, die einen elektronischen Datenaustausch fordern, bietet sich die Nutzung internetbasierter B2B-Anwendungen an. Hierdurch lassen sich auch kleinere Unternehmungen an die EDI-Netzwerke großer Unternehmen anbinden, ohne teure Investitionsmaßnahmen in Hard- respektive Software. Möglich wird dies durch sogenannte ***Web-EDI*** Anwendungen, die unter Verwendung des Internets und der Browsertechnologie den geforderten Datenaustausch nach Norm vornehmen[302].

Ohnehin ist der B-to-B-Bereich in weiten Feldern durch den ***Direktvertrieb*** geprägt. Hier kommen vielfach individuelle Lösungen zur Gestaltung des Online-

---

[299] Weitere Informationen über die EDI-Technologie in strati GmbH: EDI Technologie, http://www.ecin.de/edi/technologie Stand: 03.04.99

[300] Als branchenübergreifender Standard fungiert dabei EDIFACT – *E*lectronic *D*ata *I*nterchange *F*or *A*dministration, *C*ommerce and *T*ransport.

[301] Vgl. stratEDI GmbH: Der elektronische Geschäftsdatenaustausch, http://www.ecin.de/edi/geschaeftsdatenaustausch Stand: 19.10.1998

[302] Vgl. stratEDI GmbH: Web-EDI für alle: Netzanschluss für KMU http://www.ecin.de/edi/webedi Stand: 30.04.2000

Vertriebes zwischen beiden Partnern zustande, die jedoch infolge ihrer Eigendynamik für die sie einsetzenden Unternehmungen in Anwendung und Betreuung recht kostenintensiv sind. Konzepte wie virtuelle Marktplätze, E-Procurement aber auch Auktionsplattformen können hier zu einer Kostenreduzierung beitragen und finden immer größere Akzeptanz in der Geschäftswelt.

Betrachtet man den **B-to-C-Bereich** so ist zunächst zu hinterfragen, welche Vorteile der Online-Vertrieb für die potenziellen Kunden hat. Denn je größer diese Vorteile sind, desto höher wird der Druck auf die Anbieter, Online-Vertriebskanäle aufzubauen.

Als wesentliche **Vorteile** des Online-Vertriebs sind zu nennen:

- ☺ 24 * 7-Verfügbarkeit, das heißt 24 Stunden an 7 Tagen der Woche;

- ☺ Ortsungebundener und flexibler Zugriff auf den virtuellen Shop – zum Beispiel per Laptop im Urlaub;

- ☺ Wegfall des Anfahrtsweges und der Parkplatzsuche;

- ☺ Bequemes Einkaufen;

- ☺ Zeitersparnis;

- ☺ Direkte Vergleichsmöglichkeiten von Synonymprodukten;

- ☺ Keine Kaufbeeinflussung durch Verkaufspersonal;

- ☺ Direkte Belieferungsmöglichkeiten bei digitalen Produkten;

- ☺ Inanspruchnahme von Value Added Services, unter anderem detaillierte Produktinformationen, Ergebnisse von Vergleichstests, Aufzeigen von Produkteinsatzgebieten, etc..

Durch die sehr schnelle Verbreitung des Internet und demnächst des mobilen Internets sowie die weitgehende Akzeptanz des Mediums in Verbindung mit den geschilderten Vorteilen wird es für viele Unternehmen zwingend, den elektronischen Vertriebsweg zu implementieren. Ansonsten besteht die Gefahr, Kunden und damit Marktanteile zu verlieren.

Dabei steht dieser Weg sowohl den bisherigen Playern am Markt als auch neuen Playern offen, die den elektronischen Vertriebsweg als Geschäftsmodell begreifen.

Wie Abbildung 6.1 zeigt gibt es im Rahmen der Absatzwegepolitik diverse E-Business spezifische Entscheidungsfelder, die im Rahmen von E-Marketing Konzeptionen geklärt werden müssen, um den elektronischen Vertriebskanal erfolgreich in die Unternehmenspolitik zu integrieren. Diese sollen im Folgenden einer näheren Betrachtung unterzogen werden.

6.1.1 Affiliate Programs

Unter dem Begriff Affiliate Program versteht man eine Kooperation zwischen Anbietern über Partner-Websites. Daher spricht man auch von **Partnerprogrammen**, deren Hauptzielsetzung in der Eröffnung neuer Vertriebskanäle über Partner-Webseiten auf umsatzabhängiger Provisionsbasis liegt[303]. Es werden auf den Webseiten meist sehr stark frequentierter Unternehmen oder aber auch Webseiten im privaten Umfeld zu spezifischen Themengebieten Links zu der eigenen Seite gelegt. Diese zur Verfügung gestellte Werbefläche, meist in Form eines sogenannten Banners, dient dazu, dass potenzielle Kunden mittels Mausklick direkt auf die eigenen Seiten geleitet werden, um Einkäufe zu tätigen.

Unterschieden werden im wesentlichen vier Arten von Partnerprogrammen:

- Streuendes Partnerprogramm
- Leistungsergänzendes Partnerprogramm
- Content-spezifisches Partnerprogramm
- Bonusorientiertes Partnerprogramm

Streuendes Partnerprogramm

Bei dem streuenden Partnerprogramm wird der Schwerpunkt auf eine möglichst breite Streuung von Bannern oder Hyperlinks auf zahlreichen privaten oder kommerziellen Webseiten gelegt. Durch Massenverbreitung der eigenen Domain versucht man Traffic auf seinen eigenen Seiten zu erzeugen, der zu einer Umsatzgenerierung führen soll[304].

Als prominentestes Beispiel ist der Buchhändler Amazon.com zu nennen, der bereits im Juli 1996 sein Partnerprogramm in Amerika startete. Mehr als 280.000 private und kommerzielle Webseiten dienen als Partner von Amazon.com. Sie erhalten bei jedem durch einen Link inszenierten Verkauf von Amazon-Produkten eine entsprechende Umsatzprovision[305].

Leistungsergänzendes Partnerprogramm

Das leistungsergänzende Partnerprogramm sieht vor, Webseiten miteinander zu verbinden, deren Betreiber sich im Hinblick ihres Leistungsangebotes ergänzen[306]. Man spricht die gleiche Zielgruppe mit unterschiedlichen Produkten an, so dass Kanniba-

---

[303] Vgl. Lücke, F.: Q&A: Was ist Affiliate Marketing?, http://www.ecin.de/marketing/affiliate/index.html Stand: 01.03.2001

[304] Vgl. Preißner, A.: Marketing im E-Business, 2001 München u.a, Seite 394

[305] Vgl. Gatzke, M.: Im Herz des Internet, http://www.ecin.de /marketing/partnerprogramme/partner.html Stand: 05.08.1999

[306] Vgl. Preißner, A.: Marketing im E-Business, 2001 München u.a, Seite 394

lisierungseffekte vermieden werden. Zum Beispiel bietet es sich für einen Online ausgerichteten Weinhändler an, ein Partnerprogramm mit einer Buchhandlung, einem weiteren Weinhändler mit einem regional divergenten Weinangebot aber auch mit einem Wein-Accessoire Shop einzugehen, sofern er nicht selber diese Produkte führt. Dem Kunden werden neben dem Wein dazu passende umfeldbezogene Produkte angeboten, auf die er unmittelbar bei Besuch der Website aufmerksam gemacht wird. Dies dient dazu, dass der Kunde einen bequemen Einkauf geboten bekommt, was zu einer dauerhaften Kundenbindung führen kann.

Contentspezifisches Partnerprogramm

Bei den Content-spezifischen Partnerprogrammen liegt der Schwerpunkt in der Verknüpfung zwischen Produktanpreisung an sich und dem Anbieten weiterer für den Kunden kostenlosen Informationen zu dem Produkt. Es wird dann der informatorische Teil des Produktmarketing outgesourct. Die Kosten für die Informationseinholung durch den potenziellen Kunden trägt in der Regel die Unternehmung. Hierdurch kann gewährleistet werden, den Kunden umfassend bei einem anstehenden Produktkauf informatorisch zu unterstützen.

Selbstverständlich können auch Content-spezifische Partnerprogramme nicht produktbeschreibende Informationen enthalten. Hier bietet man dann dem Kunden einen zusätzlichen Value Added Service. Sofern dieser kostenpflichtig ist, muss die Unternehmung entscheiden, von wem die entsprechenden Kosten zu tragen sind.

Beispiele:

> Nachrichteninformationen, Finanzinformationen, Ergebnisse der Stiftung Warentest, Testberichte über das zu verkaufende Produkt und dergleichen mehr

Bonusorientiertes Partnerprogramm

Die bonusorientierten Partnerprogramme werden durch den Wegfall des Rabattgesetzes eine verstärkte Bedeutung bekommen, da dem Kunden bei Kauf des eigenen Produktes durch Verlinkung zu einer weiteren Unternehmung ein Rabatt bei dieser im Rahmen einer Geschäftstransaktion eingeräumt werden kann. Es handelt sich hierbei um eine Erweiterung der leistungsergänzenden Partnerprogrammen, wobei der Schwerpunkt auf die Schaffung von kostengünstigen Einkaufsmöglichkeiten bei Partnerunternehmungen gelegt wird. Man kann dies in etwa vergleichen mit den bereits beschriebenen Clubmöglichkeiten. Spezielle Rabattseiten im Internet sehen diese Verlinkung als ihren originäre Geschäftspolitik an, indem sie den Kunden preisorientierte Einkaufsmöglichkeiten bei entsprechend verlinkten Unternehmungen bieten[307].

Um marketingtechnisch den Partnerprogrogrammen eine entsprechende Bedeutung zukommen zu lassen, hat man in Amerika den Begriff des **Affiliate Marketing** geprägt, auch als Associate Partner Program bezeichnet, der ein relativ neues Marketing- und Vertriebskonzept für das Internet beschreibt.

Beim Affiliate Marketing gibt es stets drei Beteiligte[308]:

    📖   Merchant (ursprünglicher Anbieter von Waren und Dienstleistungen);

    📖   Merchant-Partner (hilft dem Merchant bei der Erschließung eines neuen Partner-Vertriebskanals - Affiliate);

    📖   Endkunde.

Wesentlicher Aspekt für das Affiliate-Marketing ist, dass das Angebot des Merchants grundsätzlich interessant für bestimmte Endzielgruppen ist. Dies muss aber nicht zwangsläufig auch auf die Webseite respektive den Online-Shop des Merchants zutreffen. Vielmehr geht man davon aus, dass die Endkunden im Internet primär Webseiten mit einer hohen Affinität zu ihren Interessen aufsuchen. Diese Interessen stehen schließlich auch hinter den Bedürfnissen der Kunden. Durch die Integration des Angebotes des Merchants in die Seiten mit hoher Endkundenaffinität wird über das Affiliate Marketing versucht, aus Kundenbedürfnissen heraus Produktkäufe zu generieren.

Beispiel[309]:

> „Die wenigsten Menschen kaufen sich einfach so einen Reisekoffer. Meist entsteht das Bedürfnis danach erst, wenn eine Reise gebucht oder geplant wird. Wenn der Kunden sich also zum Beispiel auf einer Touristik-Site informiert und eventuell auch schon Flug und Reise gebucht hat, denkt er vielleicht im Anschluss darüber nach, einen Koffer für die Reise zu kaufen. ... Am wahrscheinlichsten denkt er in diesem Moment gar nicht bewusst daran, dass er einen Koffer benötigt. Genau hier setzt das Affiliate-Prinzip an: Direkt auf der Site des Reiseanbieters würde sich ein Angebot für Reisekoffer befinden, zum Beispiel direkt nach der Buchungsbestätigung, und den Kunden so daran erinnern, dass er ja unter Umständen noch einen Koffer braucht. Um auf diese Weise einen Spontankauf auszulösen, könnte es sich dabei um ein spezielles Angebot handeln, das nur in Verbindung mit der Reisebuchung gilt."

Als Vorteile der Affiliate-Programs lassen sich für den Kunden eine Erweiterung des Contents und der Funktionalitäten der von ihm besuchten Seiten sowie einen er-

---

[307] Zum Beispiel: http://www.couponweb.de

[308] Vgl. zum Affiliate Marketing Lücke, F.: Q&A: Was ist Affiliate Marketing?, http://www.ecin.de/marketing/affiliate/index.html Stand: 01.03.2001

[309] Zitation aus Lücke, F.: Q&A: Was ist Affiliate Marketing?, http://www.ecin.de /marketing/affiliate/index.html Stand: 01.03.2001

leichterten Zugang zu den Seiten der Partnerunternehmen nennen. Gleichzeitig wird für ihn das Angebot deutlich attraktiver, da er eine umfassendere und exaktere Befriedigung seiner Bedürfnisse geboten bekommt.

Die Unternehmung kann ihr Angebot und die Funktionalitäten ihrer Seiten ohne großen technischen Aufwand vergrößern und so ihre Zielgruppe zu einer längeren Verweildauer auf ihren Seiten bewegen. Gleichzeitig kann man durch den Imagefaktor der Partner sein eigenes Image erhöhen, aber auch virtuelle E-Shops aufbauen, ohne dabei für die eigentliche Warenwirtschaft und Logistik verantwortlich zu sein.

Partnerprogramme repräsentieren somit im Rahmen einer E-Distributionspolitik ein bedeutendes Marketingpotenzial und sollten in eine E-Marketingkonzeption einfließen.

6.1.2 E-Portale

Unter einem Portal versteht man eine internetbasierte Kommunikationsplattform, die sich als Einstiegsseite für Internetnutzer mit einer bestimmten Interessenlage oder Branchenzugehörigkeit etablieren möchte. Der Schwerpunkt von Portalen liegt in der Regel im Bereich des Contents, also der Pre-Sale Orientierung, was sie von den virtuellen Marktplätzen unterscheidet. Diese unterstützen eher den Bereich des aktiven Verkaufens[310], wie Abbildung 6.2 zeigt.

Portale versuchen die Kommunikationsverluste, die auf das Fehlen eines Verkäufers zurückzuführen sind, durch spezifische, für die Geschäftransaktion bedeutsame Informationen auszugleichen. Diese Informationen sind für jeden einsehbar. Infolge der Informationsvielfalt wird den Portalen vorgeworfen, dass die Navigation in diesem Informationsdschungel für den Nutzer zu komplex sei. Daher sollten im Speziellen Branchenportale einem detaillierten Informationsmanagement unterworfen werden, dass neutral wesentliche Brancheninformationen filtert und interessierten Portalnutzern zur Verfügung stellt. So kann in der Regel eine glaubwürdige Positionierung einer Portalseite vorgenommen werden, die auch eine entsprechende Frequentierung aufweisen wird.

Portale sind eigentlich nicht Neues. Bereits zu Beginn des Internets haben die Telekommunikationsfirmen beziehungsweise die Internet-Service-Provider ihren Kunden entsprechenden Informations- und Transaktionsmöglichkeiten mittels Web geboten. Diese reichten von der Einstellung einer privaten Webseite, Suchmaschinen, Chat-Foren über kostenlose E-Mail-Funktionalitäten. Heutzutage hat sich jedoch das Zielpublikum von existenten Portalen stark geändert[311]. Man isoliert den Zugang zu den entsprechenden Portalen nicht mehr ausschließlich auf die eigenen Kunden, sondern stellt die Informationsvielfalt allen interessierten Internet-Nutzern zur Verfügung.

---

[310] Vgl. Preißner, A.: Marketing im E-Business, 2001 München u.a, Seite 170

[311] Vgl. Amor, D.: Die E-Business-(R)Evolution, 2000 Bonn, Seite 307 ff.

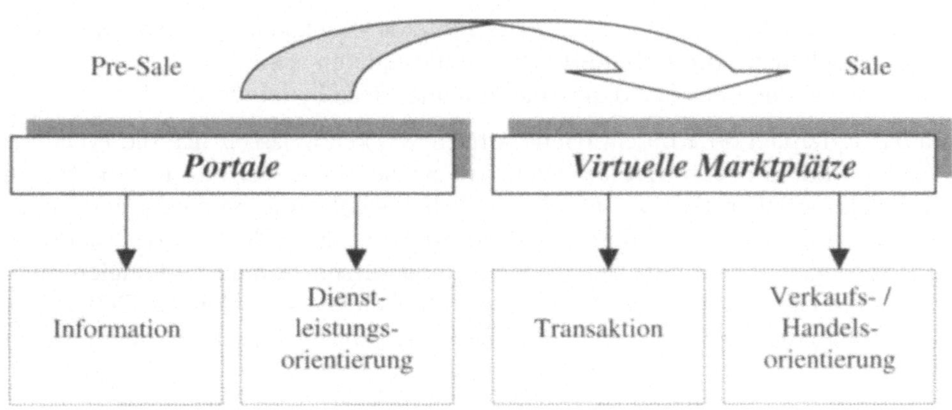

Abbildung 6.2: Portale versus Virtuelle Marktplätze

Neben Portalen für die sogenannte Consumer-Ebene des E-Business – wie http://www.yahoo.de oder http://www.web.de – haben sich sehr viele branchenorientierte Unternehmensportale beziehungsweise interessenbezogene und produktspezifische Portale im Internet etabliert. Dabei liegt der Schwerpunkt der interessen- und produktbezogenen Portale in der Bereitstellung von Informationen aber auch entsprechenden Hyperlinks zu einem abgegrenzten Themenumfeld. Interessiert sich ein Internet-Nutzer zum Beispiel für die Sportart Golf, so sollte er bei einem interessenbezogenen Portal die Informationen, die im engerem aber auch im weiteren Umfeld mit dieser Sportart zu tun haben, angeboten bekommen. Des Weiteren sollte er Hyperlinks zu Online-Shops erhalten, die einen eventuellen Produktwunsch erfüllen können. Value Added Services, wie eine eigene E-Mail-Adresse zum Beispiel der Form „name@sportart-golf.de" werden ebenfalls über dieses interessenbezogene Portal zur Verfügung gestellt.

Ein Portal ist also eine Dienstleitungsplattform, die einen Nutzer des Portalangebotes zielorientiert hinsichtlich seiner speziellen Bedürfnisse informiert aber auch als eine Art Branchenführer zum Erwerb von Produkten dient.

Infolge ihres reichhaltigen Content-Angebots spielen Portale für das Gelingen von entsprechenden E-Commerce Lösungen eine zentrale Rolle. Da Suchmaschinen als Standardfunktionalität eines Portals angesehen werden, wird neben der beschreibenden Informationsvielfalt eine weitere Informationstransparenz durch die strukturierte Navigationsmöglichkeit geschaffen. Dabei lassen sich die Suchmöglichkeiten je nach Art des Portals einschränken, so dass zielgerichtete Informationen bei einer entsprechenden Abfrage - zum Beispiel nur branchenspezifische Webseiten – dem Nutzer angeboten werden.

Portale werden vielfach als Startseite bei der Internet-Kontaktion genutzt, so dass sie einen essenziellen ***E-Commerce-Enabler*** repräsentieren, denn sie haben die Konsumenten, sie kennen diese und generieren immer detailliertere Profile[312].

Durch das in Kapitel 6.1.1 beschriebene Affiliate-Marketing lassen sich die Portale zu sogenannten ***Commerce-Portalen***[313] ausbauen, die neben der Information den Inhalt der elektronischen Kataloge unterschiedlicher Webhändler sammeln und ihn für den Nutzer strukturieren. Hierdurch wird die Suche nach Produkten oder Dienstleistungen wesentlich erleichtert. Der Übergang von diesen Commerce-Portalen zu E-Procurement-Plattformen oder allgemeinen virtuellen Marktplätzen ist fließend, da hier der Transaktionsgedanke mit der umfassenden Informationsbereitstellung kombiniert wird.

6.1.3 E-Procurement

Die Vernetzung von Geschäftsprozessen und damit die Kostenreduktion bei der Abwicklung nimmt im Rahmen von E-Business-Strategien eine zentrale Bedeutung ein. Diverse Untersuchungen legen an den Tag, dass für bestimmte Beschaffungsprozesse bis zu 200 Euro vonnöten sind[314]. Vor allem bei geringwertigen Beschaffungsgütern – auch als ***MRO-Güter***[315] oder ***C-Güter*** bezeichnet - liegt vielfach ein Missverhältnis zwischen Kosten und Nutzen vor.

Auch heute noch kommt eine alte Kaufmanns-Regel zum Tragen, die besagt, dass im Einkauf der Gewinn liegt. Infolge des dezentralen Unternehmensansatzes in vielen Unternehmungen sind diverse Abteilungen für die Abwicklung von Beschaffungsprozessen verantwortlich. Dies führt vielfach zu hohen Kosten, da man keine zentrale Lieferanten besitzt respektive Waren in doppelter Ausführung für mehrere Unternehmensabteilungen vorhält. Auch bei zentralen Einkaufsabteilungen sind die Beschaffungskosten vielfach noch zu hoch, wenn die entsprechenden Beschaffungsvorgänge nicht automatisiert werden. Abstimmprozesse, Produktauswahl sowie die Administration der bestellten Waren nehmen zuviel Kapazitäten in Anspruch, die einen entsprechenden Kostenblock generieren. So füllen Mitarbeiter in der Regel Bedarfsanforderungen aus, Vorgesetzte genehmigen die entsprechenden Anträge, Einkäufer sondieren den Markt nach Lieferanten und verhandeln anschließend Preise sowie Lieferkonditionen, der Eingang der bestellten Waren und Rechnungen wird von mehreren Personen kontrolliert und letztendlich gelangen nach diesen vielfältigen Prozesswegen die Waren zum Besteller[316].

---

[312] Vgl. Krohn, F.: Womit Internet-Portale Geld verdienen, 07.2001 CYbiz, Seite 47

[313] Vgl. Hoffmann, A. / Zilch, A.: Unternehmensstrategien nach dem E-Business-Hype, 2000 Bonn, Seite 66

[314] Vgl. Preißner, A.: Marketing im E-Business, 2001 München u.a, Seite 136

[315] Maintenance, Repair and Operations

[316] Vgl. Herzig, S.: Prozesskosten um 30 Prozent gesenkt, 2001 Computerwoche extra Nr. 6, Seite 16

Durch elektronische Beschaffungsmöglichkeiten lassen sich Einsparungspotenziale generieren. Die entsprechenden Systematiken hierzu bezeichnet man auch als *Operational Resource Management* (Betriebsmittelverwaltung)[317].

Des Weiteren hat sich hierfür der Begriff von Desktop Purchasing[318] Systemen (DTP-Systeme) etabliert, die explizit Bestellsysteme bezeichnen, die die Beschaffungsprozesse innerhalb eines Unternehmens elektronisch unterstützen und abbilden.

Die bereits angesprochenen EDI-Konzeptionen lassen sich hier auf das Internet transferieren. Dies bedeutet zum einen für die betroffenen Unternehmungen, dass sie hohe Investitionssummen in die EDI-Technologie vermeiden können und zum anderen auch kleine und mittelständische Unternehmungen die Möglichkeit geboten bekommen, Lieferant von elektronisch beschaffenden Großunternehmungen zu werden.

Operational Resource Management Applikationen arbeiten mit der Internet- und Browsertechnologie, so dass gegenüber dem EDI-Konzept die Beschaffungsvorgänge aber auch die Reaktion auf Beschaffungsausschreibungen leichter vorgenommen werden können. Somit können auch völlig von der EDI-Technologie losgelöste elektronische Beschaffungsplattformen zur Verfügung gestellt werden.

In vielen Unternehmungen wird die Beschaffung nach drei Beschaffungsgruppen klassifiziert[319]:

- *A-Artikel*, die einer direkten Beschaffung unterliegen und einen hohen Beschaffungswert haben (wie Hardware, Maschineninvestitionen, Rohmaterialien für den Produktionsprozess, etc.);

- *B-Artikel*, die einer indirekten Beschaffung unterliegen und wertmäßig eine Zwischenstufe zwischen A- und C-Artikel einnehmen (wie Werkzeuge, Ersatzteile, Fuhrpark, etc.);

- *C-Artikel*, auch als MRO-Güter bezeichnet, die wertmäßig eine geringe Bedeutung besitzen und als strategisch nicht so bedeutend für die Unternehmenspolitik angesehen werden (wie Büromaterialen, hygienische Artikel, Computerzubehör, etc.).

Anhand dieser Beschaffungsgruppen lassen sich auch verschiedene Operational Resource Management Systematiken charakterisieren, die schwerpunktmäßig für die einzelnen Beschaffungsgruppen zum Einsatz kommen, wie Abbildung 6.3 zeigt.

---

[317] Vgl. Amor, D.: Die E-Business-(R)Evolution, 2000 Bonn, Seite 356 ff.

[318] Der Begriff des Desktop Purchasing weist dabei explizit auf die bildschirmorientierte Bestellung von Waren via Internet und der Browsertechnologie hin.

[319] In Anlehnung an Simon, R.: Neue Wege in der Beschaffung, 09.2000 CYbiz, Seite 10

Dabei fasst man unter dem Begriff des ***E-Sourcing***[320] die Beschaffung über Auktionsplattformen auf. Da wir diverse Auktionsmöglichkeiten bereits in Kapitel 5.1.4 vorgestellt haben, möchten wir auf eine nähere Beschreibung an dieser Stelle verzichten. Die ***virtuellen Marktplätze*** sind Thematik des folgenden Kapitels, so dass wir hier explizit auf das E-Procurement für hochwertige Güter eingehen möchten.

In der Praxis ist es vielfach so, dass der Begriff des ***E-Procurement*** auch für die Beschaffung von B- und C-Gütern herangezogen wird. Infolge der unterschiedlichen Wertmäßigkeiten sollte man jedoch die oben vorgestellte Unterteilung von elektronischen Beschaffungsmöglichkeiten verwenden, um aus Kostengesichtspunkten den Gütergruppen entsprechende rationelle Beschaffungssysteme zuzuweisen.

Des Weiteren sind E-Procurement Systeme häufig auf die Bedürfnisse der entsprechenden Geschäftspartner abgestimmt, sprich individualisiert, so dass man von einer 1:1-Implikation des EDI-Gedankengutes auf die Internetumgebung sprechen kann. Gegenüber der EDI-Technologie haben jedoch die Electronic-Procurement Systeme den Vorteil, infolge des Kommunikationsflusses über das Internet offener und auch für andere Teilnehmer leichter implementierbar zu sein.

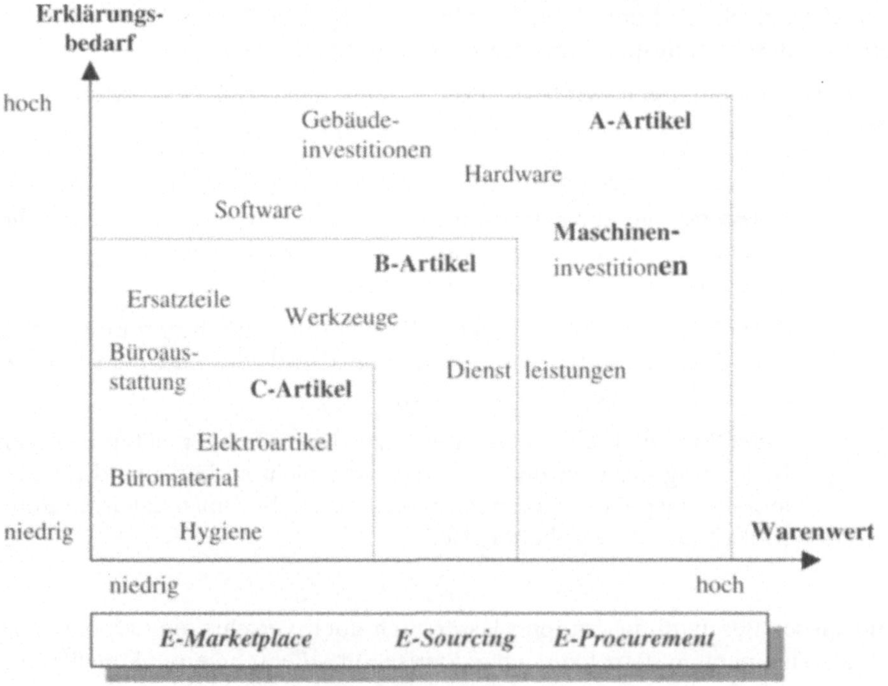

Abbildung 63: Operational Resource Management[321]

---

[320] Vgl. Simon, R.: Neue Wege in der Beschaffung, 09.2000 CYbiz, Seite 10

[321] Vgl. Simon, R.: Neue Wege in der Beschaffung, 09.2000 CYbiz, Seite 10

Die **Beschaffungsstrategie** sollte sich an der Betriebsgröße orientieren. Da E-Procurement Systeme in der Anschaffung und Implementierung recht kostenintensiv sind, rechnen sich solche Systeme in der Regel nur für große Unternehmungen mit einem entsprechenden Bestellvolumen und einem entsprechenden Nachfragedruck.

An E-Procurement Systeme sind die folgenden Anforderungen zu stellen, um der wertmäßig hohen Intensität der über diese Plattform abzuwickelnden Güter gerecht zu werden[322]:

- Budgetmanagement und Budgetkontrolle (Controlling);

- Aufgabenzuordnung auf die Fachabteilung, auf das Profit- oder Cost-Center beziehungsweise auf einzelnen Personen (Verantwortlichkeiten);

- Definition von Geschäftsregeln, Prozessen, Kontrollzugriffen und Auswahlmöglichkeiten (Sicherheit; Genehmigungsverfahren);

- Vergleichsanalysen, um Produkte und Lieferanten Performance nebeneinander betrachten und überprüfen zu können (Analyse, Markttransparenz);

- Entscheidungsunterstützungen durch Vorgaben, unter denen bestimmte Produkte und Lieferanten ausgewählt werden können (Vorselektion);

- Beschleunigung administrativer Tätigkeiten, wie Wareneingang, Bezahlung, Vertragsverhandlungen, Preisverhandlungen, etc. (Effektivität);

- Bewertungsmöglichkeiten von Verfahren und Lieferanten (Effizienz);

- Durchgängiger Informationsfluss ohne Medienbruch, so dass die Prozessabläufe durch klar vorgegebene Strukturen jederzeit transparent und ersichtlich sind (Redundanzfreiheit).

Es wird deutlich, dass die Umsetzung dieser Anforderungen sowohl die Mitwirkung des einkaufenden Unternehmens als auch des jeweiligen Lieferanten erfordert. Aus Lieferantensicht ist damit natürlich die Vertriebsseite angesprochen. Die Veränderungsnotwendigkeiten betreffen – neben einer entsprechenden IT-Lösung – auf der Vertriebsseite insbesondere die Produkt- und Distributionspolitik, aber auch vielfach die Preispolitik. Allerdings können keine allgemeinen Lösungsansätze skizziert werden, da es sich – wie bereits erwähnt – meist um individualisierte 1:1-Lösungen handelt.

Wie das zuvor dargestellte Sprichwort hinsichtlich der Bedeutung des Einkaufs für eine Unternehmung impliziert, so ist die elektronische Beschaffung von Waren und Dienstleistungen auch der Schlüssel zum E-Business Erfolg.

---

[322] In Anlehnung an Preißner, A.: Marketing im E-Business, 2001 München u.a, Seite 138 und Hoffmann, A. / Zilch, A.: Unternehmensstrategien nach dem E-Business-Hype, 2000 Bonn, Seite 52

Nach einer Studie von Arthur Andersen amortisieren sich die Investitionen in elektronische Beschaffungssysteme bereits vielfach innerhalb der ersten 13 Monate[323]. Eine Studie der KPMG zeigte auf, dass die Frankfurter Flughafen AG durch die komplette Umstellung des Einkaufs auf ein Internet-gestütztes Bestellsystem 87% ihrer Kosten einsparen konnte, wodurch sich ein jährliches Sparpotenzial von bis zu 2,2 Millionen Euro ergibt[324].

In Tabelle 6.1 werden für dieses Einsparungspotenzial beispielhaft die Beschaffungstätigkeiten der Frankfurter Flughafen AG kostenmäßig bewertet.

Abschließend ist zu erwähnen, dass der Einsatz von Electronic Procurement Verfahren und Systemen entscheidende Kosten- sowie damit verbundene Wettbewerbsvorteile bringt. Der Beschaffungsprozess wird automatisiert, vereinfacht und letztendlich durch die zeitnahe transparente Darstellung der Lieferketten verkürzt[325]. Just-In-Time Konzeptionen erfahren durch das elektronische Bestellwesen eine erweiterte Bedeutung, da eine größere Materiallagerhaltung durch eine verbesserte elektronische Planungs- und Distributionssicherheit bei in Echtzeit verlaufenden Reaktions- und Bestellmöglichkeiten nicht mehr vonnöten ist. Um dies zu gewährleisten, ist eine E-Procurement Lösung innerhalb einer Unternehmung zu integrieren, welche zum einen die Abbildung von schlanken Prozessen erlaubt und durch ihre implementierten Prozesswege wenig unternehmensinterne Schleifen verursacht. Des Weiteren ist darauf zu achten, dass eine schnelle Auslieferung und Zustellung der elektronisch bestellten Waren vorgenommen werden kann. Das beste E-Procurement System zeigt keinen Nutzen, wenn dieser Distributionsprozess nicht gewährleistet werden kann, denn gerade eine Just-In-Time Konzeption verlangt eine zeitnahe und zeitfixe Lieferung von in den Produktionsprozess zu integrierenden Waren.

Einkaufstätigkeit	*Traditionell*		*E-Procurement*	
	Zeit	*Kosten*	*Zeit*	*Kosten*
Bedarfsidentifikation	10	7,67	10	7,67
Vorab-Marktsondierung	10	7,67	---	---
Erstellen Bestellanforderung	15	11,76	5	4,09
Genehmigungsverfahren	15	11,76	---	---
Budget- und Mittelkontrolle	5	4,09	---	---
Prüfung und Anlagenkontierungspflicht	7	5,62	---	0,54
Freigabe der Bestellanforderung	3	2,56	---	0,23

---

[323] Ohne V.: E-Procurement als Erfolgsfaktor, ECIN Newsletter vom 20.12.2000, http://www.ecin.de

[324] Vgl. Spierling, D.: Im elektronischen Einkauf steckt der Gewinn, 03.2000 CYbiz, Seite 18

[325] Vgl. Spierling, D.: Im elektronischen Einkauf steckt der Gewinn, 03.2000 CYbiz, Seite 18

Einkaufstätigkeit	Traditionell		E-Procurement	
	Zeit	Kosten	Zeit	Kosten
Angebotseinholung	15	11,76	---	---
Angebotsanalyse und Vergabevorschlag	20	15,34	---	---
Bestellschreiben	10	7,67	---	---
Einkaufscontrolling	---	---	---	0,06
Warenlieferung an Warenannahme	7	5,62	1	1,02
Erstellung einer Wareneingangsmeldung	8	6,14	2	1,53
Transport zum Besteller	25	18,41	---	1,63
Rechnungseingangsbuchung	10	7,67	---	---
Rechnungsprüfung	5	4,09		
Abwicklung Gutschriftverfahren	---	---		0,25
Preisliche Rechnungsprüfung	7	5,62		---
Technische und sachliche Prüfung	5	4,09	---	---
Zahlungsanweisung	5	4,09	---	0,25
Summe	**182**	**141,63**	**18**	**17,27**
	(Min)	(Euro)	(Min)	(Euro)

Tabelle 6.1: Kostenersparnis durch E-Procurement am Beispiel der FAG[326]

6.1.4 Virtuelle Marktplätze

Wie in Abbildung 6.3 dargestellt, eignen sich die virtuellen Marktplätze sehr gut zur Beschaffung von geringwertigen C-Gütern. Gleichzeitig dienen sie auch als Plattform für das gemeinsame Auftreten von einzelnen E-Shops als eine Art von virtuellen Kaufhaus mit umfangreichen Produktangebot.

Es lassen sich im Allgemeinen drei Typen von Marktplätzen unterscheiden[327]:

📖 ***Käufergetriebene Marktplätze*** mit der Fokus der elektronischen Beschaffung im Rahmen des B-2-B-Ansatzes;

---

[326] In Anlehnung an Spierling, D.: Im elektronischen Einkauf steckt der Gewinn, 03.2000 CY-biz, Seite 22

[327] Vgl. Hoffmann, A. / Zilch, A.: Unternehmensstrategien nach dem E-Business-Hype, 2000 Bonn, Seite 87

☐ ***Verkäufergetriebene Marktplätze*** mit der Ausrichtung auf ein umfangreiches Warensortiment verschiedener Anbieter an einer zentralen Stelle;

☐ ***Neutrale Marktplätze***, die von neutralen Absatzmittlern eingerichtet werden und versuchen fragmentierte Märkte mit mannigfaltigen Spezialangeboten zu bedienen.

Allen Marktplätzen gemeinsam ist die Tatsache, dass sie als Mittler zwischen Anbietern und Nachfragern fungieren und die Intransparenz der einzelnen Märkte nutzen, um mit Unterstützung des Internets Prozessvereinfachungen zu ermöglichen[328].

Käufergetriebene Marktplätze

Als käufergetriebene Marktplätze bezeichnet man die sogenannten B-2-B-Marktplätze. Im Wesentlichen gelten hierfür die Aussagen, die in Kapitel 6.1.3 getätigt worden sind. B-2-B-Marktplätze sind ein kleinerer Ableger von E-Procurement-Systemen beziehungsweise vereinigen elektronische Beschaffungsmöglichkeiten bei diversen Lieferanten auf einer Plattform.

Durch Nutzung einer elektronischen Beschaffungsplattform können bei geringwertigen Gütern zahlreiche Bestellprozessschritte eingespart werden. Vielfach handelt es sich dabei um Bedarfe, die sehr viele Bestellpositionen ausmachen und einzeln respektive in Summe betrachtet wertmäßig ein geringes Potenzial vorweisen. Ebenso werden sie auf traditionellem Wege von mehreren Lieferanten bezogen, wodurch vielfach keine Einkaufsvorteile erreicht werden können[329]. Daher bietet sich die Nutzung von elektronischen Beschaffungsmarktplätzen für diese Güter an. Unter anderem bündeln die Deutsche Post World Net und die Lufthansa AirPlus ihre Kompetenzen im elektronischen Einkauf von MRO-Gütern innerhalb des elektronischen Marktplatzes trimondo. Über diesen soll nach konservativen Schätzungen im Jahre 2004/2005 ein Transaktionsvolumen von fast 2 Milliarden Euro abgewickelt werden[330].

Es ist darauf zu achten, elektronische B-2-B-Marktplätze nicht als reine preisorientierte Einkaufsportale einzurichten, da dies vor allem die Zulieferer der einzelnen Unternehmen benachteiligen würde, die wiederum versuchen werden, sich dem Preiswettbewerb zu ihren Ungunsten zu entziehen. Dadurch reduziert sich der eigentliche Marktplatz wiederum nur auf wenige Anbieter, die dann eine gewisse Marktmacht vorzuweisen hätten, was zu erhöhten Preisen führen könnte. Vielmehr sollten Marktplätze zusätzliche Services (Value Added Services) wie die Vermittlung von

---

[328] Vgl. Preißner, A.: Marketing im E-Business, 2001 München u.a, Seite 153

[329] Vgl. Hämmerling, A.: Marktplätze im Internet, 06.2001 CYbiz, Seite 14

[330] Vgl. Hämmerling, A.: Neue Größe im Online-Beschaffungsmarkt, 08.2001 CYbiz, Seite 78

Krediten, Logistikdienstleistungen, Kundenbindungstools, Auftragsverfolgungsmöglichkeiten, Marktanalysen und vieles mehr zur Verfügung stellen.

Abschließend soll erwähnt werden, dass sich die B-2-B-Marktplätze in vier Grundtypen mit unterschiedlichen Schwerpunkten einteilen lassen[331]:

> ➤ Marktplätze für Ersatz- und Betriebsgüter;

> ➤ Marktplätze für Bedarfsgüter;

> ➤ Marktplätze für homogene Produktionsmittel;

> ➤ Marktplätze für spezialisierte Produktionsgüter.

Je nachdem wie diese Formen miteinander kombiniert werden spricht man von vertikalen oder von horizontalen Marktplätzen. ***Vertikale Marktplätze*** beschränken sich auf eine bestimmte Branche und versuchen deren Bedürfnisse umfassend abzudecken. Diese Marktplatzform schließt umfangreiche Value Added Services ein, wie Versicherungsdienstleistungen oder Informationsbereitstellungen, um ein ganzheitliches Produktangebot für die entsprechende Branche vorzuhalten. Man kann den Einkaufsvorgang vom Bleistift, über Produktionsmittel bis hin zu produktbegleitenden Angeboten einzig und allein über diesen entsprechenden vertikalen Marktplatz abwickeln. ***Horizontale Marktplätze*** beschränken sich auf bestimmte Produktarten, die sie jedoch branchenübergreifend anbieten[332].

In Abbildung 6.4 werden diese beiden Marktplatzformen nochmals aufgegriffen und eine Kategorisierung des B-2-B-Marktes vorgenommen, die neben den Marktplätzen mit umfangreichem Warensortiment einzelspezifische Einkaufsplattformen, wie E-Procurement-Systeme oder Buy-Side-Solutions, sowie unternehmensbezogene Verkaufsplattformen, in der Regel elektronische Shop's oder Offerten (Sell-Side-Solutions), vorsieht.

Demzufolge bezeichnet man als Buy-Side-Solutions elektronisierte Einkaufsmöglichkeiten für das Unternehmen, wohingegen Sell-Side-Solutions die elektronischen Verkaufsmöglichkeiten für das Unternehmen repräsentieren.

---

[331] Vgl. Karrlein, W.: B2B: Digitale Marktplätze revolutionieren den Handel, http://www.ecin.de/strategie/marktplatzkennzeichen Stand: 21.06.2001

[332] Vgl. Preißner, A.: Marketing im E-Business, 2001 München u.a, Seite 154

Abbildung 6.4: Positionierung des E-Marktplatzes trimondo[333]

Verkäufergetriebene Marktplätze

Verkäufergetriebene Marktplätze lassen sich verstärkt im B-2-C-Sektor vorfinden. Hier versucht man durch die Bündelung einzelner Shops mit unterschiedlichen Warensortimenten unter einer zentralen Domain dem jeweiligen Nutzer ein umfassendes Angebot zur Verfügung zu stellen. Dadurch wird erreicht, dass dieser nicht erst mit umständlichen Suchprozessen seine Produktwünsche im Netz erkunden muss, sondern ähnlich wie in einem Warenhaus all diese in einem „virtuellen Gebäude" erfüllen kann. Vielfach wird hier auch von sogenannten ***Shopping Malls*** oder ***Cyber Malls*** gesprochen.

Bei diesen Cyber Malls stellen deren Betreiber den Herstellern oder Händlern die Infrastruktur für den elektronischen Vertriebsweg zur Verfügung, teilweise übernehmen sie auch Abwicklungsfunktionen. Die Mall–Betreiber leben quasi von der Vermietung virtueller Ladenflächen. Für die Teilnehmer an einer Mall besteht der Vorteil, dass ihr eigenes Angebot im Kontext mit den Angeboten anderer Teilnehmer steht. Je mehr Besucher auf die Mall gelockt werden, desto eher sind Cross-Selling-Effekte zu erwarten. Das bedeutet, dass ein Kunde, der wegen eines bestimmten

---

[333] Vgl. Hämmerling, A.: Neue Größe im Online-Beschaffungsmarkt, 08.2001 CYbiz, Seite 80

Produkts die Mall besucht, auch auf die Angebote anderer Mall-Teilnehmer aufmerksam wird und gegebenenfalls dort einkauft.

Die Gestaltung der Malls kann dabei zum Beispiel **themenspezifisch** (alles rund ums Auto), **regionenspezifisch** (Produkte vom Bodensee) oder auch **zielgruppenspezifisch** sein (alles fürs Kind).

Im Wesentlichen handelt es sich bei den käufergetriebenen Marktplätzen um transaktionsorientierte Portale, die neben der Informations- und Dienstleitungsbereitstellung eine Verkaufsfunktion in ihrem Auftritt integriert haben. Durch die Kombination von Information und Verkaufsfunktionalitäten wird den Kunden einen Einkaufsmöglichkeit geboten, die versucht, die stationären Handelsaspekte, wie zum Beispiel die persönliche Beratung, auf den elektronischen Handelsplatz zu übertragen. Redaktionelle Artikel können täglich Shopping-Tipps geben, die auf entsprechende Angebote angeschlossener Shops verweisen. Die Portale übernehmen damit einen Promotion-Funktion für die einzelnen Shops, so dass sie das Marketing, das Merchandising und den Kundenservice der virtuellen Händler unter anderem durch detaillierte Produktinformationen und Vergleichsmöglichkeiten unterstützen[334]. Auf den käufergetriebenen Marktplätzen wird der Käufer über den gesamten Kaufprozess virtuell begleitet, um ihn dauerhaft an den entsprechenden Marktplatz als **House of products** zu binden.

Neutrale Marktplätze

Neutrale Marktplätze werden von unabhängigen Unternehmen angebotene, die versuchen diverse Online-Shops zusammenzuführen um käuferorientiert sich als Einkaufsplattform zu etablieren. Erfolg auf diesem Sektor haben gerade die Marktplätze, die sich einem Spezialgebiet annehmen und die hier existenten Kauf- aber auch Informationsbedürfnisse potenzieller Kunden abdecken. Gerade kleine virtuelle Spezialhändler können sich hier mit ihren elektronischen Handelsgeschäften präsentieren, da durch die Gesamtheit der Anbieter unter dem entsprechenden Portal eine entsprechende Durchdringung hinsichtlich der Besucherzahlen erreicht werden kann.

Für die nachfolgenden drei Typen von elektronischen Handelsgeschäften bietet sich die Integration ihrer Angebote in einen neutralen Marktplatz an:

- Spezialgeschäfte;

- Alltagsprodukt-Anbieter;

- Spaßcenter.

Für **Spezialgeschäfte**, wie Modellbau-, Angler-, Taucherbedarfsgeschäfte und ähnliches, ist in der realen Welt häufig die Interessentenzahl selbst in größeren Städten

---

[334] Vgl. Patrzek, D.: In Summe zu teuer, 09.2001 e-commerce magazin, Seite 17

für eine lokale Präsenz nicht ausreichend. Hier bieten sich im Netz gute Vermarktungsmöglichkeiten an.

Es sind aber speziell in diesem Segment sehr gute Beratungsangebote in den elektronischen Verkauf zu integrieren; zum Beispiel Call-Center-Funktionalitäten, die zentral über den neutralen Marktplatzbetreiber angeboten werden.

Bei den ***Alltagsprodukt-Anbietern*** geht es um den bequemen Einkauf von täglichen gebrauchsorientierten Haushaltsgütern im Netz (keine Lebensmittel). Im Vordergrund stehen dabei solche Haushaltsartikel, bei denen Form, Farbe, Design relativ unwichtig sind, die man aber immer wieder braucht. Der Anbieter muss auf eine breite Auswahl und qualitativ gute Suchfunktionen achten; die Suchfunktionen sollten unter anderem auch Alternativnamen integriert haben.

Bei den ***Spaßcentern*** stehen der Erlebniseinkauf und die Schnäppchenjagd im Vordergrund. Hier sind Wettbewerbe, Umfragen, Gewinnspiele oder lustige Informationen integraler Bestandteil des Konzeptes. Wichtig ist die Erzeugung von möglichst viel Traffic auf der Seite. Eine positiver Nebeneffekt ist hier oft die Gewinnung detaillierter Kundenprofile, weil die Kunden, die an Gewinnspielen und ähnlichem teilnehmen, persönliche Daten registrieren lassen müssen. Ein Beispiel für Erlebniseinkauf im Netz bietet ein Pariser Kaufhaus. Hier stehen dem Internet-Kunden Verkäufer zur Verfügung, die mit Web-Cams ausgerüstet sind und mit Inline-Skates zu dem vom Kunden gewünschten Produkt fahren und es dem Kunden in der gewünschten Form präsentieren.

6.1.5 E-Shops

Um Produkte über den elektronischen Verkaufskanal verkaufen zu können, ist es vonnöten, Hilfsmittel und Wege zu finden, welche dieses zum einen ermöglichen und zum anderen die Gegebenheiten des traditionellen Handels, wie ein entsprechender Verkaufsraum, geschultes Beratungspersonal aber auch weitere Produktinformationen für den Kauf anzubieten. Durch die bereits angesprochenen virtuellen Marktplätze können gerade die Nachteile auf der Informations- und Beratungsseite im Vergleich zu einer einzelnen nicht in eine Portalwelt integrierte Shopping-Lösung etwas abgemildert werden. Produktpräsentationen lassen sich unter anderem sehr gut via Katalogfunktionen im Rahmen eines Shopauftritts vornehmen.

Gemeinsam ist den meisten Shopping-Systemen ihr modularer Aufbau. Als Basiskomponenten sind dabei anzusehen[335]:

    📖   Datenbankkomponenten, um eine effiziente Artikelverwaltung gewährleisten zu können;

    📖   Schnittstellenprogramme zu entsprechenden Datenhaltungsprogrammen respektive Warenwirtschaftssystemen, denn nur so lassen sich die virtuellen Verkaufskataloge und Verkaufsregale mit Artikeln füllen beziehungsweise die jeweiligen Entnahmen maschinell erfassen;

---

[335] In Anlehnung an Krempl, S.: Geschäftseröffnung, 3/1999 Computerwoche Spezial, Seite 46 ff.

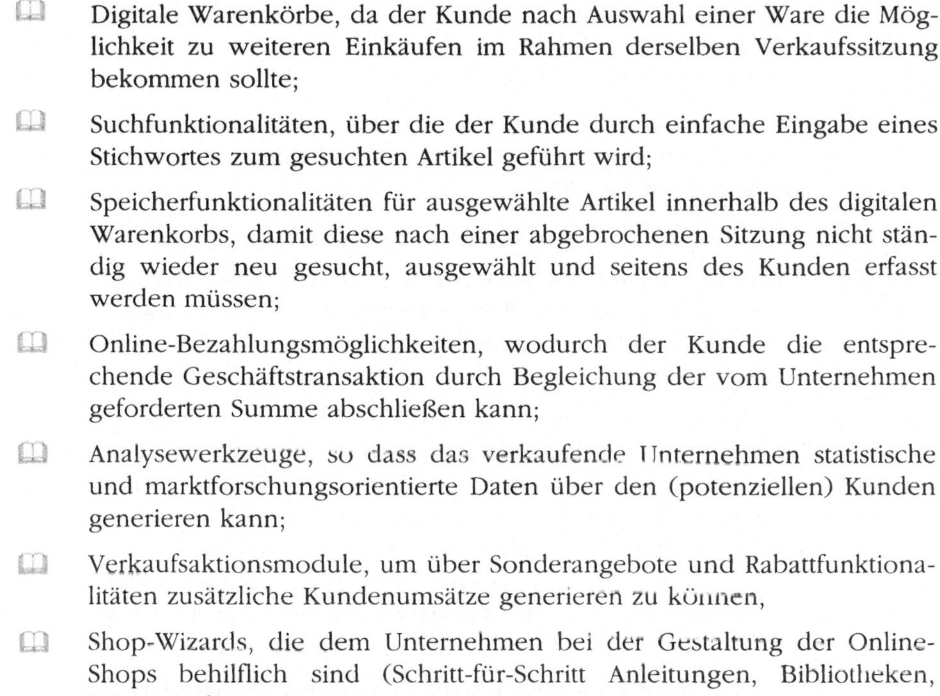

📖　Digitale Warenkörbe, da der Kunde nach Auswahl einer Ware die Möglichkeit zu weiteren Einkäufen im Rahmen derselben Verkaufssitzung bekommen sollte;

📖　Suchfunktionalitäten, über die der Kunde durch einfache Eingabe eines Stichwortes zum gesuchten Artikel geführt wird;

📖　Speicherfunktionalitäten für ausgewählte Artikel innerhalb des digitalen Warenkorbs, damit diese nach einer abgebrochenen Sitzung nicht ständig wieder neu gesucht, ausgewählt und seitens des Kunden erfasst werden müssen;

📖　Online-Bezahlungsmöglichkeiten, wodurch der Kunde die entsprechende Geschäftstransaktion durch Begleichung der vom Unternehmen geforderten Summe abschließen kann;

📖　Analysewerkzeuge, so dass das verkaufende Unternehmen statistische und marktforschungsorientierte Daten über den (potenziellen) Kunden generieren kann;

📖　Verkaufsaktionsmodule, um über Sonderangebote und Rabattfunktionalitäten zusätzliche Kundenumsätze generieren zu können,

📖　Shop-Wizards, die dem Unternehmen bei der Gestaltung der Online-Shops behilflich sind (Schritt-für-Schritt Anleitungen, Bibliotheken, Formatvorlagen, etc.).

Neben diesen Standardfunktionalitäten sollte sich ein Online-Shop durch weitere Features auszeichnen, die zu einem dauerhaften Erfolg des Online-Shops beitragen können:

☺　Value-Added-Services, die dem Kunden einen erlebnisreichen Einkauf ermöglichen (zum Beispiel: Entertainment-Funktionalitäten, umfangreiche Produktinformationen, Testberichte, etc.);

☺　Logistikfunktionen, bei denen die Kunden unter mehreren Versandmöglichkeiten auswählen können und die eine Überwachung und Einsichtnahme des jeweiligen Auslieferungsstatus ermöglichen (Track-and-Trace);

☺　Content-Systeme, die eine einfache Informationsbereitstellung ermöglichen;

☺　Sicherheitsaspekte (Trust-Service Zertifikate) und Verschlüsselungsprogramme, die einen sicheren Einkaufsvorgang gewährleisten können;

☺　Schneller Seitenaufbau, denn durch grafiksensitive Seiten respektive einen langsamen Seitenaufbau werden Kunden davon abgehalten, ein zweites Mal die entsprechende Verkaufsseite zu besuchen;

☺　Personalisierungsmöglichkeiten im Sinne des 1:1-Marketing, um den Kunden nach seinen persönlichen Vorlieben bedienen zu können;

☺   Verknüpfungsmöglichkeiten für mobile Shopping-Lösungen, denn der Einkauf mittels Handy kann durch die Etablierung des UMTS-Standards eine größere Bedeutung erlangen;

☺   Mehrsprachigkeit, denn über das Internet wird global agiert und jeder potenzielle Kunde möchte nach Möglichkeit in seiner Muttersprache angesprochen werden;

☺   Reklamations- und Gewährleistungsmodule;

☺   Verknüpfungsmöglichkeiten mit dem stationären Handel[336], denn immer mehr Kunden wollen zunächst die zu erwerbende Ware physisch ansehen und sich personenorientiert beraten lassen, bevor sie ein Produkt kaufen.

Neben diesen Shop-spezifischen Gesichtspunkten sind organisatorische und internetspezifische Aspekte bei der Einführung einer elektronischen Verkaufsmöglichkeit zu beachten. So schläft unter anderem das Online Geschäft nie, erfordert Entscheidungen in Echtzeit und setzt die permanente Synchronisation mit entsprechenden Partnern – Handelspartnern oder aber auch Käufern – voraus[337]. Hierzu ist es ratsam, ein Aktionsplan für die Etablierung eines Online-Shops aufzustellen. Dieser reicht von der Ist-Analyse der Marktssituation bis hin zur Implementierung und Going-Live Version der entsprechenden elektronischen Verkaufsmöglichkeit[338].

Abschließend sollen noch einige Fragestellungen aufgeführt werden, die unter anderem im Zusammenhang mit der Errichtung eines E-Shops zu klären sind:

✋   Shop-Name (Domain-Name)

✋   Einzelauftritt oder Mall-Zugehörigkeit

✋   Standardsoftware oder Individualsoftware

✋   Eigenbetrieb oder Outsourcing

✋   Anbindung der Back-Office-Systeme

✋   Anpassungen in der Logistik

✋   Bereitstellung von Beratungs- und Betreuungsleistungen (zum Beispiel Aufbau eines Call-Centers)

✋   Kreative Entwicklung und Pflege des Shops

✋   Generierung von Traffic, das heißt Anbindung an Suchmaschinen, Verzeichnisse, Partnerprogramme

✋   Werbekonzept für den E-Shop

---

[336] Vgl. Heckerott, B.: Zweigleisig fahren liegt im Trend, 11/2001 Computerwoche, Seite 103

[337] Vgl. Ohne V.: E-Business braucht Netze statt Klötze, Computerwoche 9/2001, Seite 64

[338] Sie ausführlich „Der Weg zum Online-Geschäft" in Krause, J.: Electronic Commerce und Online, 1999 München Wien, Seiten 453-535

> Einbindung klassischer Werbemedien

↳ Sortimentsgestaltung im E-Shop

> Soll beispielsweise das volle Sortiment eines Handelsunternehmens im Web angeboten werden oder nur ein Teil davon?

↳ Preis- und Konditionengestaltung für den Web-Shop

↳ Sprachen des E-Shops

↳ Kulturelle, länderspezifische Unterschiede hinsichtlich der Gestaltung von E-Shops

↳ Formen des E-Shopping

Zum letztgenannten Punkt ist zu sagen, dass man aus der Kundensicht allgemein von *E- oder Home-Shopping* spricht. Je nach verwendetem Endgerät unterscheidet man dabei aber zwischen *Teleshopping* (Endgerät Fernseher) und *Onlineshopping* (Endgerät Internet-PC).

Das *Teleshopping* ist dabei schon derzeit weit verbreitet, wobei folgenden klassische Formen sich ausmachen lassen[339]:

📖 *Direct-Response-TV:* Werbespots zwischen 20 und 60 Sekunden werden gezeigt und der Interessent aufgefordert, eine telefonische Bestellung aufzugeben. Meist erfolgt kurz nach der Spotsendung nochmals ein Erinnerungsspot.

📖 *Infomercials* oder *Dauerwerbesendungen,* die über längere Zeit ein Produkt (Fitnessgerät oder Haarschneideset) in seiner Anwendung präsentieren und glückliche Verwender zeigen. Auch hier erfolgt die Bestellung telefonisch.

📖 *Spartenkanäle* wie H.O.T., bei denen ein spezielles Programm ausschließlich der Vermarktung von Produkten gewidmet ist; beispielsweise eine Sendung über die Malediven, bei der ein Reiseveranstalter gleich seine Angebote vermarktet.

Die dargestellten Formen sind aber auf einen gesonderten Rückkanal, das Telefon angewiesen. Ferner ist keine Interaktivität möglich. Diese Möglichkeit bietet dagegen das interaktive Fernsehen, dass derzeit zunehmende Verbreitung findet. Hier kann der Kunde On-Demand die von ihm gewünschten Produktinformationen zu einem beliebigen Zeitpunkt in beliebiger Reihenfolge von einem zentralen Server abrufen. Innerhalb der Präsentation kann er frei navigieren. Aus der Bildschirmseite heraus

---

[339] Vergleiche zu den folgenden Ausführungen Uzelac, G.: Direct-Response-TV, in: Bullinger, H. / Berres, A. (Hrsg.): E-Business – Handbuch für den Mittelstand, 2000 Berlin, Heidelberg, S. 415-438

kann er unmittelbar online bestellen (analog zum Online-Shopping). Die Eingaben erfolgen hier über die Fernbedienung des TV-Gerätes.

Greift der Kunde noch stärker in den Programmablauf ein, so spricht man vom *vollinteraktiven Fernsehen*. Hier kann der Kunde zusätzlich die Inhalte der Präsentation interaktiv seinen Wünschen anpassen - zum Beispiel drehen des Produktes, Anprobe eines Kleidungsstücks am eigenen elektronischen Abbild. Der Vorteil des Teleshopping wird darin gesehen, dass der Kunde nur ein digitales Endgerät benötigt und eine geringere Scheu hat als bei einem PC. Derzeit ist aber das Online-Shopping per PC wesentlich weiter verbreitet.

Des Weiteren wird versucht auch mobile Shopping-Plattformen zu etablieren, die es unter Nutzung des Handys ermöglichen, Einkaufsvorgänge abzuwickeln. Hier eignen sich besonders Produkte, die direkt mit dem Handy nutzbar sind, wie zum Beispiel Klingeltöne oder Handylogos. Es ist zukünftig mit einer deutlichen Zunahme des mobilen Einkaufs zu rechnen.

6.1.6 Communities

Unter einer Community versteht man einen elektronischen Treffpunkt oder virtuelle Gemeinschaften, die dazu dienen, Informationsressourcen zu teilen, Transaktionen vorzubereiten und miteinander zu kommunizieren.

Eine Community, ob exklusiv oder für jedermann verfügbar, ist sehr stark an persönlichen Interessen der jeweiligen Besucher ausgerichtet und bietet in der Regel eine Reihe von Kommunikationsinstrumenten wie kostenlose E-Mail-Adresse, Kommunikations-Boards, Newsletter und vieles mehr[340].

Aus diesem Grunde kann man sie auch als ein Instrument der im folgenden Kapitel zu behandelnden Kommunikationspolitik ansehen. Der Übergang von der Distributionspolitik, bei der der Fokus eher auf den verkaufsabwickelnden Aktivitäten liegt, und der Kommunikationspolitik, die eher die Diskussion und den Informationsaustausch in den Vordergrund stellt, ist dabei fließend.

Virtuelle Gemeinschaften zählen zu den ältesten Errungenschaften des Internets, da bereits zu seinem Beginn Newsgroups, Bulletin-Boards und Mailing-Listen sich mit spezifischen Themengebieten auseinander setzten und eine Kommunikation respektive Informationsaustausch zwischen den Community-Mitgliedern erlaubten. Was damals und heute verbindet, sind gemeinsame Interessen und Vorlieben und genau an dieser Stelle muss das E-Marketing ansetzen, um eine Kundenfrequentierung auf der Community-Webseite zu erreichen.

Eine Community versteht sich nicht als Transaktionsplattform, sondern vielmehr als Pre-Sale Marketingmaßnahme für ein Portal, einen E-Shop oder einen virtuellen Marktplatz. Durch die Community soll die nachfolgende Transaktion vorbereitet, das heißt die Meinungen der potenziellen Kunden über das jeweilige Produkt beeinflusst werden. Da eine Community zum Informationsaustausch der jeweiligen Anwender auffordert, erhält das Unternehmen aus den diversen Diskussionsbeiträgen wertvolle

---

[340] Vgl. Preißner, A.: Marketing im E-Business, 2001 München u.a, Seite 170

Informationen für seine Marketingmaßnahmen beziehungsweise einen konzentrierten Einblick in das Kundenverhalten[341].

Virtuelle Gemeinschaften profitieren von dem Grundsatz, dass alle involvierten Teilnehmer an dieser Gemeinschaft zu deren Erfolg beitragen, indem sie ihr Wissen einbringen. Durch die Befriedigung der sozialen Bedürfnisse der Community Teilnehmer und einen gewissen Teamgeist innerhalb der Gemeinschaft wird für die jeweiligen Mitglieder ein Anreiz geschaffen, immer wieder aufs Neue die Community zu besuchen. Hierdurch kann es zu einer erhöhten Kundenbindung bei gesteigerten Transaktionen in dem angeschlossenen Portal oder Marktplatz kommen, da die Besucher informatorische Angebote als Produktempfehlungen wahrnehmen und einen entsprechenden Produktkauf vornehmen[342].

Beispiel[343]:

Bei *eTrucker* sollen sich demnächst selbständige oder angestellte Lastwagenfahrer, Spediteure, Fahrzeughersteller und andere treffen, „Everything Trucking" heißt das Motto. Neben Angeboten von Ersatzteilen finden sich innerhalb dieser Community Datenbanken über verfügbare Fahrzeuge, Frachtkapazitäten und Routen sowie diverse Ratgeberangebote. Dementsprechend üppig ist auch das entsprechende Informationsangebot. Neben obligatorischen Trucker-News, Landkarten, Wetter- und Straßenzustandsberichten und Treibstoffpreisen finden sich auch Themen zu Karriere, Freizeit und Familie. Chat und Bulletin-Boards sollen dabei behilflich sein, Netzwerke zwischen den Beteiligten zu knüpfen, Erfahrungen auszutauschen, Meinungen kundzutun und Branchen-Interna zu diskutieren. Demzufolge ist eTrucker eine Community mit integrierten Portal- und Marktplatzeigenschaften, bei denen Information, Diskussion und Transaktion in Einklang stehen.

Zu einer Community gehören sinnvollerweise verschiedene Value-Added-Services, die von dem Gemeinschaftsmitglied kostenlos genutzt werden können. Hier sind unter anderem folgenden zu nennen[344]:

- Teilnahme an Online-Spielen;
- Rabatte beim Online-Kauf;
- Zusatzinformationen über aktuelle Produkte;
- Persönliche Anrede in bestimmten Bereichen des Webangebotes;

---

[341] Vgl. Ott, R.: Communities erfordern viel Aufwand, 11/2001 Computerwoche, Seite 126

[342] Vgl. Stolpmann, M.: Online-Marketingmix - 2. Auflage, 2001 Bonn, Seite 236 ff.

[343] Vgl. Gatzke, M.: Kommerz mit Communities: ein alter Hut?, http://www.ecin.de/marketing/communities/index.html Stand: 10.01.01

[344] Vgl. hierzu Preißner, A.: Marketing im E-Business, 2001 München u.a, Seiten 335-343; Krause, J.: Electronic Commerce und Online, 1999 München Wien, Seiten 243-250; Amor, D.: Die E-Business-(R)Evolution, 2000 Bonn, Seiten 227-230

  📖 Teilnahme an Gewinnspielen;

  📖 Nutzung von exklusiven, gesperrten Bereichen nach Anmeldung;

  📖 Nutzung von freiem Webspace;

  📖 Gästebuch;

  📖 Suchfunktionalitäten;

  📖 Freie E-Mail-Adressen;

  📖 Spezielle Mailing-Listen und individuelle Chat-Bereiche;

  📖 Schaltung von Kleinanzeigen;

  📖 Diskussionsforen für die asymmetrische Kommunikation, das heißt die Beiträge erfolgen nicht gleichzeitig wie bei einem Telefongespräch, sondern dann, wenn jemand Lust und Zeit hat;

  📖 Talkangebote mit renommierten Personen zu einem bestimmten Thema.

Generell ist anzumerken, dass durch die Etablierung von Communities eine Machtverschiebung zu Gunsten der Verbraucher stattfindet, da durch die Kommunikationsnetzwerke ein reger Informationsaustausch zwischen den Beteiligten stattfindet. In Communities wird offen über einzelnen Produkte diskutiert, Marken werden ironisiert oder glorifiziert. Die hieraus resultierenden Resultate und Ideen muss ein Unternehmen für Produktinnovationen und kreativere Kommunikationskonzepte verwenden, um den User bedarfsgerecht ansprechen zu können[345]. Insofern wird hier die Verbindung zu E-Marktforschung deutlich.

So kann durch eine Community im Rahmen der Distributionspolitik ein interessantes Instrument zum einen zu einer dauerhaften Kundenbindung aber auch zur Erforschung spezieller Kundenvorlieben genutzt werden. Des Weiteren kann sich eine Community auch zu einem neuen Geschäftsmodell entwickeln, wenn man demographische Communities wie beispielsweise http://www.womenconnect.com, eine Gemeinschaft, in der berufstätige Frauen ein Netzwerk von Kontakten finden können, betrachtet. Dieses besteht aus der Listung von themenspezifischen Angeboten für bestimmte Nutzerkreise, die an zentraler Stelle abgefragt werden können. Hier ist wieder eine Synonymität mit den in den vorangegangenen Kapiteln vorgestellten E-Shops, virtuellen Marktplätzen und Portalen auszumachen.

6.1.7 Electronic Software Distribution

Unter dem Schlagwort der ***elektronischen Softwareverteilung*** (Electronic Software Distribution – ESD) versteht man ein spezielles Mittel zum Verkaufen von Produkten über das Internet. Die Hauptfunktionalität besteht darin, dass der Versand

---

[345] Vgl. Hämmerling, A.: Experimentieren und Lernen in der Community, 07.2001 CYbiz, Seite 33

der entsprechenden Produkte zum Kunden über den traditionellen Versandweg entfällt und via Internet direkt erfolgt.

Diese Distributionsform eignet sich für ***digitale Güter***, wie Software, Videos, Musik und ähnliches und zeichnet sich durch folgende Vorteile aus[346]:

☺ Direkte und zeitpunktunabhängige Lieferung über das Internet;

☺ Schnellerer Zugriff von registrierten Kunden auf Produktneuerungen und Produktupdates;

☺ Preisgestaltungsformen der Art „Erst testen, dann bezahlen" sind leichter und bequemer möglich;

☺ Kosteneinsparungspotenziale durch Umgehung von Vervielfältigungsmaßnahmen und Einsparung von Verpackungsmaterialien;

☺ Es besteht eine jederzeitige Lieferfähigkeit, da das Produkt in elektronisch unbegrenzter Form vorliegt;

☺ Keine Produktläger vonnöten;

☺ Keine geografischen Verkaufs- und Versendungsgrenzen;

☺ Digitalisierung der Lieferkette, wodurch das Bündeln von Produkten und Aufteilen solcher Produktbündel einfacher und flexibler wird.

Werden in Zukunft die noch existenten Nachteile von ESD, wie ausreichende Sicherheitsmaßnahmen im Hinblick der Replikationsfähigkeit der Produkte, große Datenmengen, die lange Downloadzeiten erfordern, Lizenzierungsfragen beseitigt, so wird dieser Distributionskanal für digitalisierbare Güter eine bedeutende Rolle einnehmen.

6.2 Die E-Business orientierten Aspekte der Handelspolitik

Um der Integration von Handelspartnern in die E-Marketingkonzeption eines Unternehmens gerecht zu werden, muss man sich zwingend mit dem Themengebiet der Handelskonflikte oder auch Kanalkonflikte innerhalb der E-Distributionspolitik beschäftigen.

Den Herstellern von Konsum- und Gebrauchsgütern für den Endverbraucher beziehungsweise Endverwender ermöglicht der elektronische Vertriebsweg den Direktvertrieb ihrer Waren. Traditionell spielt der Direktvertrieb von Hersteller an den private Kunden in der Praxis nur eine geringe Rolle. Bekannte Beispiele sind Vorwerk, Avon oder Tupperware. Der weitaus größte Teil von Konsumgütern wird aber bisher über den Handel vertrieben. Durch die über das Internet geschaffenen Möglichkeiten der weltweiten Präsentation des Sortiments und der sehr einfachen Bestellmög-

---

[346] Vgl. Amor, D.: Die E-Business-(R)Evolution, 2000 Bonn, Seiten 350-356

lichkeiten stellt sich nun für die Hersteller von Konsumgütern die Frage, ob sie – eventuell unter kompletter Ausschaltung ihrer bisherigen Handelspartner – zum Direktvertrieb übergehen und damit einen Teil der Handelsspanne gewinnerhöhend für sich zu reklamieren. Dies ruft zwangsläufig Konfliktpotenziale unter den beteiligten Parteien hervor.

Um dieses zu umgehen, bietet sich unter bestimmten Umständen die Verfolgung einer **Multi-Channel-Strategie** an, bei der traditionelle Vertriebskonzepte und Vertriebsorganisationen mit den neuen elektronischen Vertriebsstrategien kombiniert werden können. Dabei können sich die Aufgabenschwerpunkte der beteiligten Partner durchaus ändern, indem unter Umständen der Handel eher die Funktion eines Service-Dienstleisters wahrnimmt beziehungsweise die endgültige Auslieferung der direkt bei dem Hersteller bestellten Produkte übernimmt. Des Weiteren kann man sich hier auch eine gleichberechtigte Kanalfunktion vorstellen, innerhalb der Hersteller und Handel durch identische Produkt- und Preisstrategien nicht in gegenseitige Konkurrenz treten, sondern gleichberechtigt die jeweiligen Endkunden bedienen.

Die folgenden beiden Unterkapitel werden auf diese beiden E-Business-spezifischen Entscheidungsfelder der Handelspolitik eingehen.

6.2.1 Kanalkonflikte

In der Old Economy läuft der Kontakt respektive der Handel zwischen Kunden und Unternehmen in der Regel über die nachfolgenden drei Kanäle ab:

- Persönliche Kommunikation
- Schriftliche Kommunikation
- Telefonische Kommunikation

Die New Economy bedingt eine Etablierung eines **weiteren Kommunikationskanals**, der alle Besonderheiten und Möglichkeiten des Internets als Kommunikations- und Handelsmedium abdeckt. Formulargestütze Web-Seiten, E-Mail-Funktionalitäten, internetorientierte Push- und Pull-Dienste aber auch Newsforen und Chat-Möglichkeiten sind hier neben anderen als Kommunikationskanal aufzuführen.

Dieser vierte Kanal führt zu einem erheblichen Konfliktpotenzial[347], da er teilweise die ersten drei Kommunikationskanäle durch seine direkten Interaktionsmöglichkeiten entbehrlich macht.

In der traditionellen Unternehmenswelt nehmen Groß- und Einzelhändler wesentliche Dienstleistungen für die Hersteller und die Kunden wahr. Durch die Zwischenschaltung dieser Handelsgruppen – siehe Abbildung 6.5 - bleibt es einem potenziellen Kunden erspart, die Fabrik des Herstellers aufzusuchen, um ein bestimmtes Produkt zu kaufen. Durch die Einschaltung des Einzelhändlers seines Vertrauens spart der Kunde vielfach Fahrtkosten, da in der Regel der Einzelhändler eine größere

---

[347] Zu dem Themengebiet der Kanalkonflikte vergleiche Amor, D.: Die E-Business-(R)Evolution, 2000 Bonn, Seiten 81-89

räumliche Nähe zum Kunden aufweist als der Hersteller. Verbunden damit ist auch eine Zeitersparnis für den Kunden beim Produktkauf. Ferner hält der Händler eine breites Sortiment bereit, so dass der Kunde zahlreiche Produktwünsche an einer Stelle erfüllen kann. Diese Faktoren muss er jedoch finanzieren, denn die Gewinnspanne des Groß- respektive Einzelhändlers ist durch den Produktkauf zu tragen.

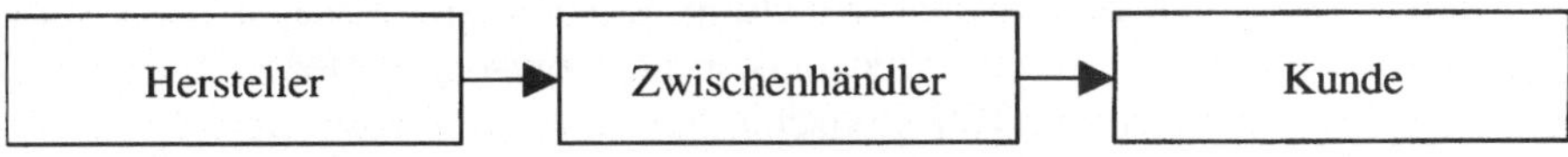

Abbildung 6.5: Nicht-elektronische Handelskette

Hier bietet sich das Internet als Handelskanal an, denn der Kunde hat so die Möglichkeit, ohne großen Aufwand direkt beim Hersteller Produkte zu bestellen, die ihm auf direktem Wege über ein entsprechendes Logistikkonzept zur Verfügung gestellt werden. Es sprechen durch die elektronische Interaktionsweise keine physischen oder geografischen Hindernisse gegen einen Herstellerdirektkauf, der durch die Aufsparung von Handelszwischenstufen unter Umständen auch noch kostengünstiger für den Kunden sein kann (vergleiche Abbildung 6.6). Die Zwischenhändler würden in diesem Fall durch das Handelsmedium Internet um ihren Gewinn gebracht, was zwangsläufig zu einem Kanalkonflikt zwischen Hersteller und Weitervermittler der Ware führen würde.

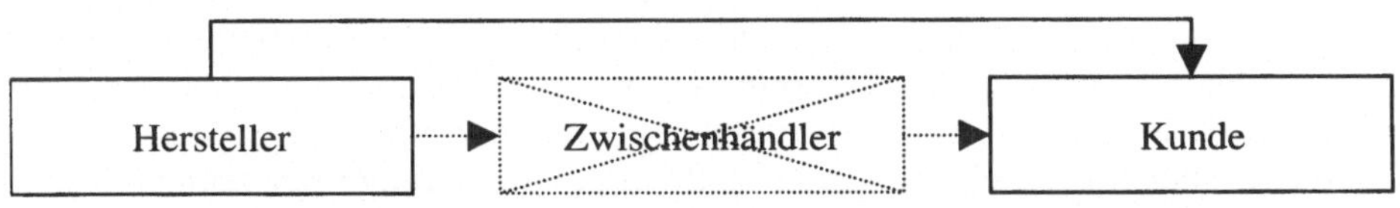

Abbildung 6.6: Elektronische Handelskette - Kanalkonflikt

Wie dieses Beispiel zeigt, gilt es im Rahmen einer E-Business-Konzeption darauf zu achten, dass gut funktionierende Kanäle, gleich welcher Art, nicht zu zerstören beziehungsweise zu gefährden sind. Vielmehr sind die Rollen aller Kanäle neu zu definieren, welches unter anderem durch die Aufteilung des entsprechenden Marktes in an die Handels- oder Kommunikationskanäle angelehnten Kategorien erfolgen kann. Kanalpartner sollten in das eigene E-Business-Konzept involviert werden, so dass Kanalbrüche oder Kanalkonflikte unterbleiben können. Ein Verzicht auf den Kanal Internet kommt aber infolge der großen Bedeutung aus unserer Sicht nicht in Betracht. Um bisherige Vertriebspartner mit einzubinden, ist ein mit ihnen abgestimmtes Konzept für den Internethandel zu entwickeln.

> ***Es ist darauf zu achten, dass durch die direkte Interaktions- und Kommunikationsmöglichkeit verschiedene Stufen der Wertschöpfungskette nicht übergangen werden, so dass Kanalkonflikte vermieden werden.***

Beispiel:

Dem Kunden kann durch eine E-Business-Konzeption durchaus eine Direktbestellmöglichkeit der Waren bei dem entsprechenden Hersteller gestattet werden, doch sollte dieser dann automatisch über den für den entsprechenden Kundenbereich zuständigen Zwischenhändler abgegeben werden (Beteiligung durch ein entsprechend vorgreifendes Provisionsmodell für nachgelagerte Servicetätigkeiten). Auch hier können durch die elektronische Bestellabwicklung Kostenersparnisse an den Kunden weitergegeben werden ohne einen Kanalkonflikt zwischen Hersteller und Zwischenhändler zu provozieren. Der Zwischenhändler kann zum Beispiel anschließend den After-Electronic-Support übernehmen, da er häufig geringere physische Entfernungen zu dem Kunden zu überbrücken hat. Hierbei muss er natürlich seine Rolle innerhalb der existenten Wertschöpfungskette zu überdenken.

Die ***traditionelle Wertschöpfungskette*** der Old Economy verläuft in der Regel ***linear***, das heißt, die Hersteller erzeugen die Produkte, die Großhändler kaufen Produkte von mehreren Herstellern, geben diese über ihre Vertriebswege an diverse Einzelhändler ab, welche dann abschließend direkt mit dem Kunden in Kontakt treten und diesem die Ware schließlich verkaufen.

Eine Linearität ist bei der ***E-Business-Wertschöpfungskette*** infolge der direkten Kommunikationsmöglichkeiten auf allen Stufen nicht auszumachen. Hier liegt ein ***asymmetrischer Verlauf*** vor, dessen Inanspruchnahme sich nicht im Voraus bestimmen lässt. Daher sind bei der Etablierung einer E-Business-Konzeption nur eines Unternehmens dieser Wertschöpfungskette alle weiteren an dieser Kette beteiligten Kanalpartner auf das entsprechende Konzept vorzubereiten beziehungsweise in dieses zu integrieren. Nur so kann eine gemeinsame Definition der Wertschöpfungskette unter E-Business-Gesichtspunkten zustande kommen. Tritt beim Einsatz des E-Business-Konzeptes an nur einer Stelle ein Kanalkonflikt auf, so zerstört dieser das Geschäft aller Kanalpartner, da der Endverbraucher infolge der bereits beschriebenen 1:1-Beziehung hinsichtlich seiner Bedürfnisbefriedigung verunsichert wird und sich aller Voraussicht nach mittels Mausklick der Konkurrenz zuwendet. Aus diesem Grunde benötigt man eine eindeutige Markteinteilung der Kanalpartner (Rollen- oder Kanalfunktionsdefinition), welche eigenverantwortlich ihre Prozessschritte unter Verknüpfung aller die Wertschöpfungskette betreffenden Geschäftsprozesse abwickeln. Des Weiteren sollten alle Kanalpartner offen sein für gemeinsam erarbeitete, der Kundenzufriedenheit dienenden Veränderungen ihrer Geschäftsprozesse, so dass ein ganzheitlicher und störungsfreier Kanaldurchlauf entlang der Wertschöpfungskette gewährleistet werden kann.

Ein Beispiel der niederländischen Fluggesellschaft KLM soll verdeutlichen, wie gefährlich das Medium Internet bei Nicht-Berücksichtigung seiner bisherigen Handelspartner auch für das eigene Unternehmen werden kann[348].

Die besagte Fluggesellschaft verkaufte den Stauraum in ihren Frachtflugzeugen direkt an potenzielle Endnutzer. Große Kunden, die jedoch auch wiederum als Wie-

---

[348] Vgl. Amor, D.: Die E-Business-(R)Evolution, 2000 Bonn, Seite 84

derverkäufer für Frachtraum fungierten, entschieden sich bei ihren Geschäften gegen KLM und wählten andere Fluggesellschaften für ihre Vorhaben aus. Daraufhin schloss KLM diesen Online-Geschäftszweig und überdachte seine E-Business-Strategie.

Erkennt man das Konfliktpotenzial des E-Business nicht, so besteht die Gefahr, dass man selbst aus der E-Wertschöpfungskette verdrängt wird. Das gleiche gilt natürlich auch für Unternehmen die eine E-Business-Konzeption eines entsprechenden Kanalpartners unterschätzen beziehungsweise sich an dieser nicht beteiligen.

Auch sollten alle Kanalpartner nach neuen individuellen Möglichkeiten der Kundenansprache beziehungsweise der Kundengewinnung suchen, so dass neue profitable Geschäftsfelder geschaffen werden können.

Abschließend sollen nochmals Gründe genannt werden, die gegen die Ausschaltung des Handels im Rahmen eine E-Business-/E-Marketing-Konzeption sprechen[349]:

📖 Hersteller sind in der Regel Spezialisten mit einem sehr eingeschränkten Sortiment; der Kunde erwartet aber vielfach eine umfassende Problemlösung von einem Ansprechpartner, zum Beispiel einem Lieferanten seines täglichen Bedarfs. Dies kann ein einzelner Hersteller meist nicht leisten. Eine Möglichkeit, dieses Defizit zu beseitigen, besteht in der Teilnahme an einem virtuellen Marktplatz. Denkbar ist ein Direktvertrieb allerdings bei hochwertigen Gebrauchsgütern wie Autos, Fernsehgeräten, Waschmaschinen und ähnlichem.

📖 Gerade im weltweiten Datennetz existiert für den einzelnen Nutzer ein Komplexitätsproblem. Wie soll er aus dem quasi unüberschaubaren Informationsangebot das für ihn passende Angebot herausfiltern (Informationsüberlastungsgesellschaft)? Hier wird erwartet, dass die Bedeutung einer zwischengeschalteten Institution als Selektionsfilter eher zunehmen wird. Diese Institution präsentiert dann dem Interessenten eine überschaubare Anzahl von Vorschlägen.

📖 Die Entscheidung über den Kauf einer Ware anhand einer virtuellen Präsentation des Sortiments sowie die abstrakte - weil unpersönliche – Kommunikationssituation lässt beim Kunden eine größere Unsicherheit entstehen; das Fehlkaufrisiko steigt. Es fehlt eine dritte vertrauenswürdige Partei, welche kundenorientierte Ratschläge gibt.

---

[349] Vergleiche Gerth, N.: Bedeutung des Online Marketing für die Distributionspolitik, in: Link, J. (Hrsg.): Wettbewerbsvorteile durch Online Marketing – 2. Auflage, 2000 Berlin u.a., S. 164 ff

 📖 Bei Übergang zum Direktvertrieb besteht die Gefahr einer Abwehrreaktion der bisherigen Handelspartner. Bei ausschließlichem Direktvertrieb würde der Handel diese Artikel gar nicht mehr führen; dies ist bei der noch zu geringen Verbreitung des Internets für die Hersteller derzeit keine sinnvolle Option. Bei gleichzeitigem Direktvertrieb und Vertrieb über den Handel könnte es sein, dass der Handel seine Umsätze gefährdet sieht oder der Auffassung ist, der Kunde ließe sich bei ihm beraten und kauft dann – eventuell preisgünstiger - beim Hersteller. Der Handel könnte dann entweder mit Auslistung reagieren oder weniger spektakulär aber genauso wirkungsvoll in seiner Kundenberatung auf Konkurrenzprodukte verweisen. Als Lösungsmöglichkeit besteht für den Hersteller hier die Möglichkeit, zwar einen Direktvertrieb aufzubauen, die Auslieferung und die damit verbundenen Serviceleistungen durch den (Fach)-Handel durchführen zu lassen. Hierdurch zeigt man auf der einen Seite Innovationsbereitschaft und kann die Zielgruppe der reinen Internetkäufer erreichen und kann andererseits gleichzeitig den klassischen Vertriebsweg wie bisher nutzen. Fraglich ist hier aber, ob der Hersteller davon höhere Margen hat.

 📖 Der Handel übernimmt bei der Transaktionsabwicklung zahlreiche Dienstleistungen, die das Geschäft häufig erst möglich machen. Dazu gehören die persönliche Beratung, die Vorführung der Produkte, die Auslieferung und den Aufbau/Installation der Produkte, Umtausch- und Reparaturservice, Garantieleistungen, Finanzierungsangebote und vieles mehr. Es bleibt zu hinterfragen, ob der Hersteller gewillt ist, diese Leistungen zu übernehmen und falls ja dies auch wirtschaftlich kann. Selbst der Handel lagert diese Arbeiten teilweise auf spezialisierte Unternehmen aus (Beispiel: Aldi versus Medion).

Die Ausführungen verdeutlichen, dass es trotz der grundsätzlichen Möglichkeit des Direktvertriebs durch die Hersteller im B-to-C-Bereich zu keiner grundsätzlichen Abkehr von der Mittlertätigkeit im Vertrieb kommen wird, das heißt, die Funktion des Handels wird nicht in Frage gestellt; sie wird sich aber verändern. Es wird neben dem klassischen physisch präsenten Handel elektronische Mittler, sogenannte ***Cybermediaries*** geben. Diese agieren in den virtuellen Absatzkanälen zwischen Herstellern und Endkunden.

6.2.2 Multi-Channel-Strategie

Vielfach ist es so, dass traditionelle Händler, die eine E-Marketing-Strategie in ihre Unternehmensstrategie implementieren möchten, fürchten, dass durch den elektronischen Handel Kannibalisierungseffekte im eigenen Unternehmen auftreten.

Ebenso können Hersteller durch den Übergang zu dem elektronischen Direktvertrieb ihre traditionellen Distributionsplattformen, wie den stationären Handel, verlieren und so den direkten Kontaktionspunkt zu den Endkunden in personalisierter Form verlieren.

Um die angesprochenen Nachteile einer reinen elektronischen Ausprägung der e-lektronischen Distributionsformen zu vermeiden, bietet es sich an, im Rahmen des E-Marketing eine ***Multi-Channel-Strategie*** zu fahren. Diese besagt, dass sich sowohl die Old- als auch die New-Economy als gleichberechtigte Partner gegenüberstehen, sich gegenseitig ergänzen und nicht gegenseitig in Konkurrenz zueinander treten. Internet und stationärer Handel sollen sich ergänzen, was durch eine Studie der U-niversität Erfurt in Zusammenarbeit mit der Agentur Complan untermauert wird. Demnach möchten die meisten Kunden auch in Zukunft nicht darauf verzichten, sich im realen Geschäft beraten zu lassen sowie sich die gewünschte Ware plastisch anzusehen. Dieses gilt vor allen Dingen für den Kauf beratungssensitver Produkte wie PC's oder Geräte der Unterhaltungselektronik[350]. Die Angst vor Kannibalisie-rungseffekten hält sich dabei in Grenzen, denn durch die kundenorientierte Zusam-menarbeit zwischen Internethandel und stationärem Handel können so dauerhaft Kunden an beide Unternehmungen beziehungsweise Vertriebszweige gebunden werden.

Ein gutes Beispiel hierfür ist die britische Lebensmittelkette Tesco, die enorme Vor-teile durch ihre parallel verlaufenden Vertriebswege erzielt. Durch die ***Brick an Click Strategie*** ergänzen sich das Internet und die entsprechenden Lebensmittelfili-alen. Online-bestellte Waren werden durch so genannte Picker während der übli-chen Ladenöffnungszeiten in der dem Kunden nächst gelegenen Filiale mittels Ein-kaufswagen eingesammelt und am selben oder darauffolgenden Werktag mittels Lie-ferwagen ausgeliefert. Der Online-Handel wird somit nicht zentral von einem Lager abgewickelt, sondern vor Ort durch die einzelnen Lebensmittel-Filialen. Somit wird eine 90-prozentige Abdeckung der britischen Bevölkerung gewährleistet und die Auslieferungszeit der Waren nimmt nicht mehr als 25 Minuten in Anspruch, was ge-rade für Frischwaren ein wesentlicher Vorteil ist. Man spricht hier von ***dem Pick-and-Pack-Modell***, welches die Kosten für die Abwicklung einer Online-Bestellung so niedrig wie möglich halten soll. Gleichzeitig wird durch das Filialpicking ein brei-tes Sortiment ermöglicht und der Ausschuss sowie die Lagerhaltungskosten reduziert. Der stationäre Handel läuft parallel zu diesem Online-Handel in der gewohnten Form ab, wodurch zwei Kundenkreise parallel bedient werden können[351].

Das Internet wird sehr gerne als Informationsinstrument genutzt, wohingegen der echte Kauf lieber bei einem traditionellen Handelsunternehmen aus Stein und Mör-tel[352] vorgenommen wird. Das Internet kann vor diesem Hintergrund sehr gut als Werbemöglichkeit, Informations- und Vertriebskanal oder aber auch als grenzüber-greifender Kundenköder genutzt werden. Die Kombination aus stationären und In-ternet-Handel bezeichnet man vielfach auch als ***Click-and-Mortar Handel***.

---

[350] Vgl. Heckerott, B.: Zweigleisig fahren liegt im Trend, 11/2001 Computerwoche, Seite 103

[351] Vgl. Hämmerling, A.: Verkaufen ohne Grenzen, 05.2001 CYbiz, Seite 40 ff.

[352] Daher bezeichnet man traditionelle Unternehmen der Old Economy auch als Brick and Mortar Unternehmen.

Um diesen zu forcieren werden vielfach auch Multimedia-Terminals als Mittler zwischen Online- und Offline-Welt eingesetzt. Dabei soll die virtuelle Filiale die internet-affinen Kunden aus der realen in die virtuelle Welt locken. Scheinbar unbedarft stehen diese Multimedia-Stationen in Cafés, Bücherhallen, Kaufhäusern oder Tankstellen, um Kontaktpunkte mit den virtuellen Handelsplattformen zu finden[353]. Gerade durch Online-Terminals lassen sich die Beratungsleistungen des stationären Handels noch besser mit den umfangreichen Recherchemöglichkeiten von Online-Shops verzahnen, um eine bessere Kundenbedürfnisbefriedigung zu erreichen.

Eine Multi-Channel-Strategie sieht auch die Aufgabenumstrukturierung des stationären Handels vor. Durch seine Nähe zum Kunden kann dieser sich sehr gut Servicedienstleistungen aller Art widmen und schafft so eine Nähe zum Kunden, die ein Internet-Unternehmen durch seine virtuelle Agitationsweise nicht erreichen kann. Der stationäre Handel wird zum Dienstleister und überlässt die eigentliche Verkaufsabwicklung der Internet-Unternehmung respektive dem Hersteller selbst. Nur durch eine Verknüpfung dieser beiden Formen können sowohl Hersteller und stationärer Handel mit einer dauerhaften Kundenfrequentierung rechnen, denn ohne Servicekonzeptionen wird es stets bei einem einmaligen Produktkauf bleiben. Gleichzeitig umgeht man durch diese Umstrukturierungsmaßnahmen auch die im vorangegangenen Kapitel angesprochenen Kanalkonflikte.

Auch kann man vorsehen, dass zwar der Hersteller bzw. der Internet-Handel die Kundenbestellung akquiriert und entgegennimmt, die eigentliche Warenauslieferung aber durch den stationären Handel erfolgt, wie das Beispiel von Tesco zeigt.

Demzufolge ist die Beachtung der **Multi-Channel-Strategie** innerhalb einer E-Marketing-Konzeption dringend anzuraten, um die Kraftreserven der Unternehmen auf den Kunden zu fokussieren und nicht im Rahmen von distributionspolitischen Unstimmigkeiten aufzubrauchen.

6.3   Die E-Business orientierten Aspekte der Distributionslogistik

Die erfolgreiche Umsetzung einer E-Marketing-Konzeption impliziert eine detaillierte Auseinandersetzung mit logistischen Fragestellungen, da der Logistik als direkte Schnittstelle zwischen Kunden und Unternehmen eine besondere Bedeutung zugemessen wird.

Dabei umfasst die **Logistik** die Gesamtheit der Tätigkeiten zur zielgerichteten Planung, Steuerung, Realisation und Kontrolle der sich in den Wertschöpfungs– und Entsorgungsketten des Unternehmens bewegenden Objekte, wobei auch die hierfür notwendigen Informationsobjekte und Prozesse beinhaltet sind[354].

---

[353] Vgl. Köcher, K.: Erfolg durch Multichannel-Strategien, 01/2001 Computerwoche Spezial, Seite 25 ff.

[354] Vgl. Pfohl, H.: Logistiksysteme, in: Handwörterbuch der Betriebswirtschaft – 5. Auflage – Band 2, 1993 Stuttgart, Sp. 2615-2631

Logistische Fragestellungen treten sowohl gesamtwirtschaftlich als auch einzelwirtschaftlich auf.

Im ersten Fall spricht man von **Makrologistik**, sie beschäftigt sich mit der Gestaltung von Güterflusssystemen in Volkswirtschaften, zum Beispiel mit dem Auf- und Ausbau der Verkehrsinfrastruktur wie Wasserwege, Autobahnnetze, Flughäfen aber auch rechtlichen Rahmenbedingungen in den Verkehrssystemen. Dabei stellen die makrologistischen Rahmenbedingungen einen wesentlichen Bestimmungsfaktor für die Ausgestaltung der einzelwirtschaftlichen Logistiksysteme dar.

Zum Gegenstandsbereich der **Mikrologistik** zählen die Güterflüsse innerhalb und zwischen Einzelwirtschaften; hierauf wollen wir im Folgenden näher eingehen.

Betrachtet man den Wertschöpfungsprozess in einem Unternehmen, so kann hieraus eine Unterteilung der Mikrologistik in:

- Beschaffungs- oder Materiallogistik

- Produktionslogistik

- Distributionslogistik und

- Entsorgungslogistik

abgeleitet werden.

Häufig werden auch die Lagerlogistik und die Ersatzteillogistik als weitere Logistikelemente genannt. Die Ersatzteillogistik kann mit Einschränkungen als Spezialgebiet der Distributionslogistik angesehen werden, da die bedarfs- und zeitgerechte Versorgung der Kunden mit Ersatzteilen und Serviceleistungen eine zentrale Aufgabe des After-Sales-Service darstellt. Die Fragestellungen der Lagerhaltung sind unmittelbar mit den Entscheidungen der Beschaffungs-, Produktions- und Distributionslogistik verknüpft.

Die Bedeutung der Logistik hat in den letzten Jahren stark zugenommen. Gründe hierfür sind unter anderem die zunehmende Dynamik des Wettbewerbsumfelds, die Globalisierung sowohl auf der Beschaffungs- als auch auf der Absatzseite und der Wandel der Märkte zu Käufermärkten.

Somit verbinden die jeweiligen potenziellen Käufer eines Produktes immer mehr Forderungen zum einen an das jeweilige und zum anderen rund um das eigentliche Produkt mit einem entsprechenden Produktkauf; diese sind beispielhaft in Abbildung 6.7 aufgeführt.

Die Erfüllung der genannten Aufgaben erfordert eine bereichsübergreifende Betrachtung der Unternehmensprozesse. Dabei wird versucht, eine **Optimierung der Logistikprozesse** entlang der gesamten Wertschöpfungskette vom Lieferanten bis hin zum Endkunden vorzunehmen (Supply Chain Management).

Für viele Unternehmen stellte sich im Hinblick auf die Abgrenzung ihrer Kernkompetenzen die Frage, ob Logistikleistungen zu diesen Kompetenzen gehören oder ob diese Leistungen auf spezialisierte Dienstleister outgesourct werden sollen. Auch die Outsourcingdiskussion hat somit die Logistik in den Fokus strategischer Unternehmensentscheidungen gerückt. Ein weiterer Punkt, der zur gestiegenen Bedeutung der Logistik beigetragen hat, ist die Notwendigkeit der sogenannten umgekehrten Logistik. Hierunter versteht man den Rücktransport vom Verbraucher zum Anbieter. Zum Beispiel müssen laut EU Richtlinie von 2005 an alle elektrischen und elektronischen Waren von den Herstellern zurückgenommen werden. Dies ist in der Regel nur durch spezialisierte Logistik-Dienstleister zu bewältigen.

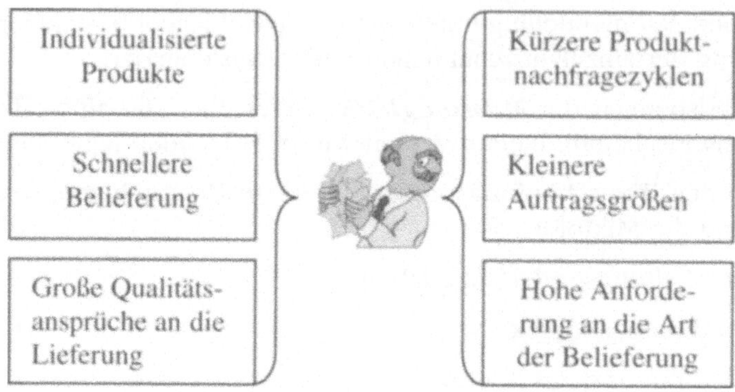

Abbildung 6.7:   Implizierte logistische Forderungen potenzieller Käufer bei einem Produktkauf

6.3.1 Die Bedeutung der E-Logistik

In jüngster Zeit erfuhr die Logistik einen weiteren Bedeutungsschub durch den Internet-Handel. Geschäftsabschlüsse werden zunehmend über das Internet getätigt. *Die realen Warenströme abzuwickeln und sie mit den virtuellen Geschäftsprozessen abzustimmen, ist eine Kernaufgabe der Logistik im E-Marketing.* Da aber auch die Waren, die bisher schriftlich, telefonisch oder per Fax geordert wurden, auszuliefern sind, stellt sich zunächst die Frage, warum gerade das E-Marketing eine grundsätzliche Überarbeitung der Logistik-Strategie notwendig macht.

> **Gründe für eine eigenständige E-Logistik-Strategie**

✎ Das Internet ermöglicht vielen Herstellern potenziell den Übergang zum Direktvertrieb ihrer Waren. Will man dies realisieren, ist die Logistik anzupassen; insbesondere sind die logistischen Dienstleistungen, die bisher beispielsweise der Handel als Vertriebspartner übernommen hat, neu zu gestalten.

✎ Im Internet-Handel kommt es zum Markteintritt sogenannter virtueller Händler, die die physischen Warenströme von ihren Lieferanten bis zu den Kunden gestalten müssen. Solche reinen „Mausklick"-Firmen sind ohne verlässliche Logistikpartner am Markt chancenlos.

✎ Das E-Marketing ermöglicht eine räumliche Ausdehnung der Vertriebsaktivitäten. Propagiert wird zwar immer die weltweite Präsenz der Unternehmen im Internet, für die meisten Unternehmen ist es aber unrealistisch und unwirtschaftlich, weltweit Produkte auszuliefern. Gründe hierfür sind unter anderem fehlende Marktkenntnisse in vielen Märkten, hohe Kosten für notwendige Produktanpassungen für den internationalen Vertrieb, fehlende Serviceleistungen vor Ort, zu hoher Logistikaufwand, rechtliche Hürden und vieles mehr. Dennoch wird das Internet in vielen Fällen zu einer Ausweitung des bisherigen Vertriebsgebiets führen; hier muss die Logistik entsprechend zum Beispiel durch den Bau und Unterhalt von Regionallägern angepasst werden.

✎ Durch das Internet werden die traditionell linearen Beziehungen zwischen Kunden und Lieferant durch mehrdimensionale Vernetzungen zwischen Marktteilnehmern ersetzt. Die Logistik muss diese Netzwerke unterstützen.

✎ Da immer mehr Güter nicht mehr über den Handel sondern direkt vom Hersteller zum Kunden gelangen, verändern sich die Sendungsstrukturen in der Logistik dramatisch. Statt in großen Mengen auf LKW-Paletten zum Zwischenhändler, werden die Produkte in vielen kleinen Paketen an die einzelnen Kunden geliefert[355]. Hieraus ergeben sich komplizierte Sendungsstrukturen mit vielen Stopps, wenig Frachtstücken pro Kunde und einem hohen Informationsbedarf wegen der Vielzahl von Kunden pro Tour.

✎ Da das Internet ein extrem schnelles Medium ist und für potenzielle Kunden rund um die Uhr Einkaufsmöglichkeiten bietet, sollte auch die Belieferung der Kunden sehr zeitnah erfolgen; auch hier muss die Logistik im Vergleich zum klassischen Vertrieb über den Handel angepasst werden.

✎ Die 24 Stunden an 7 Tagen Verfügbarkeit erfordert darüber hinaus auch das Vorhalten von Personalkapazitäten abends und an Wochenenden – zum Beispiel in Call Centern aber auch in Vertriebslägern.

✎ Gerade im B-to-B Bereich nehmen die Anforderungen der Kunden an die Logistik durch die Anwendung des Internets stark zu. Erwartet werden unter anderem Reduzierungen der Dauer der Auftragsbearbeitung, Sendungsverfolgung bis hin zu vorauseilenden Informationen, durch die der Kunde den wahrscheinlichen Ankunftstermin seiner Sendung erfährt.

✎ Die Logistik wird im elektronischen Handel zu einem strategischen Erfolgsfaktor, der wesentlich über den Markterfolg eines Unternehmens mit entscheidet. Die Logistik bietet hier insbesondere die Möglichkeit, sich durch Mehrwertdienste Wettbewerbsvorteile zu verschaffen[356].

✎ Durch das Internet lassen sich häufig wiederkehrende, standardisierbare Prozesse effektiver gestalten; insofern bietet sich ein Ansatzpunkt zur Effizienzsteigerung der Prozessabwicklung auch in der Logistik.

---

[355] Vgl. Ohne V.: Der lange Weg zum gelben E, Handelsblatt vom 9.10.2000

[356] Hierauf wird im Folgenden noch näher eingegangen werden.

Da sich das Marketing in erster Linie mit der Schnittstelle zwischen Unternehmen und Kunden befasst, wollen wir im Weiteren unser Hauptaugenmerk auf die ***Distributionslogistik*** legen.

Gegenstand der Distributionslogistik ist die Gestaltung, Planung und Steuerung der Güterverteilung und des damit verbundenen Informationsflusses, damit die Produkte des Unternehmens über ein Netz von Transportkanälen, Lager- und Umschlagpunkten zu den Endabnehmern kommen[357].

Die Logistikleistung an den Kunden soll optimiert werden. Dabei setzt sich die Logistikleistung aus den Logistikkosten und dem Logistikservice zusammen. Kriterien des Logistikservice sind die Lieferzeit, die Lieferzuverlässigkeit oder Termintreue, die Lieferflexibilität sowie die Lieferbeschaffenheit (Art, Menge, Qualität und Zustand der Ware).

Die Fokussierung auf die Distributionslogistik bedeutet aber keinesfalls, dass die Aspekte der Beschaffungs- und Produktionslogistik außer Acht gelassen werden dürfen. Wie bereits erwähnt, kann eine optimale Gestaltung der Logistik nur durch eine den gesamten Wertschöpfungsprozess umfassende Betrachtungsweise erfolgen.

Besonders deutlich wird dies im Bereich des E-Marketing zum Beispiel bei dem Geschäftsmodell „virtueller Händler", wo Beschaffungs- und Distributionslogistik Hand in Hand greifen müssen. Auch die im Zuge der Mass Customization aufkommende production on demand lässt sich nur mit einer ausgefeilten Beschaffungs- und Produktionslogistik realisieren. Eine Betrachtung dieser beiden Logistik-Teilbereiche würde aber den Rahmen dieses Buchkapitels sprengen.

Es seien hier lediglich aus beiden Bereichen exemplarisch typische Gestaltungsfelder aufgeführt, die im Rahmen einer umfassenden E-Marketing–Strategie mit zu behandeln sind. Dies sind beispielsweise:

- Der Aufbau einer elektronischen Beschaffungsmarktforschung;

- Der Aufbau von B-to-B Plattformen beziehungsweise Handelsplätzen;

- Der Aufbau von B-to-B Auktionen beziehungsweise reversen Auktionen;

- Die Integration von JIT-Konzepten;

- Supply-Chain-Optimierung;

- Der Aufbau flexibler Production on Demand Produktionssysteme;

- EDI-Konzepte;

- Anbindung der PPS-Systeme an Internet-Lösungen im Sinne eines Kundeninformationssystems;

- Reduzierung von Durchlaufzeiten.

---

[357] Vgl. Heiserich, O.: Logistik - 2.Auflage, 2000 Wiesbaden, S.12

Die Aufzählung verdeutlicht, welche Veränderungspotenziale im gesamten Wertschöpfungsprozess von Unternehmen auftreten können. Eine Vielzahl von Projekten in Unternehmen befassen sich derzeit mit derartigen Fragestellungen. Konzentriert man sich ausschließlich auf die Distributionslogistik, so ist zunächst zu hinterfragen, welche Determinanten bei ihrer Gestaltung eine wesentliche Rolle spielen.

6.3.2 Determinanten der E-Marketing orientierten Distributionslogistik

Bevor eine Unternehmung, die einen elektronischen Vertriebskanal aufbauen möchte, Entscheidungen über die Ausgestaltung der Distributionslogistik trifft, ist es notwendig, sich im Vorfeld über die Bestimmungsfaktoren klar zu werden, die das Logistiksystem beeinflussen. Die wichtigsten Bestimmungsfaktoren, wiedergegeben in Abbildung 6.8, sollen im Folgenden nach Klassen geordnet erläutert werden.

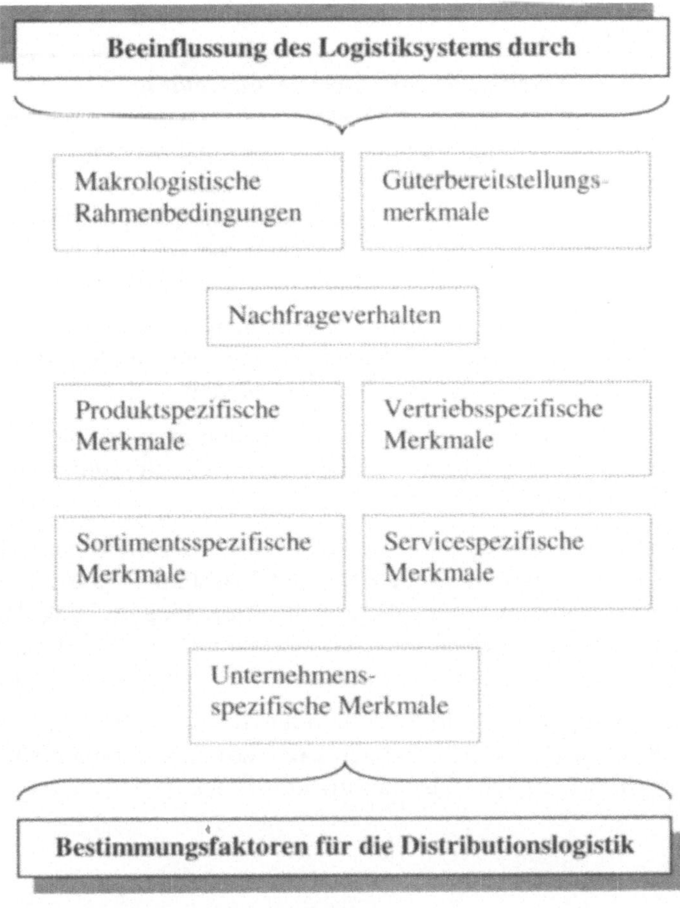

Abbildung 6.8: E-Logistik Bestimmungsfaktoren

Makrologistische Rahmenbedingungen

Hier ist zunächst die Verkehrsinfrastruktur sowohl im Heimatmarkt als auch in den neuen geographischen Zielmärkten zu analysieren. Diese Infrastruktur legt unter anderem fest, welche Transportwege und Transportmittel sinnvoll eingesetzt werden können oder müssen und wo günstige Standorte zum Beispiel für Auslieferungsläger liegen könnten. Ferner ist die Gesetzgebung der einzelnen Länder insbesondere bei grenzüberschreitendem Güterverkehr zu beachten.

Eine weitere Fragestellung von Bedeutung ist, ob es auf den jeweiligen Märkten einen breiteren Markt für Logistikleistungen gibt, auf den im Zuge von Outsourcing-Entscheidungen zurückgegriffen werden kann. Fasst man den Infrastrukturbegriff noch weiter, gehört auch die qualitative und quantitative Verfügbarkeit von Arbeitskräften zu den makrologistischen Determinanten.

Merkmale der Güterbereitstellung

Hier sind zunächst für eine Unternehmung des produzierenden Gewerbes die vorhandenen Produktions- und Lagerstandorte, die Produktions- und Lagerkapazitäten sowie die Umschlagsorte und Umschlagskapazitäten zu berücksichtigen. Ferner spielen die Durchlaufzeiten sowie die Reaktionszeiten der Akteure im Distributionssystem eine große Rolle - zum Beispiel im Hinblick auf die Lieferzeiten[358].

Bei langen Produktionsdurchlaufzeiten aber kurzen Reaktionszeiten der Akteure im Distributionssystem und damit kurzen Lieferzeiten an die Kunden, ist eine Lagerhaltung innerhalb der Distributionskette nicht zu vermeiden.

Auch die Art der Produktion ist von Bedeutung. Fallen in relevantem Umfang in der Produktion Rüstprozesse an, so ist im Rahmen einer Serienfertigung die Bildung von Halb- oder Fertigwarenbeständen erforderlich.

Es wird hier wieder deutlich, dass die Ausrichtung der Distributionslogistik eng verzahnt werden muss mit der Durchleuchtung der Logistikprozesse in den Bereichen Beschaffung und Produktion und gegebenenfalls ihrer Neugestaltung. Hierzu prädestiniert ist das E-Marketing, welches über den gesamten Wertschöpfungsprozess eines Produktes an dessen erfolgreichen Übermittlung[359] an den Kunden beteiligt ist.

Bei Handelsunternehmen mit einer vorhandenen physischen Struktur sind die Standorte der Filialen sowie der dezentralen Läger sowie gegebenenfalls der Standort des Zentrallagers die wesentlichen Determinanten.

---

[358] Vergleiche Distributionslogistik: http://www.ecommerce.wiwi.uni-frankfurt.de/lehre/oows/wmKapitel05b_Distributionslogistk.pdf Stand: 3/2001

[359] Von der Entwicklung, der Ausgestaltung, über die Produktion bis hin zur Auslieferung an den Kunden.

Nachfrageverhalten im Distributionssystem

Ein wesentlicher Bestimmungsfaktor ist natürlich die art- und mengenmäßige Verteilung der Nachfrage, zum Beispiel die Anzahl der Bestellungen pro Periode, die Anzahl Artikel pro Bestellung, die Größe der Artikel oder der durchschnittliche Bestellwert pro Bestellung. Weiterhin ist hier die geographische Verteilung der Nachfrage von besonderer Wichtigkeit.

Wie oben bereits erläutert, wird in vielen Fällen bei einer Aufnahme des elektronischen Vertriebs das Vertriebsgebiet größer werden, so dass die bereits vorhandene Distributionslogistik angepasst werden muss. Auch die zeitliche Verteilung der Nachfrage beeinflusst das System der Distributionslogistik, da das System sowohl personell, organisatorisch, informationstechnisch, aber auch von den Transportkapazitäten mit den Spitzenbelastungen fertig werden muss.

Beispielsweise versendete Amazon aus dem neuen Logistikzentrum in Bad Hersfeld Ende 2000 täglich circa 27.500 Sendungen per Post. Am Tag, als der neue Harry-Potter-Roman auf den Markt kam, waren es allein 50.000 Päckchen mit diesem Buch.

Auch das Weihnachtsgeschäft führt im elektronischen Handel mit Büchern oder Spielzeugen zu einer *Lastspitze* bei den Logistiksystemen. Als Beispiel für die Bedeutung der IT stehen die Probleme der Online-Broker an Börsentagen mit außergewöhnlich hohem Handelsvolumen. Hier werden die Systeme häufig mit der Orderflut nicht mehr fertig, Transaktionen können nicht zeitnah durchgeführt werden, was zu einer Kundenverärgerung führt. Unter anderem gilt es dann Überlegungen anzustellen, die sich mit Kapazitätsvorhaltungen für bestimmte Umstände beschäftigen (Parallelrechenzentren, Partnerunternehmen, etc.).

Produktspezifische Merkmale

Auch die Produkteigenschaften üben einen großen Einfluss auf das Distributionssystem aus. Von wesentlicher Bedeutung ist dabei zunächst die Unterscheidung zwischen *digitalisierbaren* und *nicht-digitalisierbaren* Gütern, wie Abbildung 6.9 zeigt.

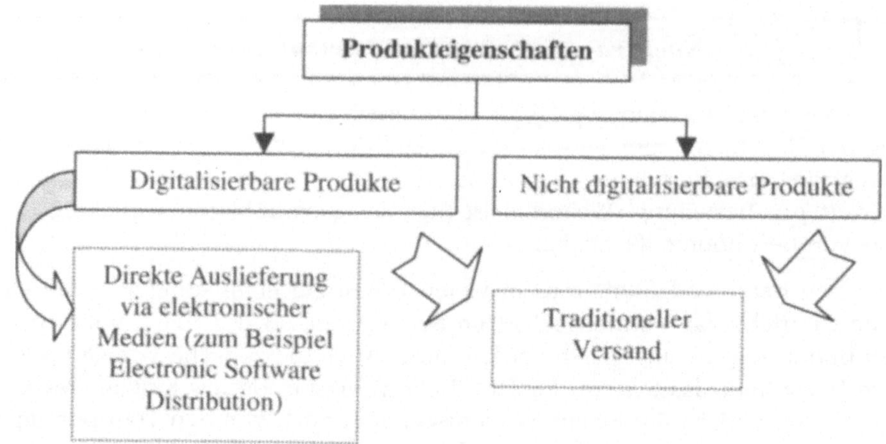

Abbildung 6.9:   Produktspezifische Determinanten der E-Logistik

Digitalisierbare Güter weisen die Besonderheit auf, dass sie nicht nur über das Internet angeboten sondern auch direkt über das Netz versandt werden können. Digitalisierbar sind zum Beispiel Software, Audio- und Videoprodukte, Bücher, Dienstleistungen wie Broking, Bankgeschäfte, Nachrichten, Informationen, Reisen oder Fahrkarten.

Dabei ist zu bemerken, dass nicht alles was digitalisierbar ist, auch als digitale Produktversion derzeit erfolgreich am Markt ist. Dies gilt beispielsweise für Bücher, die zwar prinzipiell digitalisierbar sind, die aber aus verschiedenen Gründen nach wie vor als physisches Produkt am Markt dominieren.

Ferner ist die Frage zu beantworten, ob die Zielgruppen für die Produkte über das Internet bereits erreichbar sind und auch über das entsprechende technische Equipment zum Online-Empfang der digitalen Güter verfügen. Da dies bei vielen digitalisierbaren Gütern bisher nicht ausreichend der Fall ist, sind bei Eröffnung des Online-Vertriebskanal bei gleichzeitiger Beibehaltung der traditionellen Vertriebswege mögliche Kanalkonflikte zu hinterfragen[360].

Ebenso spielt der Aspekt des Vertrauens hinsichtlich der digitalisierten Auslieferung eines Produktes eine nicht zu unterschätzende Rolle, denn bei einer entsprechenden Transaktion muss der Verkäufer oder der Käufer der jeweils anderen Partei vertrauen. Da der Kunde zum Beispiel ein Informationsprodukt vor der gesamten Betrachtung nicht gesehen hat, weiß er nicht, ob der verlangte Preis, zu zahlen bei der digitalen Übertragung[361], gerechtfertigt ist[362].

---

[360] Siehe hierzu Kapitel 6.2 Die E-Business orientierten Aspekte der Handelspolitik

[361] Siehe Kapitel 5.3 Lieferungs- und Zahlungsbedingungen im Rahmen der Kontrahierungspolitik -- Inkasso- oder Billing-Zahlungssysteme

[362] In Anlehnung an Wiegran, G. / Koth, H: firma.nach.maß, 2000 München, Seite 51

Letztlich spielt es auch eine große Rolle, welche technischen Veränderungen erwartet werden, die Einfluss auf den elektronischen Versand und die bequeme Nutzung digitalisierbarer Güter haben können. Hier sind beispielsweise die ADSL-Technologie, die Breitbandtechnologie oder das Pervasive Computing zu nennen.

Das Konzept des ***Pervasive Computings***[363] überträgt nicht nur die Standardfunktionalitäten des Internets auf diverse Geräte, sondern stellt diese wiederum zur öffentlichen Nutzung bereit. Ein Kühlschrank sendet zum Beispiel seinen Befüllungsgrad an einen Supermarkt, von wo aus die Auffüllung nach den Präferenzen des Nutzers veranlasst wird. Gleichzeitig können dem Nutzer auf einem Display aktuelle Sonderangebote übermittelt werden, die bei der entsprechenden Auffüllung herangezogen werden können.

Bei ***nicht-digitalisierbaren*** Produkten sind zum einen technische Produkteigenschaften wie Größe, Gewicht, Material (zum Beispiel zerbrechliche Güter) für die Gestaltung der Distributionslogistik von Bedeutung. Eine weitere wesentliche Rolle spielt die Verderblichkeit der Waren (Frischwaren) und besondere Hygiene- und Transportvorschriften zum Beispiel für Tiefkühlprodukte sowie Fleisch- und Wurstwaren. Ferner gibt es Produkte, die aufgrund von Gesetzen nicht direkt vertrieben werden dürfen wie verschreibungspflichtige Arzneimittel. Letztlich ist auch der Preis der Produkte von Bedeutung.

Sortimentsspezifische Merkmale

Hier ist zunächst die Frage zu beantworten ob und wenn ja welche Produkte eines Unternehmens sich für einen Internet-Vertrieb überhaupt eignen. Für Hersteller von Konsumgütern bietet sich ein Direktvertrieb aus unserer Sicht in erster Linie dann an, wenn die Produkte höherpreisig sind und der Kunde einen Preisvorteil oder einen Zeitvorteil erhält. Dies könnte zum Beispiel beim Direktvertrieb von Fahrrädern, Waschmaschinen oder auch PC's der Fall sein. Ein Hersteller von Waschpulver oder von Schuhcreme wird wohl kaum einen Direktvertrieb seiner Produkte an den Endkunden in Betracht ziehen. In Frage könnte in solchen Fällen aber zum Beispiel ein gemeinsamer Vertriebskanal mit anderen Herstellern, die eventuell komplementäre Güter anbieten, in Form einer Mall kommen.

Bei Herstellern und vor allem bei Händlern mit einem breiten Sortiment kann entweder das gesamte Sortiment für den Online-Vertrieb zugelassen werden oder es wird nur ein Teil des Sortiments, wie nicht verderbliche Produkte oder Bekleidung freigeschaltet. Es ist unmittelbar einsichtig, dass ein Einzelhändler mit breitem Sortiment bei Freischaltung des gesamten Sortiments für den Transport der Waren zum Kunden dann auch in den Transportmitteln unterschiedliche Kühlzonen bereithalten muss.

---

[363] Vgl. Amor, D.: Die E-Business-[R]Evolution, © 2000 Bonn, Seite 721 ff.

Eine weitere Alternative kann sein, dass man in bestimmten Kernregionen mit physischer Präsenz ein breites Sortiment für den Direktvertrieb zulässt, für Kunden aus weit entfernten Regionen werden nur spezielle Sortimentsteile ausgewählt. Ferner ist zu überlegen, ob je nach Absatzregion auch regionale Kaufgewohnheiten die Zusammensetzung des jeweiligen Sortiments beeinflussen können.

Vertriebsspezifische Merkmale

Innerhalb dieser Merkmalsgruppe ist zu untersuchen, wie die Distributionslogistik bisher konzipiert ist, das heißt welche internen Abteilungen/Bereiche beziehungsweise externen Vertriebspartner wie Speditionen, Händler, Handelsvertreter usw. beteiligt sind und welche Arbeitsteilung bisher vorgenommen wird. Dies seitherige Logistikkette ist dahingehend zu untersuchen, inwieweit sie auch beim E-Marketing genutzt oder mit anderen Aufgaben betraut (zum Beispiel Vor-Ort Wartungsservice) werden kann und wo die Kette zu verändern ist, indem Mitglieder dieser Kette ersatzlos gestrichen oder durch andere ersetzt werden. Dabei ist natürlich auch zu berücksichtigen, wie eventuell verärgerte bisherige Vertriebspartner dem eigenen Unternehmen schaden könnten.

Servicespezifische Merkmale

Insbesondere bei langlebigen Wirtschaftsgütern ist die Geschäftstransaktion mit der Auslieferung nicht abgeschlossen. Im Bereich des **After-Sales-Services** gilt es, die Ersatzversorgung sowie Reparatur- und Wartungsservice zu gewährleisten. Ferner können im Rahmen der Auslieferung zum Beispiel von Waschmaschinen oder Fernsehgeräten auch Installations- und Inbetriebnahmearbeiten anfallen. Bei vielen Herstellern, die einen Übergang auf den Direktvertrieb anstreben, hat bisher meist der Handel diese Funktionen übernommen. Nunmehr stellt sich also das Problem, diese Aufgaben entweder eigenständig oder in Zusammenarbeit mit spezialisierten Dienstleistern zu bewältigen. Hierzu ist eine entsprechende After-Sales-Logistik aufzubauen. Der Handel hat hier bereits seit langem entsprechende Logistikpartner zur Verfügung, die diese Aufgaben erledigen. Er kann deshalb meist auf bestehende Logistikstrukturen zurückgreifen. Vielfach sind die Logistikpartner auch bereit, den Service bei einer regionalen Ausdehnung des Vertriebsgebietes auch dort anzubieten. Weitere Serviceleistungen sind die Rücknahme der Produkte oder auch die Entsorgung von Produkten nach Ablauf ihrer Lebensdauer.

Unternehmensspezifische Merkmale

Ein ganz wichtiger Aspekt, der bei der Konzeptionierung des Distributionssystems zu beachten ist, ist zunächst die Abgrenzung der Fertigungs- beziehungsweise Dienstleistungstiefe und damit die Festlegung der Kernkompetenzen einer Unternehmung.

Die Beantwortung dieser Fragen hat unmittelbar Auswirkungen auf die Arbeitsteilung zwischen dem eigenen Unternehmen und Logistikpartnern in der Distributionskette.

Zu beachten sind ferner natürlich auch finanzielle Ziele wie Umsatz, Gewinn, Renditen, Kosten, Investitionen, Finanzstruktur und andere. Die Abhängigkeit von den finanziellen Zielen wird zum Beispiel bei den Fragestellungen nach dem Bau von Distributionslägern, dem Aufbau eines eigenen Fuhrparks, dem Bau und dem Betrieb von Call-Centern mit den damit verbundenen Personalkosten oder auch den notwendigen IT-Investitionen unmittelbar deutlich. Aber auch Umsatz-, Marktanteils- und Marktdurchdringungsziele zum Beispiel für bestimmte Regionen oder Länder haben direkt Auswirkungen auf das Distributionssystem.

> ***Aus diesem Grund empfiehlt es sich, den Aufbau der Distributionskette im Rahmen einer E-Marketing-Strategie als eine strategische Aufgabe zu begreifen.***

Vor den Festlegungen zur konkreten Gestaltung der Distributionslogistik sollten die im speziellen Einzelfall relevanten Determinanten systematisch eruiert und beurteilt werden. Ferner sind mögliche Kanalkonflikte mit den klassischen Vertriebswegen in die Betrachtung mit einzubeziehen. Aufbauend auf diesen Untersuchungen sollten dann die Entscheidungen zur Neu- beziehungsweise Umgestaltung der Distributionslogistik erfolgen.

6.3.3 Gestaltungsmöglichkeiten der E-Logistik

Auf Basis der geschilderten Analyse der relevanten Bestimmungsfaktoren erfolgt dann der Aufbau eines beziehungsweise die Anpassung des bestehenden Logistiksystems. Bis auf den Fall des Auftretens neuer Player auf den Märkten, wie dies beispielsweise im Online-Brokerage aber auch bei verschiedenen virtuellen Händlern der Fall ist, wird in den meisten Fällen eine bestehende Distributionslogistikkette Ausgangspunkt weiterer Überlegungen sein. Dies gilt vor allem für die Versandhändler, die über ausgefeilte Logistikstrukturen verfügen aber auch für die großen Handelsketten.

Bei ***digitalisierbaren Gütern***, bei denen das Unternehmen sich auch tatsächlich für den elektronischen Vertriebsweg entscheidet, sind folgende Festlegungen zu treffen:

- Anzahl und technische Ausgestaltung der Server;

- Räumliche Verteilung der Server, um Sekundärsysteme zur Verfügung zu haben, falls ein Server als Vertriebskanal ausfällt;

- Sprachvarianten des Angebots in Abhängigkeit von den Zielgebieten;

- Personelle Betreuung des Online-Vertriebs; Größe und Standorte von Call-Centern; Eigenbetrieb der Call-Center oder Fremdvergabe an Call-Center-Betreiber;

- Individualisierungskomponenten, die dem potenziellen Kunden erlauben, sein direkt zu beziehendes Produkt zu konfigurieren;

- Technische Schutzmassnahmen von Copyrights unter anderem bei onlinespezifischem Musikversand beziehungsweise Softwareversand;

- Kundengerechte Datenpakete, so dass der Download den Kunden nicht allzu stark zeitlich beeinträchtigt;

- Zahlungssysteme, die eine Abrechnung nach Download-Zeitdauer (Takt) ermöglichen;

- Multi-Channel-Vertriebsstrategie auch bei digitalisierbaren Gütern, falls der Kunde die Ware doch mittels traditionellem Vertriebskanal wünscht;

- Unterstützung des Infrastrukturaufbaus bei den potenziellen Kunden zum Beispiel durch kostenlose Bereitstellung von Modems, Zugangssoftware bis hin zur Bereitstellung von PC´s;

- Übernahme der Online-Gebühren (meist aber eher bei nicht digitalisierbaren Gütern).

Bei der Gestaltung der Distributionslogistik-Systeme für Güter, die physisch ausgeliefert werden müssen, ist zwischen strategischen und operativen Entscheidungen zu differenzieren.

Während sich strategische Entscheidungen auf den Aufbau des Systems beziehen und nur schwer und mit meist hohem finanziellen Aufwand zu revidieren sind, beziehen sich die operativen Entscheidungen auf die konkrete Durchführung mit der Distribution verbundenen Aufgaben.

Zu den operativen Aufgaben gehört beispielsweise das Bestandsmanagement mit der Festlegung, welche Artikel in welchem Lager in welchen Mengen vorgehalten werden oder auch die Transportplanung mit der Planung des Transportmitteleinsatzes und der Routenplanung. Auf die operativen Aufgaben wollen wir im Folgenden nicht weiter eingehen. Allerdings sei darauf hingewiesen, dass gerade im Bereich des Fuhrpark- und Tourenmanagements durch die Verbindung von Telematik-Systemen und Internet deutliche Steigerungen der Qualität und Wirtschaftlichkeit der Leistungserstellung zu erzielen sind. Zu nennen sind hier das Fahrzeugmanagement zur technischen Kontrolle und Steuerung der Fahrzeuge, das Transportmanagement zur logistischen Steuerung der Fahrzeuge und ihrer Kapazitäten, das Verkehrsmanagement zur Optimierung von Fahrtzeiten und Routen sowie das Fahrerinformationsmanagement zur Entlastung der Fahrer und damit zur Erhöhung der Sicherheit.

Bezüglich der Ausführungen zur strategischen Planung des Distributionssystems sei darauf hingewiesen, dass die genannten Gestaltungsmöglichkeiten nicht E-Marketing spezifisch sind. Die Fragestellungen sind generell beim Aufbau eines Vertriebssystems zu klären. Allerdings führen die E-Marketing Aktivitäten in vielen Unternehmen zu Anpassungen oder Neuerungen in der Distributionsstrategie. Bereits vorhandene Distributionssysteme und Distributionspartner sind in jedem Fall bei der Strategiefindung einer E-Logistik-Lösung in die Überlegungen einzubeziehen. Im Zuge einer E-Business-Konzeption sollte man hinsichtlich des Logistikparts den in Abbildung 6.10 erwähnten Gestaltungselementen der Distributionslogistik Beachtung schenken, die im Folgenden weiter erläutert werden.

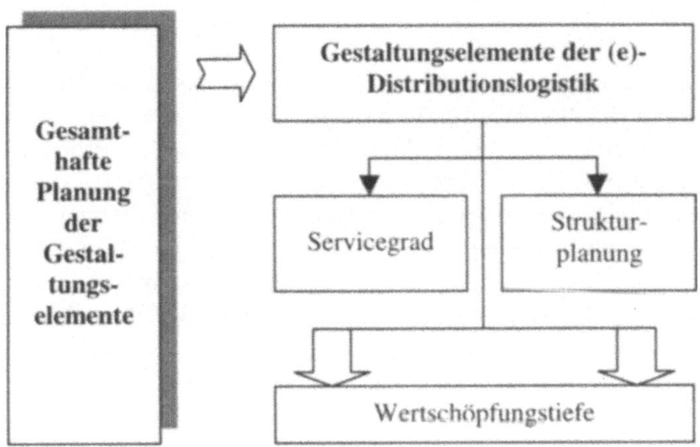

Abbildung 6.10:   Gestaltungselemente der (E)-Distributionslogistik

Als erstes Gestaltungselement sei der ***Servicegrad*** genannt, da er wesentlichen Einfluss auf die weiteren Festlegungen hat. Es geht also um Fragen der Lieferzeit, der Lieferbereitschaft, der Lieferflexibilität bis hin zur Liefertreue. Durch diese Festlegungen werden beispielsweise die Entscheidungen zur Lagerhaltung maßgeblich determiniert. Es wird bereits an dieser Stelle deutlich, dass sich die einzelnen Elemente der strategischen Distributionsplanung gegenseitig beeinflussen und eine ganzheitliche Planung notwendig ist. Der Servicegrad im E-Marketing wird sich – insbesondere was die Lieferzeit angeht – häufig vom bisherigen Vertriebskanal unterscheiden; ***Schnelligkeit ist eine der wesentlichen Eigenschaften im E-Business***. Um kurze Lieferzeiten auch bei einer deutlichen regionalen Ausdehnung des Vertriebsgebiets als Folge der E-Marketing-Aktivitäten einzuhalten, können dezentrale Auslieferungsläger notwendig werden.

Weiterhin ist die ***Struktur des Distributionslogistiksystems*** zu planen beziehungsweise zu überarbeiten. Gegenstand dieses Planungsbereiches sind:

↪   die Anzahl der Stufen im Distributionskanal, das heißt schaltet man den Groß- und/oder Einzelhandel in den Vertrieb mit ein oder konzentriert man sich ausschließlich auf den Direktvertrieb der Waren;

↪   die Festlegung der Anzahl, geographischen Verteilung, Größe und Lagersortimente von Lagereinrichtungen sowie von Umschlagpunkten;

↳ die Festlegung der Anzahl, geographischen Verteilung, Größe und Ausstattung von Service-Centern;

↳ die Wahl der Transportmittel;

↳ die Wahl der einzusetzenden Informations- und Kommunikationstechnologie.

Ein ganz wesentlicher Aspekt bei der strategischen Planung des Distributionssystems ist die Bestimmung der **Wertschöpfungstiefe**. Hier ist zu fragen, welche Aufgaben im Rahmen der Distribution durch das Unternehmen selbst erbracht werden und welche auf spezialisierte Dienstleister übertragen werden sollen. Dabei reicht die Palette der Aufgabenverteilung von der vollständigen Eigenabwicklung mit eigenem Fuhrpark bis zum Outsourcing der gesamten Distributionsaufgaben an einen Dienstleister. Gliedert man die Logistikleistungen nach Funktionstypen, so können Primär-, Sekundär- und Tertiäraktivitäten unterschieden werden, dargestellt in Abbildung 6.11.

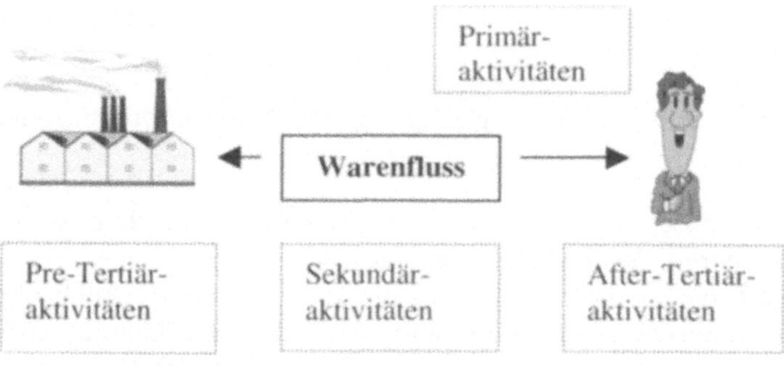

Abbildung 6.11: Logistikleistungen Funktionstypen

Als **Primäraktivitäten** bezeichnet man die Tätigkeiten, die unmittelbar zum physischen Warenfluss beitragen wie Transport, Verpackung, Umschlag und Kommissionierung.

Sekundäraktivitäten tragen mittelbar zum Materialfluss bei, indem sie den Prozess steuernd unterstützen. Hierzu gehören die Auftragsbearbeitung, das Bestandsmanagement und die Bestell- und Retourenabwicklung.

Tertiäraktivitäten sind dem Materialfluss vor- oder nachgelagert und umfassen unter anderem Finanzdienstleistungen (Inkasso, Bonitätsprüfungen, Zahlungsabwicklung), die Beratung und die Schulung.

Die Aufzählung macht deutlich, dass es sehr viele Varianten einer Arbeitsteilung zwischen dem eigenen Unternehmen und einem oder mehreren Logistikpartnern geben kann.

Stark diskutierte Konzepte in Verbindung mit dem E-Marketing sind unter anderem:

- der Vertrieb unter Einschaltung der bisherigen Handelspartner und damit der Rückgriff auf eine eingespielte Logistikkette;

- der Direktvertrieb mit eigenem Fuhrpark, wobei allerdings hohe Anfangsinvestitionen anfallen und im weiteren Verlauf Betriebsmittel- und Personalkosten auftreten, die sich bei Beschäftigungsrückgängen nur schwer anpassen lassen;

- der Direktvertrieb über Speditionsdienstleister; hier sind in erster Linie die Kurier-, Express- und Paketdienstleister zu nennen. In den Markt drängen aber in jüngster Zeit auch Zeitungsverlage, die ihre vorhandene Zustelllogistik auch als Dienstleistung für Dritte anbieten;

- die Auslieferung über Abholpunkte unter Einschaltung existenter Logistikketten. Mögliche Abholpunkte sind Tankstellen, Ladenketten, Postämter, Bäckereien u.a. Diese Form eignet sich jedoch nur für kleinere Sendungen mit relativ geringem Gewicht und ohne Installations- und Inbetriebnahmeleistungen.

Abbildung 6.12 soll diese vier Vertriebskonzepte für eine im Hinblick auf eine E-Marketing Philosophie fungierende Distributionslogistik nochmals zusammenfassend darstellen.

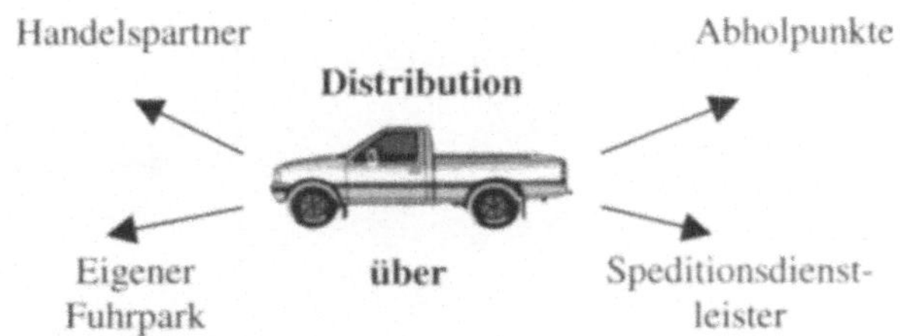

Abbildung 6.12: Vertriebskonzepte im E-Marketing

Im Bereich des ***e-Fulfilment***, also der Abwicklung von Online-Geschäften gibt es aber auch Dienstleister, die das komplette Leistungsangebot vom Ordermanagement über den Trustservice bis hin zu weiteren Dienstleistungen wie Marketing- oder Web-Services anbieten. Ein Beispiel dazu ist in der folgenden Abbildung 6.13[364] dargestellt.

---

[364] In Anlehnung an tagma® eBusiness http://www.ieb.net/ pdf/ringvorlesung/winter2000/tagma_praesentation_ieb_WS2000-2001.pdf Stand: 03.06.2001

Bei den Überlegungen zum Outsourcing bestimmter Distributionsleistungen sind sowohl die klassischen Outsourcing-Motive als auch neuere in Form von Zusatzleistungen heranzuziehen.

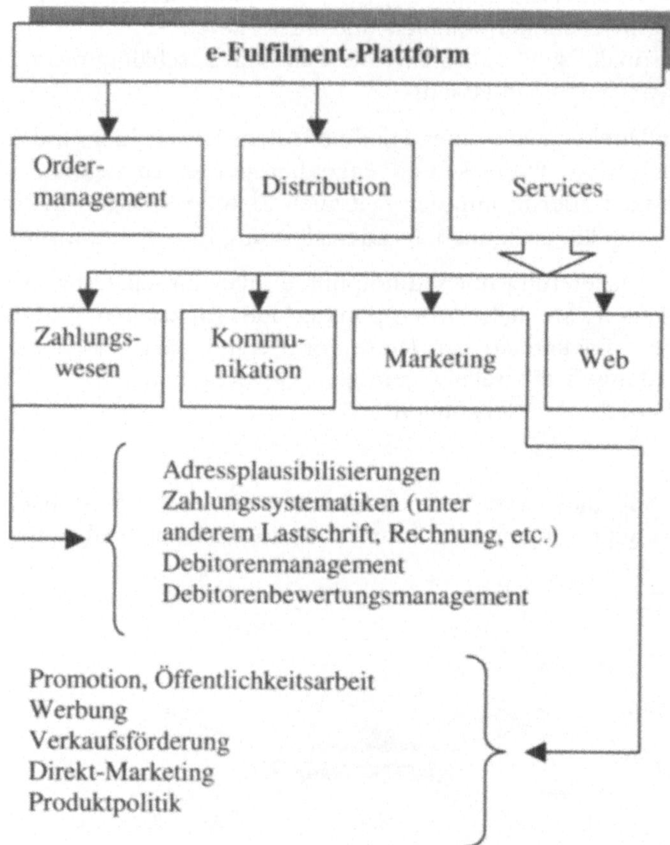

Abbildung 6.13: Beispiel einer e-Fulfilment Plattform

Als klassische Outsourcing-Motive fungieren unter anderem:

- Erhöhung der Flexibilität des Kostenmanagements bei Beschäftigungsrückgängen;

- günstigere Preise des Dienstleisters durch Spezialisierung und Degressionseffekte sowie durch andere Tarifstrukturen;

- Verringerung des Finanzierungsvolumens;

- Reduzierung des Anlagevermögens und bei Fremdvergabe der Lagerhaltung auch des Umlaufvermögens, wodurch sich bei Unterstellung einer unveränderten Gewinnsituation die einschlägigen Kapitalrenditen verbessern;

↯ und Verringerung der organisatorischen Komplexität des Unternehmens.

Von besonderer Bedeutung für E-Business orientierte Logistikleistungen ist jedoch die Fragestellung, welche *Zusatzleistungen* der Logistikdienstleister erbringen kann. Man spricht hier auch von *Value-Added-Services (VAS*. Zu unterscheiden ist dabei generell zwischen Zusatzleistungen, die unternehmensbezogen sind und solchen die kundenbezogen sind.

Unter *unternehmensbezogenen Zusatzleistungen* versteht man alle Mehrwertfaktoren, bei denen der Nutzen bei den jeweiligen Unternehmen und nicht direkt beim Endkunden zu suchen ist. Man bezeichnet sie aus diesem Grunde auch als *vertikale Value Added Services*.

So kann der Logistikdienstleiter seine freien Kapazitäten Unternehmen durch ein onlinegestütztes Auktionsverfahren anbieten. Im Umkehrschluss haben natürlich die Unternehmen durch sogenannte Reverse Auctions die Möglichkeit, ihre Anforderungen im Hinblick auf logistische Leistungen zu definieren und entsprechende Partner via elektronischer Ausschreibung zu suchen.

Des Weiteren sind die e-Fulfilment Aktivitäten der entsprechenden Logistikdienstleister als vertikale Value Added Services für ein sie nutzendes Unternehmen anzusehen, denn je weniger dieses mit der eigentlichen Distributionslogistik konfrontiert wird, desto stärker kann es sich seinem originären Unternehmenszweck widmen. Dieser liegt vielfach nicht in dem Versand beziehungsweise der Kommissionierung der Waren, sondern in der Herstellung und dem Verkauf von Produkten.

Ein weiterer nicht zu unterschätzender Value Added Service in dieser Kategorie liegt in dem Retourenmanagement. Internet-Shops berichten von Retourenraten zwischen 7 und 25 Prozent, steigend mit zunehmender Lieferzeit. So können bei 1.000 Bestellungen pro Tag sehr schnell zwischen 100 und 200 Pakete durch die Kunden zurückgesendet werden[365]. Wird diese Retourenverwaltung von dem Logistikdienstleister übernommen, so bietet er seinem Unternehmenskunden einen logistischen Mehrwertservice an, der für den Endkunden im Hinblick auf eine Geschäftstransaktion wichtig ist. Das Retourenmanagement verkörpert eine kundenfreundliche Schnittstelle zwischen Unternehmen und Kunden im After-Sales Bereich, die jedoch zum einen sehr zeit- und zum anderen sehr kostenintensiv bei Eigenleistung durch ein Unternehmen sein kann. Demzufolge wird dieser vertikale Mehrwertdienst des Logistikdienstleisters von Unternehmungen häufig in Anspruch genommen.

Unter den *kundenbezogenen Mehrwertfaktoren* versteht man alle Zusatzleistungen, die in Reihe geschaltet den Produktvertrieb kundenorientiert unterstützen. Hierbei sind sowohl die Informationspolitik über den Produktstandort aber auch die umfeldbezogenen Aktivitäten bei dem Produktaustausch zwischen Unternehmen und Kunden, gleich welcher Ausprägung und Richtung, angesprochen. Infolge der

---

[365] Vgl. Krause, J.: Den richtigen Logistiker finden, 09/2000 e-commerce magazin, Seite 112

symmetrischen beziehungsweise in Reihenfolge ablaufenden Anordnung der Mehrwertfaktoren an der Produktwertschöpfungskette spricht man auch von den sogenannten ***horizontalen Value Added Services***.

Im Zuge der Informationspolitik über den Produktstandort werden die Kunden über die zeitpunktorientierte Belieferung, über den momentanen Aufenthaltsort der Ware sowie deren Vollständigkeit unterrichtet. Man spricht hier von dem sogenannten ***Track & Trace Verfahren*** (Sendungsverfolgung), welches mittels Internet den Kunden Statusinformationen über einzelne Aufträge liefert. Des Weiteren fallen unter die angesprochene Informationspolitik definitive Verfügbarkeitsaussagen über die angebotenen Waren, die dem Kunden nicht leere Versprechungen unterbreiten sondern zielgerichtete Lieferzeitinformationen übermitteln. Dies kann je nachdem, ob sich das Lager bei dem Logistikdienstleister oder bei der Unternehmung befindet, durch eine der beiden genannten Parteien erfolgen. Eine Abbildung des Bestellfortschritts ist ebenfalls in diese Kategorie der horizontalen Value Added Services einzuordnen, da hierdurch der Kunde umfassend über die Abarbeitung seines Auftrages unterrichtet werden kann (zum Beispiel: Versendung von E-Mails, wann die Ware das Lager verlassen hat).

Unter umfeldbezogenen Aktivitäten bei einem Produktaustausch versteht man die Möglichkeiten der Selektion von diversen Lieferformen durch den Kunden. Hierunter fallen die in Abbildung 6.12 aufgeführten unterschiedlichen Vertriebskonzepte. Die Zeiten, in denen die Deutsche Post noch das Liefermonopol für Pakete und Päckchen besaß, sind längst vorbei. Eine Lieferung der Ware an fast jeden Ort und zu fast jeder Zeit wird heute durch den Kunden explizit vorausgesetzt[366], so dass dieser horizontale Value Added Service eine Geschäftstransaktion positiv beeinflussen kann. Logistikdienstleister sind für diese Aufgabe prädestiniert, da sie hinsichtlich der Belieferungsform und Belieferungszeit in der Regel wesentlich flexibler sind als verkaufsorientierte Unternehmen.

Ein weiterer Mehrwertservice im Rahmen der umfeldbezogenen Aktivitäten ist in dem After-Sales Service Bereich durch den Logistikdienstleister zu sehen, der unter anderem für die Unternehmungen das Kundenbeschwerdemanagement wahrnehmen kann. Der Logistikdienstleister liefert die Ware an den Kunden direkt aus und steht somit in einem persönlichen Kontakt mit diesem, was bei einer reinen Online-Unternehmung nicht unbedingt der Fall sein muss. Somit kann er direkt vor Ort eventuelle Beschwerden des Kunden zur Klärung aufnehmen.

Die kundenbezogenen Mehrwertservices auf der Distributionsseite werden im Zuge einer E-Business-Konzeption immer wichtiger werden, da sie letztendlich darüber entscheiden können, ob der Kunde seine Ware bei dem Online-Unternehmen X oder Y kauft. Die Art der Belieferung beziehungsweise das Distributionslogistikkonzept wird seine Entscheidung über den Produktkauf maßgeblich beeinflussen.

---

[366] Vgl. Robben, M.: E-Logistik: Make or Buy?, http://
www.ecin.de/shops/elogistik/index.html Stand: 15.12.2000

Liegt die Art der Aufgabenverteilung fest, so sind im nächsten Schritt die Logistikpartner in Abhängigkeit von dem gewünschten Leistungsspektrum unter Preis- Leistungsaspekten auszuwählen.

Wie die Ausführungen in den vorherigen Kapiteln gezeigt haben, sind logistische Aspekte im Rahmen einer Distributionspolitik eine bedeutende Tatsache. Gerade eine E-Business-Konzeption sollte diese integrativ beinhalten, da die onlinetechnisch offerierte Ware zum Kunden gelangen muss. Eine noch so gute E-Business-Konzeption wird scheitern, wenn diese Schnittstelle nicht zufriedenstellend für den Kunden gelöst wird. Ein verärgerter Kunde wird bei seiner nächsten Geschäftstransaktion ein Konkurrenzunternehmen aufsuchen. Somit kann eine dauerhafte Kundenbindung nicht stattfinden, die jedoch Ziel einer jeden Unternehmung sein sollte. Aus diesem Grunde macht es Sinn, sich aus Unternehmenssicht auch im E-Business-Umfeld mit logistischen Fragestellungen zu beschäftigen.

7 Die Kommunikationspolitik als E-Marketinginstrument

Unter der **Kommunikationspolitik** versteht man alle Maßnahmen, die eine Unternehmung zur Übermittlung von Informationen über das Unternehmen und/oder sein Leistungsangebot mit dem Ziel der Steuerung von Meinungen, Einstellungen und Verhaltensweisen der Zielgruppen einsetzen kann. Sie dient demzufolge dazu, Kontakte zum Markt ans sich und zu den unternehmensspezifischen Abnehmern herzustellen.

Charakteristisch für die Kommunikationspolitik ist die Tatsache, dass durch die verschiedenen kommunikationspolitischen Aktivitäten Produkte und Leistungen des Unternehmens weder funktionell noch substanziell verändert werden. Ihre Aufgabe liegt nicht in dem Bereich der herstellenden Wertschöpfungskette sondern in der begleitenden und besteht darin,

- bei potenziellen Käufern unter anderem durch Information den Bekanntheitsgrad des Produktes oder der Unternehmung zu erhöhen,

- ein bestimmtes Image für das Angebot und das anbietende Unternehmen am Markt zu erreichen sowie

- die Unternehmenseinstellungen innerhalb wie außerhalb zu verbreiten und für deren Umsetzung beziehungsweise Erreichung zu sorgen[367].

Man unterscheidet im Rahmen der Kommunikationspolitik die nachfolgenden vier Teilgebiete, die in Abbildung 7.1 mit entsprechenden Beispielen unterlegt werden:

- Werbung;

- Direktmarketing;

- Verkaufsförderung inklusive des persönlichen Verkaufs;

- Public Relations.

Unter dem Begriff der **Werbung** versteht man alle zu entlohnenden Formen der nicht persönlichen Präsentation und Förderung von Ideen, Waren oder Dienstleistungen durch einen eindeutig identifizierbaren Auftraggeber[368].

---

[367] Vgl. Mülder, W. / Weis, C.: Computerintegriertes Marketing, 1996 Ludwigshafen (Rhein), Seite 45

[368] Vgl. Kotler, P. / Bliemel, F.: Marketing-Management – 9. Auflage, 1999 Stuttgart, Seite 926

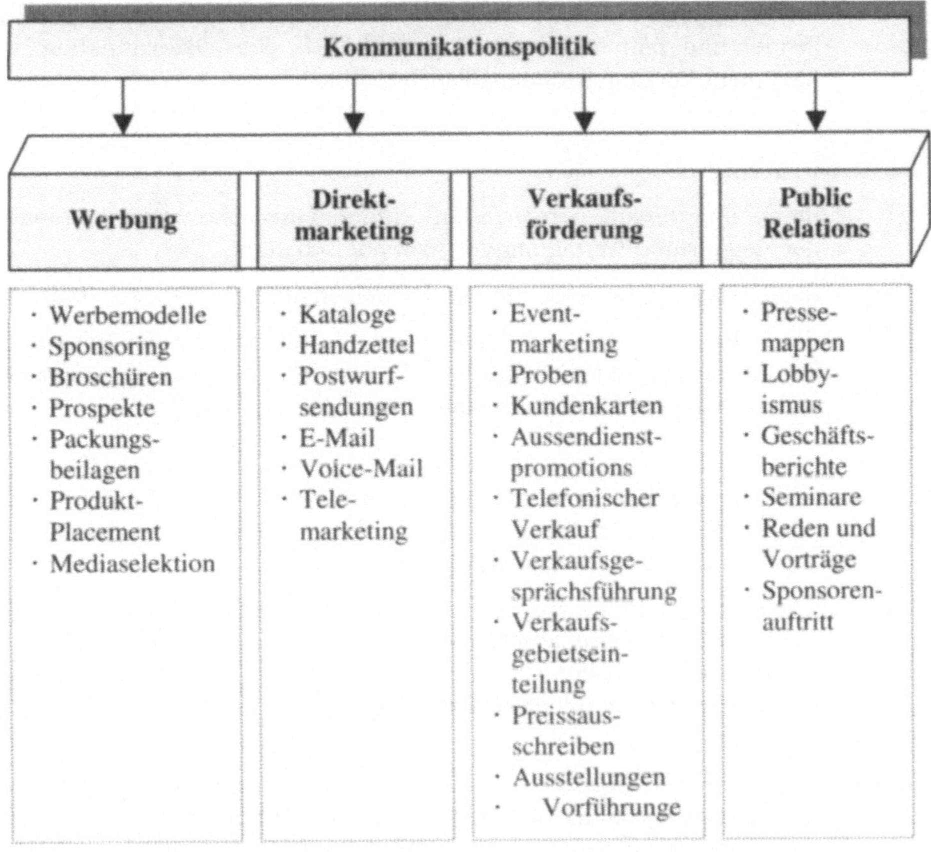

Abbildung 7.1:	Operative Beispiele der Kommunikationspolitik[369]

Sie zeichnet sich aus

↯	durch die Ansprache einer breiten Öffentlichkeit,

↯	durch die potenzielle Ansprache des gewünschten Zielpublikums, das durch die Werbung auf das Unternehmen oder das Produkt aufmerksam gemacht oder mit interessanten, den Besitzwillen ansprechenden Informationen versorgt wird,

↯	durch die Dramatisierung der Darstellung verbunden mit der Interessenweckung des Betrachters,

---

[369] Vgl. Mülder, W. / Weis, C.: Computerintegriertes Marketing, 1996 Ludwigshafen (Rhein), Seite 45 sowie Kotler, P. / Bliemel, F.: Marketing-Management – 9. Auflage, 1999 Stuttgart, Seite 927

Ⅻ   sowie durch einen nicht allzu starken persönlichen Bezug zwischen Sender und Empfänger der Botschaften, da eine Dialogfunktion, wie bei einem Verkäufer-Käufer-Gespräch fehlt[370].

Das ***Direktmarketing*** zeichnet sich

Ⅻ   durch eine direkte, personalisierte Kundenansprache verbunden mit einer zielgenauen Gestaltung der Werbebotschaften,

Ⅻ   durch Aktualitätsaspekte infolge des personalisierten Bezuges und

Ⅻ   durch Interaktivitätsmöglichkeiten aus, da die gesendeten Botschaften auf die Reaktionen des einzelnen Botschaftsempfängers angepasst, geändert, wiederholt oder ausgetauscht werden können[371].

Vielfach handelt es sich bei Direktmarketingkonzeptionen um Unterformen der Werbung, da hier vielfach mit denselben Eigenschaften nur bestimmte, das heißt selektive, Empfängerkreise angesprochen werden sollen.

Die ***Verkaufsförderung*** möchte wie der persönliche Verkauf letztendlich auf einen Kauf hinwirken beziehungsweise abschließend einen Kaufabschluss herbeiführen. Hierunter fallen unter anderem Pre-Sales-Aktivitäten, die einen potenziellen Kunden dazu bewegen können, sich mit einem eventuellen Kauf eines Produktes überhaupt auseinander zusetzen.

Public Relations[372] Konzeptionen dienen dazu, auf direktem oder indirektem Wege das Image einer Unternehmung und seiner Produkte im Bewusstsein der Öffentlichkeit zu fördern aber auch dauerhaft zu etablieren. Dies ist verbunden mit einer hohen Glaubwürdigkeit der Informationsübermittlung aber auch mit einer Seriosität, da hier mehr die Information als das Verkaufsinteresse, im Gegensatz zur Werbung, im Vordergrund steht[373].

Des Weiteren richtet sich die Öffentlichkeitsarbeit nicht nur an potenzielle Kunden sondern darüber hinaus auch an Aktionäre, die eigenen Unternehmensmitarbeiter, an politische Entscheidungsträger, an Unternehmenspartner oder aber auch an Verbände.

Unter Nutzung der neuen Medien können Interviews, Pressetexte, Geschäftsberichte, Forschungsergebnisse usw. im Web sehr einfach und zeitnah publiziert werden. Diskutiert und teilweise auch schon realisiert ist die Übertragung von Hauptversammlungen oder Bilanzpressekonferenzen im Internet. Auch virtuelle Hauptver-

---

[370] Vgl. Levy, S. L.: Promotional Behavior, Glenview, Ill.: Scott, Foresman, 1971, Chapter 4

[371] Vgl. Kotler, P. / Bliemel, F.: Marketing-Management – 9. Auflage, 1999 Stuttgart, Seite 959

[372] Man spricht hier auch von der Öffentlichkeitsarbeit.

[373] Vgl. Kotler, P. / Bliemel, F.: Marketing-Management – 9. Auflage, 1999 Stuttgart, Seite 926 und Seite 958

sammlungen, bei denen die Aktionäre vom heimischen PC aus teilnehmen und abstimmen können werden schon geplant.

Im Rahmen einer E-Marketing Konzeption sind im Besonderen die Konzepte des Direktmarketings, der Verkaufsförderung aber auch der Public Relations zu beachten, da hier das Internet seine Vorteile, unter anderem die Interaktivität und Schnelligkeit, ausspielen kann. Selbstverständlich kann man die Werbung in den neuen Medien nicht vernachlässigen, doch zeigen diverse Studien, dass sich Internet-Nutzer durch die neuen Werbeformen, wie Banner und dergleichen mehr, eher gestört als begeistert zeigen, so dass hier die Werbung teilweise eher kontraproduktiv wirkt. Dennoch wird im Folgenden kurz auf einzelne elektronischen Werbeformen eingegangen, wobei den anderen Teilgebieten jedoch eine erhöhte Aufmerksamkeit gewidmet wird. Insbesondere sollen Konzepte wie das virale und das Beziehungsmarketing[374] angesprochen werden, denen im Internet eine zentrale Rolle zukommt beziehungsweise zukommen kann.

7.1 Die Webseite als übergreifendes Kommunikationsmedium

Die Webseite einer Unternehmung repräsentiert das wichtigste Instrument der E-Kommunikationspolitik. Sie stellt die grundlegende Marketingmitteilung im Internet dar und besteht in der Regel aus einer Homepage und dahinter liegenden Seiten. Das Unternehmen kann auf seinen Webseiten die Zielgruppen des Informationsangebotes differenziert mit produkt- und unternehmensspezifischen Informationen versorgen, beispielsweise über aktuelle Sonderangebote, News für Investoren im Rahmen der Investor Relationship oder aktuelle Stellenangebote im Unternehmen bereitstellen.

Die Bandbreite an Informationen ist extrem groß, wobei sich rein werbliche und redaktionelle Inhalte miteinander kombinieren lassen.

Erfolgreiche Web-Angebote zeigen eine durchgängige Reihe von Merkmalen, die zusammengefasst in Abbildung 7.2 wiedergegeben werden.

Wie die Abbildung 7.2 zeigt, zeichnet sich der Aktualitätsaspekt von eingestellten Informationen, die typografische und grafisch orientierte Gestaltung der Webseiten, die schnelle sowie einfache Erreichbarkeit aber auch die Ansprechbarkeit der Webseiten für die entsprechenden Nutzer als Basiserfolgsfaktoren für deren Seitenfrequentierung verantwortlich.

Diese vier Basiserfolgsfaktoren machen bereits deutlich, dass es aus der Sicht des E-Marketings von Bedeutung ist, im Rahmen des Webdesigns die Anforderungen der potenziellen Nutzer mit denen der eigenen Unternehmung in Einklang zu bringen. Hierzu ist es erforderlich, eine Ausgewogenheit zwischen kreativen, inhaltlichen und ökonomischen Anforderungen an eine Webseite zu schaffen, wobei die folgenden Punkte Beachtung finden sollten[375]:

---

[374] Permission Marketing

[375] Vgl. Preißner, A.: Marketing im E-Business, 2001 München Wien, Seite 316 ff.

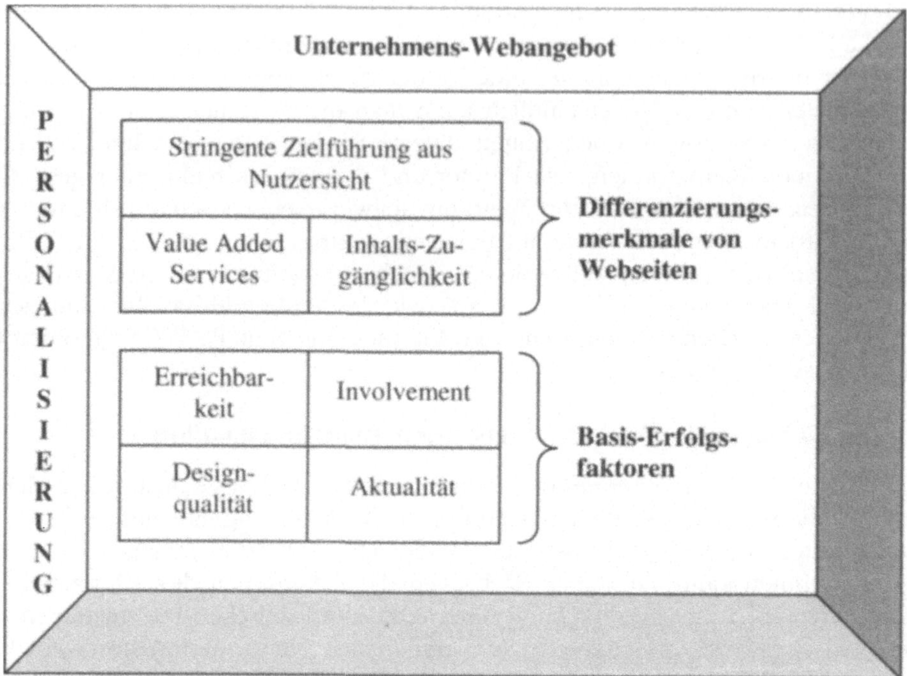

Abbildung 7.2: Erfolgsfaktoren für den Webseiten-Auftritt[376]

📖   Die Webseite sollte ***wirtschaftlich*** betrieben werden, das heißt die entsprechenden Kosten sind durch Zusatzerlöse oder durch Kostenersparnisse auszugleichen.

📖   Die Webseite soll ***Kunden binden*** helfen, indem diese von der Leistungsfähigkeit der Unternehmung überzeugt werden. Dies erfordert gleichzeitig eine Kommunikationsverbesserung zwischen Kunden und Unternehmung sowie die Offenlegung von Kundenbindungskonzeptionen. Hier spielen insbesondere die jeweiligen webseitenspezifischen Value Added Services, wie zum Beispiel Online-Spiele, kostenlose Einstellung von Nutzer-Homepages und dergleichen mehr eine entscheidende Rolle.

📖   Die Webseite soll ***neue Kunden akquirieren*** helfen, indem Kontakte hergestellt, Erstinformationen bereitgestellt, Neugier geweckt und die Hemmschwelle bezüglich der Kontaktaufnahme reduziert werden.

---

[376] In Anlehnung an Mattes, F.: Management by Internet, 1997 Feldkirchen, Seite 139

📖 Die Webseite soll die **Qualität** der angebotenen Leistungen erhöhen. Hierzu tragen die Personalisierungsmöglichkeiten im Rahmen einer 1:1-Marketingstrategie bei, denn hierdurch können unter anderem auch die persönlichen Kundenanforderungen ermittelt und gezielt auf diese eingegangen werden. Des Weiteren lassen sich durch die bereits in Kapitel 4.4 angesprochenen After-Sales-Konzeptionen die Effektivität des Kundendienstes sowie der weiteren Aktivitäten der Nachkaufphase wesentlich erhöhen.

Im Folgenden sollen zunächst nochmals die vier Basiserfolgsfaktoren für eine Webseite einer näheren Betrachtung unterzogen werden, bevor die Differenzierungsaspekte angesprochen werden[377].

Aktualität für eine Webseite ist ein zwingendes Gebot, welches einzuhalten ist, denn veraltete Informationen sind im Internet gleichzusetzen mit verdorbener Ware im Lebensmittelhandel. Gleichzeitig bedeutet der Aktualitätsgedanke aber auch, Anreize für den Nutzer für einen wiederholten Webseitenbesuch zu schaffen, denn neue Informationen regen das Interesse an und möchten ergründet werden.

Die **Verwicklung** des potenziellen Nutzers in das Webseitenangebot (**Involvement**) erfolgt in der Regel dann, wenn die Web-Präsenz dazu einlädt, den gebotenen Anregungen zu folgen und darin zu „blättern". Unabhängig von einem konkreten Bedürfnis sollte sich der Nutzer auf das Webseiten-Angebot einlassen, um die gegebenen Möglichkeiten auszuprobieren. Dies erreicht man durch den Aufbau einer emotionalen Bindung zu dem jeweiligen Besucher. Dies bedeutet, dass der Besucher durch die Art der Präsentation zu einem längeren Verbleib auf der Webseite animiert aber auch im Hinblick auf die Darstellung und Animation erwartungskonform und zielgruppengerecht bedient wird.

Die Ansichten über gutes **Design** gehen weit auseinander. Es ist jedoch darauf zu achten, ein adäquates Verhältnis von Inhalt und grafischen Elementen herzustellen, wobei die Datenübertragungsrate nicht zu stark durch vielfältige Animationen und Grafiken belastet wird. Gleichzeitig ist natürlich auch durch eine ansprechende Typographie die Lesbarkeit der Informationen zu erhöhen. In diesem Zusammenhang sollte man einen kundenorientierten einem technokratisierten Webauftritt vorziehen. Auf die Besonderheiten dieser beiden Auftrittsarten wird in den beiden folgenden Unterkapitel noch explizit eingegangen.

Ebenfalls als Erfolgsfaktor für eine entsprechende Webseitenfrequentierung ist die **technische Erreichbarkeit** heranzuziehen, da diverse Studien gezeigt haben, dass der potenzielle Webseitenbetrachter maximal eine Wartezeit zwischen 10 und 30 Sekunden für den Webseitenaufbau akzeptiert. Diesem sollte man als Unternehmung

---

[377] In Anlehnung an Mattes, F.: Management by Internet, 1997 Feldkirchen, Seiten 139-142 und Preißner, A.: Marketing im E-Business, 2001 München Wien, Seiten 316-322

Rechnung tragen durch einen einfachen technischen Aufbau der Webseiten[378], durch Programmierung der Webseiten für verschiedene Browser und Browsergenerationen sowie durch Beachtung der zur Verfügung stehenden Basistechnologien der Nutzer.

Neben den genannten Basiserfolgsfaktoren entscheiden maßgeblich die nachfolgenden drei Webseitengestaltungsfaktoren über Erfolg oder Misserfolg einer Unternehmens-Webseite.

Sie repräsentieren die Differenzierungsmerkmale zu anderen Webseiten und sorgen infolge ihre kundenorientierten Gestaltung für eine dauerhafte Frequentierung durch potenzielle Nutzer.

Insbesondere die *Value Added Service* Faktoren einer Webseite, die bereits mehrfach in den einzelnen Kapiteln dieses Buches angesprochen worden sind, werden dem Bequemlichkeitsgedanken sowie der Forderung der Nutzer nach Anreizpotenzialen zu dem Besuch einer Webseite gerecht. Die Nutzer möchten umworben werden, sie möchten einen besonderen Status im Hinblick auf die Unternehmensbeziehung inne haben. Demzufolge bietet es sich an, die Nutzer durch Mehrwertservices unterschiedlicher Art zum einen auf die eigene Seite zu locken, aber auch dauerhaft durch immer wieder interessante produktfremde Angebote an die Webseite zu binden.

Gerade für die *Verkaufsförderung* im Rahmen der Kommunikationspolitik bieten sich Value Added Services der folgenden Art an:

- Online-Spiele;

- Online Gewinnspiele, bei denen die Unternehmung als Zusatzeffekt für ihre Marktforschung persönliche Daten über den Nutzer erfragen kann;

- Free-Services, wie das kostenlose Versenden von SMS, Recherchen von Bankleitzahlen, Gebrauchtwagenwertermittlung, Devisenumrechnungen und dergleichen mehr;

- Spezielle Events, wie zum Beispiel die Chat-Möglichkeit mit Prominenten in einer definierten Zeitspanne;

- Spezielle, personalisierte Angebote für die eigenen Online-Kunden ähnlich des Charakters von Clubangeboten oder aber auch die Möglichkeiten, kostenlose digitale Zusatzprodukte zu dem erworbenen Produkt herunterzuladen.

---

[378] Hier begibt man sich jedoch auf eine Gratwanderung, denn rein textuelle Seiten sorgen zwar für einen schnellen Seitenaufbau, sind jedoch für den Betrachter weniger interessant als grafisch orientierte. Es muss ein gesundes Mittelmass gefunden werden, so das ein ansprechender Webauftritt für den Nutzer garantiert werden kann.

Beispiel:

> Sie kaufen in einem Online-Shop ein Handy und bekommen die Möglichkeit eröffnet, kostenlos Melodien, Bildschirmschoner und dergleichen mehr zu erhalten.

✎ Links zu anderen interessanten Seiten, wobei hier allerdings darauf zu achten ist, dass diese Links auf der einen Seite so interessant sein müssen, um Internetbenutzer auf die eigene Seite zu locken, andererseits aber nicht so attraktiv sein dürfen, dass die Surfer ohne längeres Verweilen auf der eigenen Page weitersurfen. Einige Fachleute empfehlen, keine Links zu anderen Webseiten auf der Homepage zu installieren.

✎ Anbieten von Fremdprodukten, um dem Convenience Gedankengut des Kunden gerecht zu werden[379].

Ein weiterer Differenzierungserfolgsfaktor von Webseiten liegt in der ***Zugänglichkeit*** der auf den Webseiten angebotenen Inhalte. Hier gilt es klare ***Orientierungsformen*** für den Nutzer zu schaffen und ihm eine klare und gut gegliederte Seitennavigation anzubieten. Der Nutzer darf sich niemals auf den verschiedenen Seiten verlieren, sondern sollte stets durch eine Art Straßenkarte oder Roadmap zielorientiert zu den von ihm gewünschten Informationen geführt werden. Unter anderem bietet es sich an, virtuelle Agenten zu installieren, die auf Benutzerangaben reagieren und gewünschte Wege aufzeigen beziehungsweise als eine Art virtueller Reiseführer durch die Unternehmenswebseiten führen.

Weiterhin haben die Studien gezeigt, dass drei Viertel aller Web-Nutzer selten die dargestellten Webseiten bis zum Ende durchlesen. Aus diesem Grunde sollte ein ***Webseitenangebot mehrstufig*** aufgebaut sein, so dass der Nutzer selbst entscheiden kann, ob und wie viel Informationen und Präsentationsformen er aufnehmen will. Ausgehend von allgemeinen Informationen können Detailinformationen in gestaffelter Form mittels Hyperlink präsentiert werden. Webseiten sind nie in Buchform also strikt sequentiell hintereinander aufzubauen, sondern sollten die Möglichkeiten der Hyperlinks nutzen, Detailinformationen nur auf ausdrücklichen Wunsch des Nutzers durch Mausklick zu offenbaren. Demzufolge sind Webseiten eher mit kurzen Textinhalten zu versehen, die prägnant und informationsorientiert zu verfassen sind.

Die Zugänglichkeit der Webseiteninhalte erhöht sich deutlich durch zur Verfügung gestellte ***Suchfunktionen***. Ein Nutzer möchte durch Eingabe von kurzen Stichwor-

---

[379] So bietet unter anderem die Lufthansa auf ihren Webseiten neben den eigenen Flugangeboten auch Flüge diverser anderer Fluggesellschaften an. Dadurch soll erreicht werden, dass die Kunden bei dem Nicht-Finden eines gewünschten Fluges auf andere Webseiten sowie unternehmensfremde Webangebote ausweichen und eventuell dort dann dauerhaft Umsätze generieren.

ten gewünschte Ergebnisse geliefert bekommen, statt lange durch diverse Seitenstrukturen sich navigieren zu müssen. Auch dieser Aspekt kommt dem Convenience-Gedanken des potenziellen Kunden entgegen und kann zu einer dauerhaften Seitenfrequentierung führen[380].

Ist ein Nutzer auf den Webseiten ausreichend mit Informationen versorgt worden, so möchte er vielfach direkt und ohne Medienbrüche Kontakt mit der Unternehmung aufnehmen. Diese Tatsache wird durch den dritten Differenzierungserfolgsfaktor von Webseiten verkörpert, der **stringenten Zielführung aus Nutzersicht**. Neben der Mimimalausführung einer Zielführung durch das Nennen von Unternehmens-Ansprechpartnern inklusive Telefonnummern sollten hier spezielle Formulare zur direkten elektronischen Kommunikation, direkte Bestellmöglichkeiten oder aber auch elektronische Kommunikationsmöglichkeiten wie Chat, Foren oder FAQ-Boards angeboten werden.

Allgemein ist zu bemerken, dass für eine erfolgreiche Webseitengestaltung dem Nutzer **personalisierte Webseiten** zur Verfügung gestellt werden sollten. Diese vermitteln dem Kunden ein Gefühl von Exklusivität sowie Vertrauen und sprechen ganz gezielt auch seine persönlichen Bedürfnisse an (One-To-One-Marketing[381]).

Notwendig für die Personalisierung ist, dass der Kunde sich registrieren lässt. Dies wird er nur tun, wenn er sich davon einen speziellen Mehrwert verspricht[382] und auf den Schutz seiner Daten vertrauen kann. Der Kunde erhält dann das Gefühl, für das Unternehmen etwas Besonderes zu repräsentieren, was ihn dazu bewegen kann, dauerhaft dem entsprechenden Unternehmen die Treue zu halten. Im Falle der Registrierung eröffnen sich dem Seitenbetreiber dann als gewünschter Effekt Marktforschungsmöglichkeiten.

Im Rahmen der Personalisierung unterscheidet man zwischen einer aktiven und einer passiven Personalisierung. **Aktive Personalisierung** bedeutet, dass der Kunde in einer Webseite selbst personalisierte E-Mails oder Informationen anfordert. Die **passive Personalisierung** sieht vor, dass der Anbieter Informationen verwendet, die er über den Kunden gesammelt hat, um die Kommunikation mit ihm im Hinblick auf die vermuteten Bedürfnisse zu gestalten[383].

Abschließend ist zu bemerken, dass eine Unternehmens-Webseite als eine Art Visitenkarte betrachtet werden sollte. Sie ist auf elektronischem Wege vielfach der erste Kontaktionspunkt eines Nutzers mit dem „virtuellen Unternehmen". Wie auch bei einem Bewerbungsgespräch, so entscheidet vielfach der erste Eindruck des Betrachters über Erfolg oder Misserfolg der weiteren Kontaktion beziehungsweise Beziehung. Demzufolge ist im Rahmen der E-Kommunikationspolitik der Webseite eine erhöhte Aufmerksamkeit zu widmen.

---

[380] In Anlehnung an Mattes, F.: Management by Internet, 1997 Feldkirchen, Seiten 140-141

[381] Siehe auch Kapitel 4.3.1

[382] Hier kommen wieder in bedeutendem Umfange die Value Added Services zum Tragen.

[383] Vgl. Wiegran, G. / Koth, H.: firma.nach.maß, 2000 München, Seite 58 ff.

Des Weiteren muß eine Unternehmung im Hinblick auf ihre Webseite auch die mobilen Kommunikationsmittel beachten, denen in Zukunft eine größere Bedeutung zukommen wird. Insbesondere als Value Added Services bieten sich solche mobilen Webseiten an. So kann eine Unternehmung neben ihrer Produkt- und Selbstdarstellung im Internet gezielte standortabhängige Informationen, wie zum Beispiel die Fahrtroute von einem bestimmten Standort zu dem Unternehmen, mittels der heutigen WAP-Technologie einem potenziellen Interessenten anbieten. Die Navigation des Kunden hin zum Unternehmen erfolgt über Handy. Man spricht hier von den sogenannten **Location Based Services**, welche standortbezogene Dienste den Kunden in Abhängigkeit ihres Aufenthaltsortes anbieten können[384].

7.1.1 Technikorientierte Webseitengestaltung

Es ist nicht von der Hand zu weisen, dass eine Begeisterung des Kunden durch Animationseffekte und einen besonders designtechnisch gestalteten Webauftritt hervorgerufen werden kann, doch hat dies meist nur einen primärorientierten Charakter. Das bedeutet, dass der Kunde zwar von animierten Grafiken, schwebenden Buttons beziehungsweise marketingtechnisch gut umgesetzten Videosequenzen angezogen wird, einmalig eine Internetseite zu besuchen. Diese Seite wird er in Zukunft infolge des Bekanntheitsfaktors, allzu langer Ladezeiten und notwendigen Systemvoraussetzungen meiden.

Des Weiteren ist unter einem technokratisierten Internetauftritt auch das gezielte Ausspähen von Kundendaten in Form sogenannter Cookiedateien[385] zu verstehen, die auf der einen Seite den Kunden unter anderem auf den Internetseiten persönlich begrüßen und ihm ein auf seine Wünsche zugeschnittenes Angebot präsentieren können. Andererseits werden dabei Daten über den Kunden erhoben, die ihm gegenüber auch offen dargelegt werden sollen, damit er nicht das Gefühl bekommt, von dem Unternehmen seines Vertrauens ausspioniert zu werden. Kundendaten sind als hohes Gut für ein Unternehmen anzusehen und sollten vertraulich und mit Zustimmung des Kunden behandelt werden. Wird dies nicht beachtet, so kann man zwar aus technologischer Sicht vielfältige Kundendaten generieren und diese auch weiter vermarkten, ob dies jedoch zu einer dauerhaften Kundenbindung führt, ist anzuzweifeln; der Kunde kann dies als Vertrauensbruch auffassen.

Überlässt man die Realisierung eines Internet-Auftrittes einzig und allein der IT-Abteilung seines Hauses, so ist die Gefahr groß, dass diese die Gestaltung als Spielwiese neuester technologischer Aspekte nutzt. Der Kunde wird sich schnell von solchen Internetangeboten abwenden, da er dafür sorgen muss, seine technische Umgebung zu aktualisieren, um das Unternehmensangebot wahrnehmen zu können. Er wird damit zum agierenden Objekt und nicht zu einem umsorgten, so dass schnell eine Unzufriedenheit aufkommt.

---

[384] Vgl. Robben, M.: Location Based Services – Standortvorteile nutzen, http://www.ecin.de/technik/lbs Stand 29.03.2001

[385] Siehe hierzu im Speziellen Kapitel 3.4.2

Auch die vielfach bei Online-Shops vorherrschenden 3D-Betrachtungsmöglichkeiten fallen in diesen Bereich, wenn es hierzu zunächst notwendig wird, ein Zusatzmodul auf seinem heimischen Rechner zu installieren. Es ist nicht von der Hand zu weisen, dass solche Präsentationen durchaus als kundenorientiert zu bezeichnen sind, da der Kunde hierdurch einen nahezu realen Eindruck von dem Produkt erhält. Doch sollte diese Präsentationsform durch eine Standardfunktionalität des Browers abgedeckt werden, denn diese Möglichkeit besteht durchaus. Somit vermeidet man das Konfliktpotenzial „technikorientiert statt kundenorientiert" durch einfache Mittel.

Ein weiteres Charakteristikum eines eher technokratisierten E-Business-Auftrittes liegt in der Tatsache begründet, dass nach dem Zustandekommen einer elektronischen Geschäftsbeziehung kein sogenannter After-Electronic-Customer-Support stattfindet. Der Kunde findet bei Nachfragen oder Reklamationen keinen menschlichen Ansprechpartner im Unternehmen vor, sondern hat als alleinige Kontaktionsmöglichkeit das Medium Internet zur Verfügung. Sicherlich ist eine solche häufig standardisierte elektronische Kommunikationsform sehr kostengünstig für eine Unternehmung, doch ob der Kunde dauerhaft diesem Unternehmen die Treue hält, bleibt anzuzweifeln. Gerade bei Beschwerden oder Produktfragen ist es wichtig, den Kunden umfassend zu betreuen und ihm auch die persönliche Ansprache zu bieten, um Konfliktpotenziale zwischenmenschlich zu entschärfen. Dies führt in der Regel dazu, dass sich der Kunde auch im Falle eines Ärgernisses gut bei dem Unternehmen aufgehoben fühlt und die Geschäftsbeziehung aufrecht erhält.

Technikorientierte Internet-Auftritte zeichnen sich ferner dadurch aus, dass sie vielfach Informationen einzig und allein über einen Online-Download offerieren. Dieser bindet jedoch Zeit- und Kostenressourcen des Kunden, der meist nicht zu dieser für ihn mit Aufwand verbundenen Informationsgewinnung bereit ist. Auch hier gilt, dass es für das Unternehmen zwar kostengünstiger ist, Informationen per Download bereitzustellen, doch der Kunde erwartet parallel auch die Möglichkeit des Bezugs einer gedruckten Version der Information auf postalischem Wege.

7.1.2 Kundenorientierte Webseitengestaltung

Unter einem kundenorientierten Internetauftritt versteht man die Ausgestaltung und Ausrichtung des Web-Auftritts an den Bedürfnissen der Kunden. Es spricht nichts dagegen, als Zusatzoption dem Kunden technische Raffinessen, wie zum Beispiel die Übertragung einer Hauptversammlung einer Aktiengesellschaft im Internet bereitzustellen, wenn dieser die notwendige Umgebung dazu besitzt.

Doch wird hier die Entscheidung dem Kunden überlassen, wie er die Informationsgewinnung vornehmen möchte. Dies führt dazu, dass man eine ***Mehrfachstrategie*** im Rahmen seines gestaltungsorientierten Internet-Auftrittes vollziehen muss, wie Abbildung 7.3 verdeutlicht.

Zum einen sollte an Kunden gedacht werden, die schnell und gezielt Waren, Dienstleistungen oder Informationen erlangen möchten und zum anderen an Kundengruppen, welche den informationstechnologischen Standpunkt und die IT-Weiterentwicklung des Unternehmens eruieren möchten.

Eine kundenorientierte E-Business-Konzeption zeichnet sich im Besonderen dadurch aus, dass sie sich gezielt auf die persönlichen, sprich individuellen, Bedürfnisse eines jeden Kunden zubewegt, diese aufnimmt sowie versucht, sie auch wunschgemäß zu erfüllen. Dabei gibt der Kunde den Weg vor und wird nicht durch vordefinierte Unternehmensstrukturen in seiner Bedürfnisbefriedigung eingeengt.

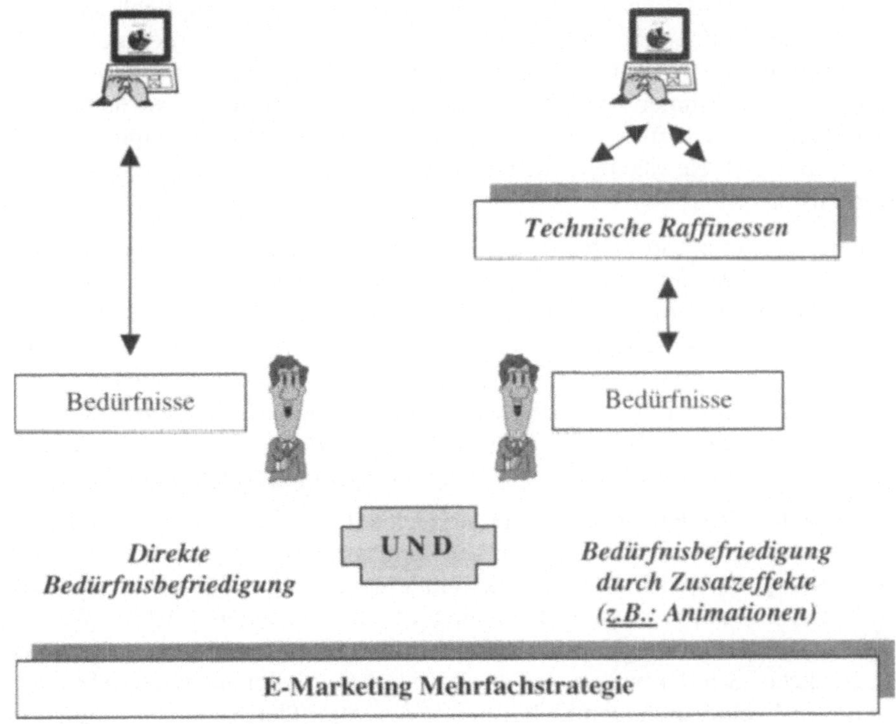

Abbildung 7.3:   E-Marketing Mehrfachstrategie im Rahmen der
Webseitengestaltung

Beispiel[386]:

Der Kunde interessiert sich für ein Managementbuch. Bei einem Buchhandlungs-Internetauftritt erwartet er durch die Eingabemöglichkeit des Suchbegriffes „Management" zunächst eine Vorauswahl zu diesem Themengebiet. Da diese recht umfangreich sein kann, bietet es sich an, dem Kunden eine Verkaufsstatistik über die beliebtesten Bücher dieser Kategorie zu präsentieren. Wenn er sich ein Buch näher betrachten möchte, so sollte man ihm ebenfalls Bücher präsentieren, die als Add-On zu dem dargestellten gekauft wurden. Gleichzeitig ist dem Kunden aber auch die

---

[386] Wie unter anderem bei http://www.bol.de oder http://www.libri.de

Möglichkeit zu offerieren, direkt seinen Suchweg zu gehen, indem er ein bestimmtes Buch durch diverse Identifizierungsmerkmale bestellt oder das Unternehmen beauftragt, ihm bestimmte Bücher per Vorauswahl mittels E-Mail zuzusenden inklusive einer Kurzbeschreibung des jeweiligen Buchinhaltes.

Wie bereits beim technikorientierten E-Business-Konzept angesprochen, sollte man dem Kunden die Wahlmöglichkeit eröffnen, ob er diverse Informationen auf postalischem oder auf elektronischem Wege beziehen möchte. Hier empfiehlt sich organisatorisch die Etablierung eines Informationsmanagements im Unternehmen. Dadurch wird gewährleistet, dass die Informationsversorgung der Kunden sowie anderer Interessengruppen im Rahmen der Unternehmensführung beachtet wird. In diesem Zusammenhang ist auch zu entscheiden, ob die Informationen den Kunden nach der Push- (zum Beispiel: Newsletter) oder nach der Pull-Technologie zur Verfügung gestellt werden[387].

Für die Personalisierung im Rahmen eines Internet-Auftrittes ist die Verwendung sogenannter Cookie-Dateien vonnöten. Um dem Kunden jedoch seine über ihn gespeicherten Daten in Form einer offenen Kundeninformationspolitik präsentieren zu können, ist es ratsam diese durch einen Hyperlink dem Kunden auf Anforderung in einer übersichtlichen und lesbaren Form anzubieten. Durch diese offene Informationspolitik wird es dem Kunden erleichtert, eine Vertrauensbasis zum Unternehmen aufzubauen, was sich für das Unternehmen im Zuge der immer weiter voranschreitenden Preistransparenz als direkter Wettbewerbsvorteil auswirken kann.

Dem potenziellen Kunden ist ferner die Möglichkeit zu offerieren, auch auf nicht elektronischem Wege ohne allzu großen Aufwand mit dem Unternehmen in Kontakt zu treten. Hierzu bietet sich zum Beispiel ein sogenannter Call-Back-Button auf den Internet-Seiten an, durch dessen Betätigung der Kunde einen Rückruf des Unternehmens zu von ihm vorgegebenen Uhrzeiten einfordern kann. Des weiteren ist eine ganzheitliche Kundenbetreuung durch das Unternehmen vorzunehmen, das heißt, dass auch eine umfassende Betreuung im After-Electronic- beziehungsweise im After-Sales-Bereich vorzunehmen ist. Eine rein elektronische und Pre-Sales-Präsenz führt aller Voraussicht nach dazu, dass der Kunde nicht Wiederholungskäufer infolge der fehlenden Servicequalitäten wird.

Das eine eingehende Kunden-E-Mail ohne große Zeitverzögerung beantwortet werden sollte, versteht sich von selbst. Zumindest ist der Kunde über die voraussichtliche Dauer der Bearbeitung der entsprechenden Anfrage unverzüglich in Kenntnis zu setzen.

Weitere Kennzeichen für die kundenorientierte Gestaltung einer E-Business-Konzeption sind in den designtechnischen Präsentationsformen des Internet-Auftritts zu suchen. Neuerungen auf den entsprechenden Seiten sollten dem Besucher auf einen Blick aufgezeigt werden, so dass dieser sich nicht erst mit einem immensen Zeitaufwand durch das bekannte Angebot fortbewegen muss, um neue Informationen ausfindig zu machen. Auch eine durchdachte und strukturierte Benutzerführung

---

[387] Hierauf wird noch gezielt im weiteren Verlauf eingegangen werden.

sowohl in vertikaler als auch horizontaler Hinsicht[388] ist dem potenziellen Betrachter anzubieten, so dass er ohne großen Lernaufwand auf den Seiten navigieren kann.

7.2 Pull- und Push-Orientierung im Rahmen der Kommunikationspolitik

Nachdem die elektronische Visitenkarte des Internets beziehungsweise der neuen Medien im Allgemeinen vorgestellt worden ist, gilt es Besonderheiten der Kommunikation über das Internet herauszuarbeiten. Im traditionellen Medienumfeld wurde und wird die Kundenansprache im Sinne der Kommunikationspolitik primär durch das Unternehmen initiiert. Der potenzielle Kunde oder Interessent wird vom Unternehmen mit Werbeinformationen versorgt, ohne dass es weiß, ob er diese überhaupt in Anspruch nehmen möchte. Nur selten geht die Agitation vom Kunden aus, da die Wege hierzu vielfach zu umständlich sind. Postkarten ausfüllen, Briefe schreiben, Anrufe tätigen sind zum einen für den potenziellen Kunden sehr aufwendig, müssen zu Zeiten geführt werden, wo auch ein Unternehmensansprechpartner dienstlich ansprechbar ist beziehungsweise gehen zu Budgetlasten des Kunden. Hier ist ein Medium gefordert, wo der Kunde selbst, ohne großen Zeitaufwand, zu jeder Zeit und zu vertretbaren Kosten Informationen erhalten kann.

Im Rahmen des E-Marketing spricht man von der ***Pull-Technologie***, wenn die Agitation vom Kunden ausgeht, wohingegen die traditionelle Form der Kommunikation meist mittels der ***Push-Technologie*** geführt wird.

Das ***Push-Prinzip*** gilt für fast alle traditionellen Werbeformen. Dabei geht die Agitation direkt vom Anbieter beziehungsweise vom Werbetreibenden aus. Auch im Internet kann die Push-Technologie in der Kommunikationspolitik angewendet werden, doch sollte sie mit Bedacht eingesetzt werden, um potenzielle Kunden nicht zu verärgern und von einer Unternehmenskontaktion abzuhalten.

Nach dem Push-Prinzip werden Web-Inhalte automatisch an den potenziellen Empfänger gesendet, ohne dass dieser die einzelnen Seiten explizit anfordern muss. Wörtlich kann man den Begriff mit Schieben oder Drängen übersetzen, will sagen, dass sich der Empfänger der entsprechenden Botschaften nicht erwehren kann. Beispiele aus dem traditionellen Bereich sind TV-Spots, Anzeigen in Zeitschriften, Postwurfsendungen und spezielle kostenlose Werbemagazine.

Eine Einschränkung existiert jedoch hinsichtlich der Push-Technologie im Internet und im Speziellen auf Webinhalte bezogen. Natürlich kann kein Web-Server eigenständig Informationen an diverse Adressaten senden. Er muss wissen, dass diese online sind. Bei der Anmeldung des entsprechenden Empfängers in das Internet, wird dies von dem entsprechenden Webserver registriert. Anschließend sendet dieser während der Online-Sitzung entsprechende Werbebotschaften an den potenziellen Empfänger, ohne dass dieser diese explizit anfordert. Es handelt sich hierbei um die typischen Werbeeinblendungen auf Webseiten, die zum Beispiel in Form von Ban-

---

[388] Unter einer ***horizontalen Benutzerführung*** versteht man das Führen des Kunden durch den eigenen elektronischen Unternehmensauftritt, wohingegen eine ***vertikale*** die Hyperlinks zu unternehmensfremden Internetangeboten wiederspiegelt.

nern[389] den Betrachtern nahegebracht werden. Aus diesem Grunde spricht man hier auch von einer ***versteckten Pull-Technologie***[390].

Unter dem Begriff der Push-Technologie lassen sich die unterschiedlichsten Anwendungen zusammenfassen[391]:

- Als älteste Anwendung ist hier die ***E-Mail*** anzusehen. Der Absender schickt dabei an den potenziellen Empfänger eine Nachricht, eine Datei oder aber auch eine komplette Webseite. Hierzu ist es natürlich notwendig, dass dem Sender die entsprechenden Empfängeradressen bekannt sind. Ein Problempunkt bei dieser Push-Technologie liegt jedoch in der Tatsache, dass hierdurch eine starke Frustration beim Botschaftenempfänger auftreten kann, wenn dieser die jeweiligen Werbebotschaften nicht wünscht. Man spricht hier von den sogenannten ***Spam-Mails***. Infolge der großen Bedeutung des E-Mail-Verfahrens im Zuge der E-Kommunikationspolitik gehen wir hierauf in einem speziellen Kapitel näher ein.

- Eine weitere Möglichkeit der Push-Werbung bieten die bereits vorgestellten ***Portale***[392], das heißt die Eingangsseiten die der Browser generiert. Diese können zwar vom Nutzer angepasst werden; unterlässt er dies, wird er zwangsläufig beim Start ins Internet mit der auf der Portalseite platzierten Werbung konfrontiert. Somit unterliegen auch personalisierbare Webseiten der Push-Technologie, da zum einen bei Nicht-Vorhandensein einer Personalisierung alle Portalanbieter-Informationen den Nutzer erreichen. Zum anderen werden den Nutzer auch bei einer vorgenommenen Personalisierung Informationen erreichen, die er nicht explizit verwenden kann, denn eine Personalisierung legt lediglich ein Grobraster der Informationsversorgung fest.

- Ebenfalls zur Push-Werbung eignen sich die sogenannten ***Broadcast Services***. Sie stützen sich auf Techniken wie PointCast, Backweb oder Marimba. Diese dienen dazu, Inhalte unmittelbar auf den Bildschirm des Nutzers zu bringen. Die Nutzer können explizit ihre Profile bekannt machen, an denen sich dann die Nachrichten orientieren sollen. Somit wird die persönliche Interessenlage des Anwenders berücksichtigt, so dass die reine Philosophie der Push-Technologie, also das Nicht-Wissen um die Tatsache, ob der Empfänger die Information auch benötigt, etwas abgemildert wird.

---

[389] Hierauf wird im weiteren Verlauf dieses Kapitels über die E-Kommunikationspolitik noch näher eingegangen werden.

[390] In Anlehnung an Reichardt, C.: Push-Technologie revolutioniert die Geschäftsabläufe im Internet, Seite 35 ff. in Heinen, I.: Internet – von der Idee zum kommerziellen Einsatz, 1998 Heidelberg und Stolpmann, M.: Online-Marketingmix – 2. Auflage, 2001 Bonn, Seite 37

[391] Vgl. Reichardt, C.: Push-Technologie revolutioniert die Geschäftsabläufe im Internet, Seite 36

[392] Siehe auch Kapitel 6.1.2

Benötigt wird eine spezielle Client-Software, die die Nachrichten regelmäßig vom zentralen Speicher der Nachrichtendienste holt und lokal zwischenspeichert. Diese Kanäle ermöglichen das Abonnement von Unterhaltungs- und Informationsangeboten, aber auch das automatische Software-Update und eignen sich sehr gut zur interaktiven, multimedialen, persönlichen und aktiven Kommunikation mit dem Nutzer. Sie werden vielfach auch als ***Personal Broadcast Networks***[393] bezeichnet.

Die Besonderheit der Kommunikationspolitik unter Nutzung von Datennetzen liegt in der ***Pull-Orientierung***. Der Interessent muss von sich aus aktiv werden, um ein Informationsangebot im Netz wahrzunehmen. Er wird also nicht – wie in den klassischen Medien üblich – zwangsläufig mit einer Information konfrontiert.

Durch die Pull-Orientierung ist es notwendig, dem von Neugier und von Gebühren getriebenen Web-Nutzer möglichst schnell die ***Unique Selling Proposition***, sprich das Alleinstellungsmerkmal des Produktes respektive des Angebotes zu vermitteln.

Der Nutzer selektiert und bricht die webspezifische Informationseinholung gegebenenfalls ab, sobald seine individuelle Toleranzgrenze für diesen Vorgang erreicht ist. Für das Online-Marketing bedeutet die Verfolgung des Pull-Konzeptes vor allem dreierlei[394]:

- Individueller Anreiz für den Nutzer;
- Value Added Services für den Nutzer;
- Kundenorientierte Webseitengestaltung[395].

Jeder einzelne Nutzer muss ***individuell*** durch das Kommunikationsmedium und den Kommunikationsinhalt angesprochen werden. Es reicht nicht aus, eine große Zielgruppe mit mannigfaltigen Werbebotschaften zu überfluten, vielmehr muss versucht werden, jeden einzelnen potenziellen Nutzer individuell zu ködern. Wird dieser Köderungsvorgang seitens des Nutzers nicht positiv wahrgenommen, so verspürt er auch keinen Impuls, auf der jeweiligen Webseite zu verweilen oder den eingeblendeten Banner mittels Mausklick zu aktivieren, um auf die beworbene Webseite zu gelangen. Somit muss ein Anreizpotenzial geschaffen werden, welches vom Nutzer angenommen wird.

Dies geschieht unter anderem durch den Einsatz von ***Value Added Services***, da er im Speziellen durch verschiedene Aktionen emotional angesprochen wird. Diese Aktionen sind häufig vom Nutzer überhaupt nicht beabsichtigt, verleiten ihn jedoch infolge ihrer Attraktivität zur Nutzung oder zum Erwerb. So kann durch die Mehrwert-

---

[393] Siehe auch Mattes, F.: Management by Internet, 1997 Feldkirchen, Seite 239 ff.

[394] Stolpmann, M.: Online-Marketingmix – 2. Auflage, 2001 Bonn, Seite 37 ff.

[395] Siehe Kapitel 7.1.2

faktoren eine positive Nutzerstimmung erreicht werden, die diesen zu einem dauerhaften Besuch der entsprechenden Webseite veranlasst; er wird so quasi zum Stammnutzer.

Für das Pull-Prinzip ist damit die eigentliche Webseite der Erfolgsfaktor, denn nur wenn diese nutzeransprechend und attraktiv gestaltet und aufgebaut ist, kann ein Nutzer zu einem dauerhaften Besuch bewegt werden. Daher wurde diese auch als Visitenkarte des Unternehmens bezeichnet. Wichtig hierfür ist der Einsatz von aktiven und passiven Personalisierungsmaßnahmen. Gerade bei den **Pre-Sale Aktivitäten** einer Unternehmung ist der Einsatz von solchen Pull-Technologien ratsam. Aber auch die Push-Technologien können zu einem Produktkauf führen, wenn diese nicht global sondern selektiv angewendet werden. Gehen auch diese auf die Bedürfnisse des Nutzers ein, so tritt bei diesem nicht das Gefühl der sinnlosen Informationserhaltung ein.

Somit kann nicht generell eine Empfehlung für eine der beiden Technologien ausgesprochen werden, sondern vielmehr sollte man dazu übergehen, beide kundenorientiert anzuwenden. Dies geschieht im Sinne eines gespannten Abschleppseils, denn nur wenn sowohl zwischen dem ziehenden (pull) als auch dem schiebenden (push) Automobil ein harmonisierter Zwischenraum geschaffen wird, dann kann der Abschleppvorgang erfolgreich durchgeführt werden.

Dies gilt sinnbildlich auch für die Push- und Pull-Technologie, denn nur wenn beide auf den Kunden ohne negativen Einfluss einwirken, kann dieser selbst agieren beziehungsweise auf ein Angebot aufmerksam gemacht werden. In Abbildung 7.4 wird dieses nochmals durch die Herauskristallisierung der Ausgewogenheit zwischen beiden Technologien hervorgehoben.

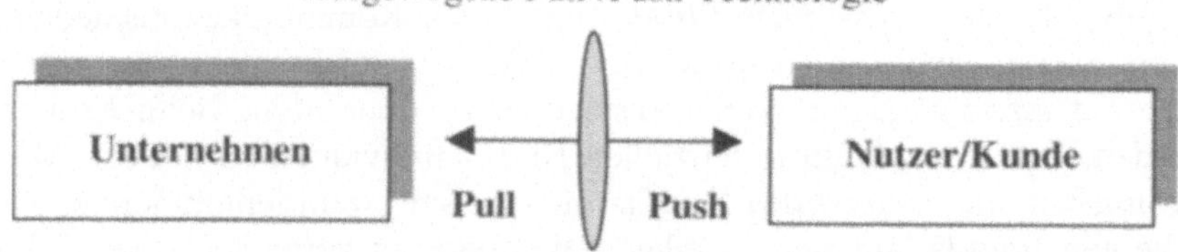

Abbildung 7.4: Ausgewogene Pull-/Push-Technologie

7.2.1 E-Mail Werbesendungen als Push-Werbemaßnahme

Die bedeutendste Form von Push-Werbemaßnahmen wird durch eine Adaption der Postwurfsendungen repräsentiert, dem E-Mail-Verfahren. E-Mail Adressen lassen sich sehr leicht im Internet beschaffen. Über Mass Remailer erfolgt dann der Versand der Werbebotschaft eventuell ungebeten an alle Teilnehmer. Diese sogenannten **Junk-Mails oder Spam-Mails** sind sehr einfallslos und sorgen bei den Empfängern meist für Verstimmung; hieraus resultieren Gegenmaßnahmen wie schwarze Listen, Boykott oder Mail-Bombing. Bei letztgenannten wird der Urheber der Werbesendungen mit unbrauchbaren Antworten überhäuft, bis sein Server abstürzt. Immer mehr Provider bieten ihren Kunden den Dienst an, die Werbesendungen automatisch herauszufiltern. In Deutschland wird das Junk-Mailing der aktiven Telefonwerbung gleichgesetzt und ist weitgehend untersagt.

Ein Ausweg aus der geschilderten Situation liegt in der Einholung der Zustimmung des Nutzers zum Empfang elektronischer Mail-Werbung. Mit einer einmaligen Willenserklärung (Mail-Abonnement-Anforderung) kann der Nutzer dann dauerhaft (bis zur Abbestellung) werbemäßig erreicht werden. Ein Beispiel hierfür ist der **Inbox Service**. Hier kann sich ein Nutzer in einen Nachrichtendienst eintragen und zusätzlich sein Interessenprofil abgeben. Der Service liefert ihm nun regelmäßig aktuelle und auf sein Profil zugeschnittene Nachrichten in Newsletter-Form. Durch den Nutzen toleriert er dabei die Einstreuung von Werbung in die Nachrichten. Dabei können auch die Werbeeinspielungen an seinem Interessenprofil orientiert sein. Letztlich muss aber hier das Verhältnis von Nutzen und Werbung stimmen.

Das E-Mail-Verfahren stellt für eine Unternehmung eine sehr kostengünstige und schnelle Kommunikationsform dar. Standardanfragen lassen sich sehr gut mittels **Auto-Responder** beantworten. Hierbei wird automatisch auf eine an eine bestimmte Adresse gerichtete E-Mail mit einem Standardantworttext umgehend geantwortet. Dieses Auto-Responder Verfahren bietet sich zum einen für Abwesenheitsnotizen von Kontaktpersonen im Unternehmen aber auch für das Versenden von Informationen zu einer ganz bestimmten Thematik an – wie zum Beispiel Preislisten oder allgemeine Support-Informationen.

Des Weiteren lassen sich auf ein Thema fixierte Neuigkeiten, Kommentare und Informationen sehr gut über **Newsletter** versenden. Die Newsletter dienen der Massen- und Einwegkommunikation, das heißt, die Empfänger erhalten regelmäßig ein Informationsschreiben, können aber untereinander nicht in Kontakt treten. Damit unterscheiden sie sich von Mailing-Listen, die eine aktive Diskussion zwischen den Abonnenten erlauben. Zwei Formen von Newslettern haben sich mittlerweile am Markt etabliert. Zum einen handelt es sich um **Volltext-Newsletters** und zum anderen um sogenannte **Aufreißer-Newsletters** mit der Angabe von entsprechenden Hyperlinks zu bestimmten Webseiten.

Für den Empfänger ist die Volltext-Variante bequemer, da er hier alle Informationen nach dem Erhalt der Newsletter-E-Mail offline einholen kann. Werbebotschaften lassen sich zwischen zwei Artikeln sehr gut platzieren und werden so vielfach auch bewusst von den Newsletter-Empfängern wahrgenommen. Bei den Aufreißer-Newslettern wird nur ein Kurztext als Basisinformation versendet, weitergehende Informationen können durch Klick des mitgelieferten Hyperlinks eruiert werden. Hierbei muss der Kunde jedoch Online sein, was dazu führt, dass diese Art von Newslettern für den Kunden weniger interessant ist.

Für das Unternehmen ist diese Form jedoch ideal, da die Herausgeber so zusätzlichen Verkehr auf ihren Seiten erzeugen können[396]. Durch die Newsletters ist es

---

[396] Vgl. Stolpmann, M.: Online-Marketingmix – 2. Auflage, 2001 Bonn, Seiten 186-187

möglich, das Pull-Prinzip zu Gunsten des werbetreibenden Unternehmens wieder umzudrehen. Einmal abonniert können durch die angeforderten Newsletter dem Empfänger Informationen geliefert werden, die dieser nicht explizit angefordert hat, die ihn jedoch vom Thema her interessieren könnten.

Um über Newsletter erfolgreich Informationen verbreiten beziehungsweise Werbung betreiben zu können, sind folgende Anforderungen an diese Art von E-Mail zu stellen[397]:

☺   Der Newsletter muss das Informationsbedürfnis der potenziellen Zielgruppe abdecken und diese mit zielgerichteten Informationen versorgen.

☺   Der Newsletter ist an der Corporate Identity des Unternehmens zu orientieren und soll sich von Wettbewerberangeboten deutlich distanzieren.

☺   Der Newsletter muss aktueller als die Print-Medien sein und individuelle, nutzerbezogene Daten enthalten.

☺   Der Newsletter muss die Möglichkeiten bieten, detailliertere und weitere Informationen mittels Hyperlinks zu erhalten.

☺   Der Newsletter sollte ein Impressum sowie eine direkte Abbestellmöglichkeit des Abonnements enthalten.

☺   Der Newsletter sollte sowohl in Text- als auch in HTML-Syntax angeboten werden, um zum Beispiel grafiksensitive Eigenschaften verwirklichen zu können.

Als eine weitere E-Mail Kommunikationsform fungiert der *Verkaufs-Flyer*. Diese Art von E-Mail wird nicht regelmäßig versendet und hat nicht den informationellen Wert eines Newsletters. Dennoch können unter Informationsgesichtspunkten diese Verkaufs-Flyer für den Empfänger von speziellem Interesse sein, wenn er sich für die angebotenen Produkte oder Services interessiert (zum Beispiel Sonderangebote, neue Produkte, Aktionen, etc.). Eine spezielle Form dieser Verkaufs-Flyer wird durch die *Update-* oder *New-Products-Flyers* verkörpert, die auf neue Produkte in dem zuvor definierten Interessengebiet des Empfängers hinweisen[398].

Generell lässt sich anmerken, dass ein Newsletter bei Verwendung von informativen Gesichtspunkten dazu beitragen kann, Leser als dauerhafte Kunden zu gewinnen. Es wir eine Unternehmens-Seriosität aufgebaut, so dass der Kunde gerne und häufig, zum Beispiel angeregt durch die Verkaufs-Flyer, bei der Unternehmung seine Einkäufe tätigt. Doch auch für die Traffic-Steigerung auf den Webseiten kann ein Newsletter hilfreich sein, wenn dieser auf detailliertere Informationen innerhalb der Web-

---

[397] In Anlehnung an Preißner, A.: Marketing im E-Business, 2001 München Wien, S. 304

[398] Siehe auch Wilson, R. F.: Email-Marketing – Beziehungspflege oder Werbemüll?, http://www.ecin.de/marketing/wilson/wilson_email-2.html Stand: 03.12.1999

seite verweist. Es wird jedoch davon abgeraten, lediglich die erwähnten Aufreißer-Newsletter zu generieren, da hier der Kunde das Gefühl bekommen könnte, nur durch weitere Online-Kosten umfassend informiert zu werden.

In diesem Zusammenhang ist es wichtig, keine **Spam-E-Mails** zu versenden, da diese das Kundenvertrauen sehr stark negativ beeinflussen. Als Spamming bezeichnet man das Versenden von Millionen von E-Mails ohne vorherige Einholung der Erlaubnis bei dem Empfänger. Dabei bitten die Absender der E-Mails den Empfänger gewöhnlich, ein Produkt oder ein Dienstleistung irgendeiner Art zu kaufen oder an einem Programm teilzunehmen, bei dem man schnell reich werden kann. Spamming wird häufig auch als Bulk-E-Mail, Unsolicited-E-Mail oder Junk-E-Mail bezeichnet. Die entsprechenden E-Mail-Adressen werden von den Spammern aus diversen Quellen gewonnen, wie Newsgroups-Veröffentlichungen, Web-Seiten oder aus anderen Verteilerlisten[399].

In Deutschland ist es – wie bereits erwähnt - grundsätzlich verboten, eine Versendung werblicher E-Mails vorzunehmen, wenn der Empfänger nicht explizit dem Versand zugestimmt hat. Des Weiteren existiert eine sogenannte Netiquette, die das Versenden von Spam-E-Mails als unverschämt definiert und jedem Unternehmen im Rahmen einer E-Kommunikationspolitik abrät, da sie diesem mehr schadet als nützt.

Drei unterschiedliche Arten von Spam-E-Mails haben sich herauskristallisiert[400]:

Untargeted E-Mail

> Hierbei handelt es sich um eine ungezielte E-Mail Versendung, wo bei dem Sendevorgang hunderttausende von E-Mails an verschiedene Adressaten gesendet werden, deren Adressen der Versender entweder käuflich erworben hat oder die durch ein spezielles Softwareprogramm im Internet geerntet worden sind. Auf die Interessenlage des Empfängers wird überhaupt nicht eingegangen, sondern man hofft durch den Massenversand einige potenzielle Kunden gewinnen zu können.

Targeted E-Mail

> Hierbei handelt es sich um eine gezielte Massenversendung von E-Mails, bei der die Adressen auf Webseiten oder Newsgroups recherchiert worden sind, um zumindest ein allgemeines Interesse an dem beworbenen Produkt im Vorfeld ausmachen zu können.

Opt-in E-Mail

> Bei dem Opt-in Verfahren hat der Empfänger dem Erhalt von Informationen und Angeboten bestimmter Firmen ausdrücklich zugestimmt[401]. Darüber hin-

---

[399] Vgl. Amor, D.: Die E-Business-(R)Evolution, 2000 Bonn, Seiten 261-262

[400] Vgl. Wilson, R. F.: Email-Marketing – Beziehungspflege oder Werbemüll?, http://www.ecin.de/marketing/wilson/wilson_email.html Stand: 03.12.1999

aus kann der Empfänger aber zusätzlich mit nicht gewünschten Informationen eben dieser Firmen konfrontiert werden[402], so dass hier eine abgemilderte Form von Spam-E-Mails vorliegt.

Um eine gewisse Akzeptanz bei dem Versenden von E-Mails im Hinblick auf die Sender-Empfänger-Beziehung zu schaffen, hat der Deutsche Multimedia Verband (dmmv) Regelungen vorgeschlagen, an die sich die Versender halten sollten; dies sind im Einzelnen[403]:

- Die Empfänger müssen sich mit dem Empfang der Werbe-E-Mails ausdrücklich einverstanden erklären. Im Sinne einer guten Kundenbeziehung sollte das Unternehmen darauf verzichten, im sogenannten Kleingedruckten oder mittels versteckter Hyperlinks auf Ausnahmen im Hinblick der zu versendeten Botschaften hinzuweisen.

- Der Sender der E-Mails muss dem Empfänger die Eintragung in die Adressenliste durch eine Begrüßungs-E-Mail mittels Rückantworttechnik bestätigen.

- In der Begrüßungs-E-Mail muss ein Hinweis auf die Abbestellmöglichkeiten der entsprechenden E-Mails vorhanden sein. Innerhalb von 24 Stunden hat dann ein solcher Austragungsvorgang aus der Adressenliste zu erfolgen.

- Der Name der Mailing-Liste muss in allen versandten E-Mails in der Betreffzeile enthalten sein.

- Jede versendete E-Mail ist mit einem Impressum zu versehen.

Werden diese Regeln bei dem Versenden von E-Mails beachtet, so kann die Kommunikationsmaßnahme ein erfolgreiches Instrument im Rahmen eines E-Marketing-Mixes verkörpern.

7.3 Online-Werbung

Werbemaßnahmen im Internet dürfen natürlich nicht vernachlässigt werden. Zu dieser Thematik sind jedoch bereits mannigfaltige Veröffentlichungen am Markt vorhanden, so dass hier nur einzelne Aspekte in Kurzform dargestellt werden. In Kapitel 1.1.2 ist das AIDA-Modell vorgestellt worden, nach welchem auch die Online-Werbung zu erfolgen hat.

---

[401] Durch nochmalige Bestätigung der Anmeldung via Antwort-E-Mail.

[402] Die Zustimmung ist nicht selektiv für bestimmte Informationen erteilt worden sondern global für E-Mails der akzeptierten Firmen.

[403] Siehe auch Preißner, A.: Marketing im E-Business, 2001 München Wien, S. 300

Da die eigene Webseite nur dann von einem User aufgerufen werden kann, wenn sie ihm bekannt ist, muss die eigene Webseite möglichst umfassend kommuniziert werden. Hierfür bieten sich zunächst alle traditionellen Möglichkeiten an; also Print-Materialien wie Prospekte, Visitenkarten, Preislisten, Kataloge, Rechnungen, Stempel, TV-Spots, Anzeigen in Zeitungen und Zeitschriften und Pressemitteilungen. Bei Radiospots ist eine Einbindung der Internet Adresse sinnvoll, wenn die URL[404] akustisch eingängig ist.

Eine weitere Möglichkeit der Bekanntmachung der eigenen Webseite und der einfachen Hinführung zu dieser bietet das sogenannte **Netvertising**. Hierunter versteht man das Platzieren von Werbeinhalten auf den zumeist stark frequentierten Webseiten anderer Unternehmen. Dabei sind meist Hyperlinks hinterlegt, die bei Nutzung unmittelbar zur eigenen Seite führen. Besonders beliebte Werbeseiten sind die Seiten der Online-Versionen von Zeitungen und Zeitschriften, der Internet Portale oder auch die Startseiten der Suchmaschinen.

Die bekanntesten Formen der Online Werbung sind **Banner und Buttons**, die sich in der Regel im Format unterscheiden. Als Banner bezeichnet man eine mit einem Link versehene graphische Abbildung, von der aus der Betrachter durch Anklicken direkt auf die beworbene Internetseite geführt wird. Doch gerade die Klickraten, die sich aus der Relation der Anzahl Klicks zur Anzahl Sichtkontakte mit einem Banner bemessen, sind sehr schlecht. Sie sanken in den letzten 2 Jahren von 2% auf derzeit ca. 0,5%. Daher ist die Banner-Werbung, über die sich Online-Angebote weitgehend finanzieren, umstritten. Nur etwa 14 % der deutschsprachigen Nutzer klicken nach einer Studie von Fittkau & Maaß regelmäßig Banner an, circa 62% tun dies so gut wie nie.

Aus diesem Grund werden neue Online-Werbeformen entwickelt, die das Manko beseitigen sollen. Dabei kommen den Agenturen und den Vermarktern größere Bandbreiten und neuartige Technologien zu Gute. Als Folge hiervon entstehen mehr kreative Spielräume bei der Gestaltung. Allerdings führt das sowohl bei der Gestaltung als auch bei der Werbeschaltung zu höheren Kosten.

Neuartige Werbeformen sind unter anderem[405]:

☷ **Scroll-Ads** oder **Sticky Ads**

> Hierbei handelt es sich um Banner, die mit dem Nutzer wandern, wenn er auf einer Webseite nach unten scrollt. Der Banner verbleibt damit in seinem Sichtfeld.

---

[404] Uniform Resource Locator

[405] Vgl. z.B. Tiedke, D.: Bedeutung des Online Marketing für die Kommunikationspolitik, Seite 94 ff., in Link, J. (Hrsg.): Wettbewerbsvorteile durch Online Marketing – 2. Auflage, 2000 Berlin u.a.

☷   ***Transactive Banner*** oder ***Interactive Banner***

Innerhalb eines Banners lassen sich interaktiv Informationen abrufen, ohne die Seite zu verlassen. Der Effekt der „kleinen Webseite" soll den Spieltrieb vieler Nutzer anregen und damit die Werbeeffizienz erhöhen.

☷   ***Pop-Ups***

Diese legen sich als kleine Extra-Fenster über die eigentlich aufgerufene Webseite und verdecken einen Teil von dieser. Das Fenster kann entweder angeklickt oder geschlossen werden.

☷   ***Interstitials*** oder ***Superstitials***

Der Online-Nutzungsvorgang wird durch einen „Werbefilm" von mehreren Sekunden unterbrochen. Durch Mausklick kann die Werbeeinspielung unterbrochen werden.

Aber auch diesen geschilderten Möglichkeiten bringen die User keine uneingeschränkte Begeisterung entgegen. Ein Indiz hierfür ist die Einführung von Belohnungssystemen für die Online-Werbung. Nutzer erhalten für das Ansehen von Interstitials Bonuspunkte (Webmiles) oder sogar ein Entgelt.

Ein relativ neuer Trend in den USA sind ***Textlinks***. Kurze informative Werbetexte ohne Bild, Ton und technischen Fokussierungsmaßnahmen erzielen Klickraten von bis zu 10 %.

Im Zusammenhang mit ***Suchmaschinen*** ist es möglich, das sogenannte ***Keyword-Advertising*** zu buchen. Die Bannereinblendung auf der Suchmaschine ist abhängig vom Suchbegriff, den der Nutzer eingibt. Beispielsweise könnte eine Bank die Keywords Altersvorsorge, Online-Brokerage oder auch Fondsparen buchen. Das Bankenbanner würde dann eingeblendet, wenn die entsprechenden Suchbegriffe eingegeben werden. Denkbar sind auch Zielkriterien wie die Tageszeit, die regionale Herkunft, das benutzte Betriebssystem und dergleichen mehr.

Eine weitere Möglichkeit sind die ***Bannertauschprogramme***, bei denen die Banner der Kooperationspartner auf der eigenen Webseite eingeblendet werden. Im Gegenzug erhält man Einblendungen des eigenen Banners auf anderen Seiten.

Beim ***Web-Sponsoring*** – vergleichbar der traditionellen Bandenwerbung – werden Webseiten zum Beispiel von sozialen Einrichtungen, von Sportveranstaltungen oder auch von Kulturveranstaltungen mit Firmenlogos oder Werbeinhalten versehen, wobei in der Regel allerdings kein Link zur Unternehmensseite gelegt ist. Im Gegenzug unterstützt man die Veranstaltung beziehungsweise Institution materiell oder ideell.

Buttons sind kleine Banner, die sich für spezielle Werbezwecke eignen. Meist sind es die Werbebuttons der Browserhersteller. Sie werden oft benutzt, um die verwendete Software zu demonstrieren, auf bestimmte Leistungen und Eigenschaften hinzuweisen oder um aktuelle Aktionen zu unterstützen. Buttons bringen dem Betreiber in der Regel kein Geld.

Eine weitere Möglichkeit der Bekanntmachung der eigenen Webseite im Netz sind Links, die auf den Seiten anderer Firmen aber auch von Communities gesetzt sind und auf die eigene Seite verweisen (Affiliate Marketing). Denkbar für Links sind die Seiten von Zulieferern oder Kunden. In diesem Zusammenhang sind auch die **Webringe**[406] zu erwähnen. Es handelt sich hierbei um thematische Zusammenschlüsse von Seiten. Auf jeder angeschlossenen Seite wird ein Link gesetzt, der auf den Server des Ringverwalters verweist. Von dort wird die nächste Seite im Ring angesteuert. Ob und inwieweit sich Webringe für kommerzielle Zwecke nutzen lassen, lässt sich noch nicht feststellen.

Auch der Eintrag in **Suchmaschinen** (nicht zu verwechseln mit Banner Werbung auf Suchmaschinen) ist eine Möglichkeit, die Zahl der Zugriffe auf die eigene Seite zu erhöhen. Die Anmeldung ist dabei so zu optimieren, dass man mit der eigenen Seite möglichst weit vorne bei den Suchergebnissen steht. Hierzu muss man sich detailliert mit der Suchlogik der einzelnen Suchmaschinen befassen beziehungsweise ein gewisses Entgelt an den jeweiligen Suchmaschinenbetreiber entrichten.

Des Weiteren können **Newsgroups** oder **Chats** auch für Werbezwecke genutzt werden. Hier können die eigenen Produkte oder Dienstleistungen beispielsweise durch Internetnutzer oder auch durch bezahlte Promoter empfohlen werden (Endorsement). Idealerweise schließt sich hieran eine öffentliche Diskussion über die Produkte an. Geeignet für das Endorsement sind technisch anspruchsvolle Produkte aber auch neue Bücher oder CD. Allerdings ist darauf zu achten, dass reine Werbung in Newsgroups gegen die Netiquette verstößt und Abwehrreaktionen hervorrufen kann.

Auch **Incentive Seiten** eignen sich zur Verbreitung der eigenen Homepage. Hierbei handelt es sich um besonders gut aufgemachte und interessante Seiten, die nur einen Link beinhalten, nämlich den zur eigenen Homepage.

Erste Soap Operas im Web gibt es schon, die als interaktive Fortsetzungsromane aufgefasst werden, an denen die Internet Nutzer aktiv teilhaben können. Sie können beispielsweise Vorschläge für den weiteren Verlauf der Geschichte oder zur Ausgestaltung der Darsteller geben. Ziel ist die größtmögliche Interaktion oder besser noch die Einbindung des Users in die Geschichte. Werbung findet dann auf der Homepage der Soap oder im Rahmen der Geschichte durch Produkt-Placement statt.

Um erfolgte Werbemaßnahmen klassifizieren und unter Kosten-/Nutzen-Gesichtspunkten beurteilen zu können, sind entsprechende Messgrößen zu definieren, die im Rahmen eines E-Marketing-Controllings zu beachten sind. Auch diese sollen hier kurz dargestellt werden.

Die Grundlage zur Ermittlung der Messgrößen bilden die **Logfiles**, in denen die von den einzelnen Benutzern hervorgerufenen Serveraktivitäten dokumentiert werden,

---

[406] Vgl. Krause, J.: Electronic Commerce und Online-Marketing, 1999 München Wien, Seite 235 ff.

also alle Aktionen, die vom Anwender über den Webserver angestoßen werden. Die wichtigsten Messgrößen sind[407]:

Visits

Hierunter versteht man einen zusammenhängenden Nutzungsvorgang einer Webseite. Der Besuch definiert den Werbeträgerkontakt. Visits sollen angeben, wie viele unterschiedliche Besucher eine Internetseite kontaktiert haben und zwar unabhängig davon, ob unterschiedliche Seiten des Angebots wahrgenommen wurden oder das Angebot wieder sofort verlassen wurde. Problematisch hierbei ist allerdings die dynamische Zuweisung von IP-Adressen an die User. Hinter der selben IP Adresse können sich unterschiedliche Nutzer verbergen. Gezählt wird aber nur derjenige, der erstmals die IP-Adresse verwandt hat. Die Problematik lässt sich auch durch Verwendung von TimeOut-Parametern nicht lösen.

Hits

Die Anzahl der Hits oder Treffer gibt an, wie oft ein Abruf von Seitenelementen beim Server stattgefunden hat. Da eine Seite häufig aus mehreren Elementen besteht, wirkt sich die Komplexität der Seite auf die Anzahl Hits aus, wodurch die Aussagekraft der Hits sehr gering ist.

PageViews

Hiermit bezeichnet man die Anzahl der Abrufe einer kompletten Internetseite durch beliebige Nutzer, also die Zahl der Zugriffe auf eine Internetseite. Synonym wird auch der Ausdruck *Page Impressions* verwendet.

AdClicks

Sie werden in Verbindung mit Bannerwerbung verwendet und geben an, wie viele Nutzer durch Anklicken eines Banners auf die Zielseite des Werbetreibenden gehen.

Click Through Rate

Drückt das Verhältnis von AdClicks zu den PageViews der Trägerseite aus.

ViewTime

Sie gibt die Verweildauer eines Internet-Nutzers auf einer bestimmten Webseite an. Die Anwendung dieser Maßzahl ist derzeit aus technischen Gründen nur eingeschränkt möglich, weil ein JavaScript-Code in die Webseite eingefügt werden muss und nicht alle Browser Java unterstützen. Zudem besteht die Möglichkeit, den Java-Interpreter auszuschalten.

---

[407] Vgl. u.a. Dastani, P.: Online Mining, Seite 243 ff., in Link, J. (Hrsg.): Wettbewerbsvorteile durch Online Marketing – 2. Auflage, 2000 Berlin u.a. und Kleindl, T.: Werbung im Internet, Seite 268 ff., in Bliemel, F. / Fassott, G. / Theobald, A.: Electronic Commerce – 3. Auflage, 2000 Wiesbaden

Wie bereits zu Beginn des Kapitels erwähnt, soll auf eine detaillierte Darstellung der Online-Werbemaßnahmen verzichtet werden.

Hierzu sind unter anderem die Webseite http://www.werbeformen.de, die eine umfassende Darstellung aktueller Online-Werbeformen enthält, und eine Abhandlung des Unternehmens NetGenesis über E-Metriken zu empfehlen. Bei letzter Quelle werden explizit Online-Messgrößen vorgestellt, die ein sinnvolles Controlling-Instrument verkörpern[408].

7.4 Besondere Ausprägungen der E-Kommunikationspolitik

Neben den in Kapitel 4.3.1 behandelten One-To-One Marketing gibt es noch ein weiteres Schlagwort, das im Zusammenhang mit den neueren Marketing-Konzepten der Internet-Ökonomie immer wieder genannt wird. Es handelt sich hierbei um das sogenannte **Permission Marketing**, auch Beziehungsmarketing genannt.

Die Konzeption des Permission Marketings verkörpert eine auf dem Einverständnis des Empfängers basierende Direktmarketingstrategie. Hierbei werden mit interaktiven Kommunikationstechnologien – insbesondere des E-Mail Verfahrens – Nachrichten versendet, die ausdrücklich von dem Empfänger auch gewünscht werden. Die Erlaubnis hierzu kann jederzeit und ohne Probleme wieder zurückgenommen werden. Ziel des Permission Marketings ist es, eine nachhaltige Beziehung zu dem Empfänger der Botschaften aufzubauen. Es wird mit dessen Einverständnis Wissen über ihn gesammelt, um damit die ihm unterbreiteten Angebote zu personalisieren[409].

Dabei wird durch intensives Database-Marketing versucht, Kunden individuell anzusprechen. Ziel ist es, den teuer erworbenen Neukunden zum Stammkunden der Unternehmung zu machen. Somit wird der Kunde zum umworbenen Partner, der den zaghaften Kontakt jederzeit abbrechen oder forcieren kann. Das Vertrauen der Kunden ist durch eine offenen Agitation, durch stetiges Um-Erlaubnis-Fragen bei dem Versenden von Informationen und durch partnerschaftliche Kommunikationsmethoden zu gewinnen und dauerhaft zu halten. Es steht nicht mehr die Frage im Vordergrund, wie der Kunde dazu bewegt werden kann, ein bestimmtes Produkt zu kaufen, sondern vielmehr, wie der Kontakt zu einem Kunden auf- und ausgebaut werden kann. Es gilt den Lifetime Value eines Neukunden zu betrachten, zu eruieren, welche Produkte an ihn verkauft werden können und vor allen Dingen seine expliziten Wünsche zu berücksichtigen[410]. Hierbei sollte das Unternehmen jedoch keine

---

[408] Cutler, M. / Sterne, J.: E-Metrics – Business Metrics For The New Economy, 2000 http://www.netgen.com

[409] Vgl. Schwarz, T.: Permission Marketing, http://www.torstenschwarz.de/PermissionMarketing/definition.html Stand: 28.03.2001

[410] Vgl. Schwarz, T.: Permission Marketing: Kundennähe durch elektronischen Dialog, http://www.marketing-circle.de/exp_thema/ 00626llynch/ex006261/body_ex006261.html Stand: 28.03.2001

aggressive Kommunikationsstrategie verwenden, sondern vielmehr eine zurückhaltende und kundenansprechende.

Der Erfolg von Permission Marketing Konzeptionen fußt auf drei Säulen[411]:

  📖 Die Werbebotschaften werden im Voraus erwartet.

  📖 Die Werbebotschaften sind personalisiert.

  📖 Die Werbebotschaften sind für den Empfänger relevant.

Da die Aufmerksamkeit eines jeden nur begrenzt ist, verpuffen Massenwerbungen in seinem Umfeld häufig ohne entsprechende Wirkung. Gezielte, beziehungsorientierte Botschaften schaffen jedoch ein Umfeld der Vertrautheit, so dass diese durch den Empfänger eher wahrgenommen werden.

Praktiziert wird die Konzeption des Permission Marketings insbesondere bei der Zustellung von E-Mails. Immer neuer Varianten sind auf dem Markt, von denen stellvertretend drei hier genannt werden sollen[412]:

  📖 Bei dem ***Mail-for-one Verfahren*** können die Websurfer per E-Mail angeben, welche Werbung im Internet verbreitet werden soll. Für die Teilnahme an diesem Verfahren werden entsprechende Prämien ausgesetzt.

  📖 ***J-Point*** ermöglicht den Kunden, selbst zu bestimmen, ob und wann sie sich einen Spot online ansehen möchten. Dazu wird unter der Webseite www.j-point.de ein Interessenprofil abgefragt, an dem sich beim späteren Surfen des Nutzers die Einblendung eines bestimmten Icons zum Abspielen eines nutzerorientierten Werbespots orientiert. Das Ansehen des Spots wird mit J-Points vergütet, die zur Teilnahme an Gewinnspielen berechtigen.

  📖 Unter ***www.kompazz.de*** hat man die Möglichkeit, Produkte, Marken oder Shops anzugeben, von denen man Informationen mittels E-Mail oder SMS wünscht.

Gerade bei dem E-Mail Verfahren als Kommunikationsinstrument ist die Konzeption des Permission Marketings empfehlenswert, denn nur gewollte Informationen führen letztendlich nicht zu einer Frustration der Botschaftenempfänger.

---

[411] Vgl. Frenko, A. T.: Permission Marketing, http:// www.autoresponder.de/internet-marketing/hintergrund/permission-marketing.htm Stand: 28.03.2001

[412] Vgl. Schwarz, T.: „Meine Werbung, bitte!", http:// www.welt.de/daten/2001/01/21/0121w1216917.htx?print=1 Stand: 28.03.2001

Ein weiteres E-Kommunikationskonzept ist das **sogenannte Viral Marketing**. Virales Marketing bezeichnet Strategien, die es Einzelpersonen erlauben, Marketing-Meldungen weit zu verbreiten. Es besitzt dabei das Potenzial, die Verbreitung einer Meldung exponentiell anwachsen zu lassen. Wie Viren ziehen solche Marketing-Strategien ihren Nutzen aus der schnellen Vermehrung, um die Meldung zu Tausenden oder Millionen von Empfängern zu transportieren. Dies ist jedoch nicht mit dem Spam-Mail Verfahren zu verwechseln, da beim viralen Marketing, wie auch beim Permission Marketing eine Zustimmung zu dem Erhalt von Nachrichten (wenn auch in indirekter Form) vorliegen muss. Als klassisches Beispiel des viralen Marketing sei der E-Mail-Dienstanbieter Hotmail.com genannt. Dieser verfährt nach der folgenden Strategie[413]:

- Vergeben Sie kostenlose E-Mail-Adressen mit Serviceleistungen,

- geben Sie am Ende jeder Mail einen kleinen Hinweis: „Get your private, free e-mail at http://www.hotmail.com"

- warten Sie ab, während Nutzer diese Mails in ihrem privaten und beruflichen Umfeld versenden,

- die Personen im Umfeld wiederum ihren Hinweis sehen,

- sich ebenfalls bei ihrem kostenlosen E-Mail-Service anmelden

- und erneut in ihrem Bekanntenkreis für diesen Service werben.

Wie ein Kieselstein, der in einen Teich geworfen wird, winzige Wellenbewegungen in alle Himmelsrichtungen erzeugt, verbreitet sich auch diese virale Marketing-Strategie sehr schnell.

Durch einfache Methodiken wird eine Mund-zu-Mund Propaganda erzeugt, die einen bestimmten Dienst oder ein bestimmtes Produkt stets in Erinnerung rufen kann, ohne dabei aufdringlich zu wirken.

Auch für das **Konflikt- und Krisenmanagement** lässt sich das Internet als Kommunikationsmedium nutzen. Man kann beispielsweise sehr kurzfristig mit Ad-hoc-Meldungen auf imageschädigende Informationen reagieren. Auch bei tatsächlichen eigenen Fehlern kann das Web zur Schadensbegrenzung in die PR-Aktivitäten einbezogen werden.

Allerdings besteht auch umgekehrt die Gefahr von Kommunikationskrisen durch Internet Nutzer. In Foren können unzufriedene Nutzer ihren Frust mitteilen. Dies kann zu Schneeballeffekten führen. Auch gezielte Falschmeldungen über das Internet sind möglich. Ein Beispiel hierfür ist eine gefälschte Pressemitteilung zur Firma Emulex aus den USA vom 27.8.00. Eine falsche Gewinnwarnung führte zu einem Kursein-

---

[413] Vgl. Wilson, R. F.: Viral Marketing: Wie ansteckend ist Ihre Online-Werbung?, http://www.ecin.de/marketing/wilson/wilson-viral.html Stand: 08.03.2000

bruch von 60%. Die Nachricht wurde zunächst über einen kleinen Nachrichtendienst verbreitet, dann in einigen Chat-Räumen aufgegriffen und 45 Minuten nach der ersten Veröffentlichung von der renommierten Nachrichtenagentur Bloomberg vermeldet. Weitere 20 Minuten später wurde die Aktie vom Handel ausgesetzt.

Es zeigt sich, dass gerade im Rahmen der Öffentlichkeitsarbeit das Internet sehr effektiv zum Einsatz kommen kann. Dies muss nicht immer bei Konfliktsituationen der Fall sein, doch sind diese infolge ihrer Besonderheit gerade für eine Informationsverbreitung darüber mittels neuer Medien prädestiniert, da man sehr schnell einen großen Empfängerkreis der Nachrichten ansprechen kann.

Die vorangegangen Kapitel im Rahmen der E-Kommunikationspolitik haben deren Bedeutung im Rahmen eines E-Marketing-Mixes aufgezeigt.

Nur die Kombination aller Instrumente des Marketing-Mixes unter Einbindung der E-Marktforschung führt zu einem ***nachhaltigen erfolgreichen E-Marketing***. Aus diesem Grunde wurde auch die Titulierung dieses Buches so gewählt. Erreicht man eine Ausgewogenheit aller Marketing-Mix-Faktoren sowohl innerhalb des E-Marketing als auch mit dem traditionellen Marketing, so steht einer erfolgreichen Zukunft im E-Business nichts entgegen.

Abbildungsverzeichnis

Tabellenverzeichnis

Literaturverzeichnis

Ahlert, D.:   Distributionspolitik – 3. Auflage, 1996 Stuttgart/Jena

Albach, H.:   Strategische Unternehmensplanung bei erhöhter Unsicherheit, in: ZfB
                1978, Seiten 702-715

Amor, D.:   Die E-Business-(R)Evolution – Das umfassende Executive-Briefing, 2000
                Bonn

Anderka, A.: Der Traum vom Eigenheim, 10.2000 e-commerce magazin – Geschäfts-
                erfolg im Internet, Seiten 46-47

Bange, J. / Maas, S.: Verbraucherschutz vs. Kundennutzen: Deutsche Wettbewerbs-
                regeln in der Kritik, Juni 2000, http://www.galileo-
                press.de/mygalileo/jur_01.html, 13.02.2001

Bareiß, R.:   Auktionen leicht gemacht – Zum Ersten, zum Zweiten und zum Drit-
                ten..., 01/2000 Sonderheft e-commerce-magazin „Bauchladen oder On-
                line-Marktplatz – Entscheidungshilfen für das richtige Shopsystem", Sei-
                te 8

Bliemel, F. / Fassott, G. / Theobald, A.: Electronic Commerce – 3. Auflage, 2000
                Wiesbaden

Brankamp, T. / Michael, T.: Bilder von Anna – Das Internet erobert die deutschen
                Baustellen, 26.03.2001 Handelsblatt

Brezina, R.:   Analytisches Customer Relationship Management –
                Entscheidungsunterstützung in kundenorientierten Unternehmen, Cont-
                rolling – Zeitschrift für erfolgsorientierte Unternehmensführung, 2001
                München u.a., Seiten 219-226

Bullinger, H. / Berres, A. (Hrsg.): E-Business – Handbuch für den Mittelstand, 2000
                Berlin Heidelberg

Cole, T.:   Erfolgsfaktor Internet, 1999 Düsseldorf München

Cutler, M. / Sterne, J.: E-Metrics – Business Metrics For The New Economy, 2000,
                http://www.netgen.com

Dastani, P.:   Online Mining, in: Link, J. (Hrsg.): Wettbewerbsvorteile durch Online
                Marketing – 2. Auflage, 2000 Berlin u.a., Seiten 235-259

Distributionslogistik: http://www.ecommerce.wiwi.uni-frankfurt.de/lehre/oows/
                wmKapitel05b_Distributionslogistk.pdf, 3/2001

Drucker, P. F.: The Practice of Management, 1955 London

Dunst, K.H.: Portfolio-Management - 2. Auflage, 1983 Berlin-New York

Ehrmann, H.: Balanced Scorecard, 2000 Ludwigshafen

Emge, H.:   Wie werde ich Unternehmer? und die knallharte Antwort für 12 DM –
              7. Auflage, 1993 Reinbek bei Hamburg

Fink, D.: Einführung in das Electronic Marketing – von der Technik zum Nutzen, in:
          Wamser, C. / Fink, D. (Hrsg.): Marketing-Management mit Multimedia,
          1997 Wiesbaden, Seiten 13-27

Fochler, K. / Perc, P. / Ungermann, J.: Electronic Commerce mit Lotus Domino, 1998
          Bonn

Frenko, A. T.: Permission Marketing, http:// www.autoresponder.de/internet-
          marketing/hintergrund/permission-marketing.htm, 28.03.2001

Gadeib, A. / Determann , L. / Schryen ,G.: Potentiale und Grenzen internetbasierter
          Virtueller Welten zur Durchführung von Produkttests

Gates, B.:   Digitales Business – Wettbewerb im Informationszeitalter - 2. Auflage
              1999 München

Gatzke, M.:   Im Herz des Internet – Partnerprogramme als neuer Vertriebskanal,
              http://www.ecin.de/marketing/partnerprogramme/partner.html,
              05.08.1999

Gatzke, M.:   Kommerz mit Communities: ein alter Hut?,
              http://www.ecin.de/marketing/communities/index.html, 10.01.2001

Gatzke, M.:   Marketing im Internet – strategisch denken – web-spezifisch handeln,
              http://www.ecin.de/marketing/strategie/index.html, 04.01.2000

Gatzke, M.:   Potential des Internets erfolgreich nutzen, aber wie?, Electronic Com-
              merce InfoNet – ECIN, http://www.ecin.de/marketing/
              strategie/anfaenger.html, 04.01.2000

Gatzke, M.:   Widerstand zwecklos – die Preise purzeln beim Powershopping,
              http://www.ecin.de/marketing/powershopping/ index.html, 09.09.1999

Gerth, N.:   Bedeutung des Online Marketing für die Distributionspolitik, in: Link, J.
              (Hrsg.): Wettbewerbsvorteile durch Online Marketing – 2. Auflage, 2000
              Berlin u.a., Seiten 150-195

Goldschmitt, W. H.: Die „elektronische" Logistik boomt, 09.04.2001 Tageszeitung Die
              Welt

Gora, W. / Mann, E. (Hrsg.): Handbuch Electronic Commerce –Kompendium zum
              elektronischen Handel, 1999 Berlin Heidelberg

Grass, G.:   Die Nutzung Ihres Online-Angebots – was das Logfile verrät,
              http://www.ecin.de/marketing /erfolgskontrolle/logfile.html, 12.08.1999

Günter, R.: Computerkriminalität, 1998 Kaarst

Haasis, K. / Zerfaß, A. (Hrsg.): Digitale Wertschöpfung –Multimedia und Internet als Chance für den Mittelstand, 1999 Heidelberg

Hämmerling, A.: Experimentieren und Lernen in der Community, 07.2001 CYbiz – Das Fachmagazin für Erfolg mit E-Commerce, Seiten 32-34

Hämmerling, A.: Marktplätze im Internet: Wüste oder Wachstumsmarkt?, 06.2001 CYbiz – Das Fachmagazin für Erfolg mit E-Commerce, Seiten 13-14

Hämmerling, A.: Neue Größe im Online-Beschaffungsmarkt, 08.2001 CYbiz – Das Fachmagazin für Erfolg mit E-Commerce, Seiten 78-81

Hämmerling, A.: Verkaufen ohne Grenzen, 05.2001 CYbiz – Das Fachmagazin für Erfolg mit E-Commerce, Seiten 40-41

Handwörterbuch der Betriebswirtschaft – 5. Auflage – Band 2, 1993 Stuttgart

Hans, L. / Warschburger, V.: Controlling – 2. Auflage, 2000 München Wien

Hans, L. / Warschburger, V.: E-commerce: Chancen und Herausforderungen für das Controlling, in: Scheer, A.W. (Hrsg.): Electronic Business und Knowledge Management – Neue Dimensionen für den Unternehmenserfolg, 1999 Heidelberg, Seiten 291 – 313

Harrell, C. / Spierling, D.: Wer seine Kunden kennt gewinnt –Neue Technologien ermöglichen einen optimalen Kundenservice, 04.2000 CYbiz – Das Fachmagazin für Erfolg mit E-Commerce, Seiten 50-53

Heckerott, B.: Bezahlen mit dem Handy, 10.2000 e-commerce magazin – Geschäftserfolg im Internet, Seiten 104-107

Heckerott, B.: Zweigleisig fahren liegt im Trend, 11/2001 Computerwoche, Seiten 102-103

Heinen, I.:   Internet – von der Idee zum kommerziellen Einsatz, 1998 Heidelberg

Heiserich, O.: Logistik - 2.Auflage, 2000 Wiesbaden

Hennig, A.: Die andere Wirklichkeit – Virtual Reality – Konzepte, Standards, Lösungen, 1997 Bonn

Hermanns, A. / Thurm, M.: Customer Relationship Marketing –Die Wiederentdeckung des Kunden im Marketing, Controlling – Zeitschrift für erfolgsorientierte Unternehmensführung, 2000 München u.a., Seiten 469-476

Hermanns, A. / Flory, M.: Elektronische Kundenintegration im Business-to-Business-Bereich – Grundlagen, Akzeptanz, Perspektiven, in: Link, J., u.a. (Hrsg.): Handbuch Database Marketing, 1997 Ettlingen, Seiten 601-614

Herzig, S.: Prozesskosten um 30 Prozent gesenkt – Automobilzulieferer EDAG setzt auf E-Procurement, 2001 Computerwoche extra Nr. 6 10.08.2001, Seiten 16-17

Hoffmann, A. / Zilch, A.: Unternehmensstrategien nach dem E-Business-Hype - Geschäftsziele, Wertschöpfung, Return on Investment, 2000 Bonn

Horvath, P.: Balanced Scorecard - Strategien erfolgreich umsetzen, 1997 Stuttgart

Horvath, P. / Gaiser, B.: Implementierungserfahrungen mit der Balanced Scorecard, Juni 2001, http://www.bdu.de /beraterauswahl/fach/fach/38.htm

Jost, C.:   Strategische Optionen für den E-Business Einstieg, Controlling – Zeitschrift für erfolgsorientierte Unternehmenssteuerung, 2000 München u.a., Seiten 445-452

Kaplan, R. / Norton, D.: The Balanced Scorecard, Translating Strategy into Action, 1996 Boston

Karrlein, W.: B2B: Digitale Marktplätze revolutionieren den Handel, http://www.ecin.de/strategie/marktplatzkennzeichen, 21.06.2001

Kleindl, T.:   Werbung im Internet, in: Bliemel, F. / Fassott, G. / Theobald, A.: Electronic Commerce – 3. Auflage, 2000 Wiesbaden, Seiten 259-273

Köcher, K.:   Erfolg durch Multichannel-Strategien, 01/2001 Computerwoche Spezial, Seiten 24-27

Koehler, T.:   Aufbau eines „Online-Maklers" im Sinne einer virtuellen Unternehmung unter Marketinggesichtspunkten, Diplomarbeit unter http://www.hausarbeiten.de, 09.02.2001

Köhler, T. /Best, R.: Electronic Commerce, 2000 München u.a.

Kotler, P. / Bliemel, F.: Marketing-Management – 9. Auflage, 1999 Stuttgart

Krahe, A.:   Balanced Scorecard – Baustein zu einem prozessorientierten Controlling, Seiten 118 ff.

Krause, J.:   Den richtigen Logistiker finden, 09/2000 e-commerce magazin, Seiten 109-112

Krause, J.:   Electronic Commerce und Online-Marketing – Chancen, Risiken und Strategien, 1999 München Wien

Krause, J.:   Electronic Commerce – Geschäftsfelder der Zukunft heute nutzen, 1998 München Wien

Krempl, S.:   Geschäftseröffnung – Shopping-Lösungen für das Web – Kosten und Nutzen, 3/1999 Computerwoche Spezial, Seiten 46-52

Kriebel, V. / Lohmann, K.: Servicewüste Deutschland, 05.2001 e-commerce magazin, Seiten 24-27

Krohn, F.:   Womit Internet-Portale Geld verdienen, 07.2001 CY-biz – Das Fachmagazin für Erfolg mit E-Commerce, Seiten 46-50

Link, J., u.a. (Hrsg.): Handbuch Database Marketing, 1997 Ettlingen

Link, J. / Gerth, N. / Voßbeck, E.: Marketing-Controlling, 2000 München

Link, J. (Hrsg.): Wettbewerbsvorteile durch Online Marketing, 1998 Berlin u.a.

Link, J. (Hrsg.): Wettbewerbsvorteile durch Online Marketing – 2. Auflage, 2000 Berlin u.a.

Link, J.: Zur zukünftigen Entwicklung des Online Marketing, in: Link, J. (Hrsg.): Wettbewerbsvorteile durch Online Marketing, 1998 Berlin u.a., Seiten 1-34

Lixenfeld, C.: Nachts kommt der Robot raus – Preisvergleichs-Agenten versprechen Web-Shopping zu besten Konditionen, 03/1999 Computerwoche Spezial, Seiten 16-17

Lücke, F.: Q&A: Was ist Affiliate Marketing?, http://www.ecin.de/marketing/affiliate/index.html, 01.03.2001

Mattes, F.: Management by Internet, 1997 Feldkirchen

Merz, M.: Electronic Commerce, 1999 Heidelberg

Meta Group: Electronic Business in Deutschland, 2000

Meyer: Global Positioning System, 18.06.1999, http://netlexikon.akademie.de

Mülder, W. / Weis, C.: Computerintegriertes Marketing, 1996 Ludwigshafen (Rhein)

Müller, A. / von Thienen, L.: e-Profit: Controlling-Instrumente für erfolgreiches E-Business, 2001 Freiburg i.Br.

Muther, A.: Electronic Customer Care: Die Anbieter-Kunden-Beziehung im Informationszeitalter – 2. Auflage, 2000 Berlin u.a.

Nagle, T. T. / Holden, R. K.: The Strategy and Tactics of Pricing – 2nd edition, 1995 New York

OECD: The Economic and Social Impact of Electronic Commerce, Preliminary Findings and Research Agenda, 1999 Paris

Ohlsen, D.: Die Preispolitik, http://www.dirk-Ohlsen.de/Lexikon2/Stichworte_P/Preispolitik/preispolitik.html, 08.01.2001

Ohlsen, D.: Die Rabattpolitik, http://www.dirk-Ohlsen.de/Lexikon2/Stichworte_R/Rabattpolitik/rabattpolitik.html, 08.01.2001

Ohne V.:   Shoppen per Laserpointer,
             http://www.zdnet.de/business/artikel/ec/200104/m_commerce_09-
             wc.html, 28.03.2001

Ohne V.:   Agenten schüren den Preiskampf, http://
             www.akademie.de/news/langtext.html?id=524, 02.07.1998

Ohne V.:   Allgemeines über Kiosksysteme, http://www.iq-soft.de/allgemein.htm,
             07.04.2001

Ohne V.:   Content-Bezug im CoShopping-Stil,
             http://www.akademie.de/news/langtext.html?id=8220, 22.01.2001

Ohne V.:   „Co-Shopping ist tot – es lebe Powershopping"?,
             http://www.akademie.de/news/langtext.html?id=8209, 19.01.2001

Ohne V.:   DaimlerChrysler mit Online Auktion erfolgreich,
             http://www.ecin.de/news/2001/05/17/02084, 17.05.2001

Ohne V.:   Der lange Weg zum gelben E, Handelsblatt vom 9.10.2000

Ohne V.:   Die Rechnung ohne den User gemacht, http://
             www.ecin.de/news/2000/11/10/00995/index.html, 10.11.2000

Ohne V.:   E-Business braucht Netze statt Klötze, Computerwoche 9/2001, Seiten
             64-65

Ohne V.:   e-Logistik – Erfolgsfaktor im e-Business, http://www.gus-
             group.com/presse/enews_23_00/2000_23_03.htm, 15.12.2000

Ohne V.:   Ende für eCash, ECIN News vom 11.04.2001, Newsletter unter
             http://www.ecin.de

Ohne V.:   E-Procurement als Erfolgsfaktor, ECIN Newsletter vom 20.12.2000,
             http://www.ecin.de

Ohne V.:   Ihr Reifen ruft Sie an, 04.2001 München, Seite 44

Ohne V.:   Kiosksysteme – akzeptiert und frequentiert, http:// www.wincor-
             nixdorf.com/de/zukunft/kiosk_part1.html, 07.04.2001

Ohne V.:   KPMG: Wenig Bewegung im Mobil-Business, http://
             www.akademie.de/news/langtext.html?id=8532, 20.03.2001

Ohne V.:   medien: Der Zukunftsmarkt interaktives Fernsehen –Alles, überall, je-
             derzeit; http://www.madzia.com/texts/intaktfs.html, 07.04.2001

Ohne V.:   Die Überflieger – Virtuelle Unternehmen: Wie im Web-Verbund neuar-
             tige Betriebe und Produktionsformen entstehen, 02.2000 manager ma-
             gazin, Seite 150

Ohne V.:   Proxy-Problematik, http://www.ivw.de/verfahren/ caches.html,
             10.02.2001

Ohne V.:   Welche Daten erhält man mit einer Logfile-Analyse?,
             http://www.comcult.de/forschung/lfdaten.htm, 10.02.2001

Ohne V.:   Zigaretten per Handy ziehen, Newsletter v9.8 vom 05.11.2000,
                  http://www.billiger-telefonieren.de

Ott, R.:   Communities erfordern viel Aufwand, 11/2001 Computerwoche, Seite
                  126

Patrzek, D.:   In Summe zu teuer, 09.2001 e-commerce magazin –Geschäftserfolg im
               Internet, Seiten 16-18

Peppers, D. / Rogers, M.: The One to One Future – Building Relationships – One
               Customer at a Time, 1997 New York u.a.

Pfohl, H.:   Logistiksysteme, in: Handwörterbuch der Betriebswirtschaft – 5. Aufla-
                 ge – Band 2, 1993 Stuttgart, Seiten 2615-2631

Piller, F. T.:   Kundenindividuelle Massenproduktion, 1998 München Wien

Piller, F. T.:   Fallstudie zur Mass Customization: Levi' PersonalPair: Maßgeschneiderte
                 Damenjeans – von der Stange, http://mass-customization.de, 15.04.2001
                 „modifizierter Auszug aus: Piller, F. T.: Kundenindividuelle Massenpro-
                 duktion, 1998 München Wien"

Piller, F. T.:   Fallstudie zur Mass Customization: Paris Miki: Augenmaß durch „Mikis-
                 simes Design", 15.04.2001, http://mass-customization.de, „modifizierter
                 Auszug aus: Piller, F. T.: Kundenindividuelle Massenproduktion, 1998
                 München Wien"

Piller, F. T.:   Mass Customization bei LEGO – der Prototyp der Mass Customization
                 wird zum Mass Customizer, 02.2001 Mass Customization News,
                 15.04.2001, http://www.mass-customization.de

Piller, F. T.:   Mass Customization in der Bekleidungsindustrie, http://mass-
                 customization.de/case_bek.htm, 15.04.2001

Piller, F. T.:   Muesli nach Mass, 02.2001 Mass Customization News,
                 http://www.mass-customization.de, 15.04.2001

Piller, F. T.:   Was bedeutet Mass Customization, http://mass-
                 customization.de/wasist.htm, 15.04.2001, „modifizierter Auszug aus: Pil-
                 ler, F. T.: Kundenindividuelle Massenproduktion, 1998 München Wien"

Pispers, R. / Riehl, S.: Digital Marketing, 1997 Bonn u.a.

Preißner, A.: Marketing im E-Business – Online und Offline – der richtige Marketing-
              Mix, 2001 München Wien

Reichardt, C.: Push-Technologie revolutioniert die Geschäftsabläufe im Internet, in:
               Heinen, I.: Internet – von der Idee zum kommerziellen Einsatz, 1998
               Heidelberg, Seiten 35-40

Reichert, E. / Marinac-Stock, K.: M-Business bringt Bewegung in Unternehmen –
        Konvergente Netze verbinden multimediale Endgeräte, 03.2001 CYbiz –
        Das Fachmagazin für Erfolg mit E-Commerce, Seiten 24-26

Rheingold, H.: Virtuelle Welten – Reisen im Cyberspace, 1992 Reinbek bei Hamburg

Robben, M.: Bonusprogramme – kleine Geschenke erhalten die Freundschaft,
        http://www.ecin.de/marketing/bonusprogramme/index.html,
        10.01.2001

Robben, M.: E-Logistik: Make or Buy?, http://www.ecin.de/
        shops/elogistik/index.html, 15.12.2000

Robben, M.: ePayment - Alte Besen kehren noch am Besten,
        http://www.ecin.de/zahlungssysteme/epayment/index.html, 22.03.2001

Robben, M.: Location Based Services – Standortvorteile nutzen,
        http://www.ecin.de/technik/lbs, 29.03.2001

Rosenthal, D.: E-Commerce spart keine Kosten, in: PC Guide 1998, Seite 17

Roventa, P.: Portfolio-Analyse und strategisches Management, 1981 München

Scheer, A.W. (Hrsg.): Electronic Business und Knowledge Management – Neue Di-
        mensionen für den Unternehmenserfolg, 1999 Heidelberg

Scheer, A.W. / Breitling, M.: Geschäftsprozesscontrolling im Zeitalter des E-Business,
        Controlling – Zeitschrift für erfolgsorientierte Unternehmenssteuerung,
        2000 München u.a., Seiten 397-402

Schulte, C.: Logistik - 3. Auflage, 1999 München

Schulz, M.: E-Business in Deutschland – Status, Trend, Strategien,
        http://www.ecin.de/marktbarometer/deutschland/ index.html,
        14.12.2000

Schwarz, T.: „Meine Werbung, bitte!", http://www.welt.de/daten/
        2001/01/21/0121w1216917.htx?print=1, 28.03.2001

Schwarz, T.: Permission Marketing, http://www.torstenschwarz.de/ PermissionMar-
        keting/definition.html, 28.03.2001

Schwarz, T.: Permission Marketing: Kundennähe durch elektronischen Dialog,
        http://www.marketing-circle.de/exp_thema/00626llynch/
        ex006261/body_ex006261.html, 28.03.2001

Schwickert, A.: Web-Site-Controlling, in: von Dobschütz, L. / Barth, M. / Jäger-Goy,
        H. / Kütz, M. / Möller, H.P. (Hrsg.): IV-Controlling – Konzepte, Umset-
        zungen, Erfahrungen, 2000 Wiesbaden, Seiten 281-316

Seeger, H.: Der Online-Hammer – Web-gestützte Auktionen sind im Aufschwung,
        03/1999 Computerwoche Spezial, S. 74-76

Selbmann, M.: Banken – Sichere Zahlungsmittel im Internet von Michael Selbmann,
        in: Gora, W. / Mann, E. (Hrsg.): Handbuch Electronic Commerce –

Kompendium zum elektronischen Handel, 1999 Berlin Heidelberg, Seiten 278-293

Simon, R.: Die Findmaschine -> „preisauskunft.de" fahndet mit Suchroboter Spike nach Produkten und Preisen im Internet, 02.2000 CYbiz – Das Fachmagazin für Erfolg mit E-Commerce, Seiten 74-76

Simon, R.: „Eine historische Chance!" – Interview mit Metro-AG-Vorstand Zygmunt Mierdorf über E-Business-Strategien, 02.2001 CYbiz – Das Fachmagazin für Erfolg mit E-Commerce, Seiten 64-68

Simon, R.: Neue Wege in der Beschaffung, 09.2000 CYbiz – Das Fachmagazin für Erfolg mit E-Commerce, Seiten 9-16

Songpanya, V. T.: Wireless Application Protocol, http://netlexikon.akademie.de, 02.03.2000

Spierling, D.: Der Web-Agent -> dein Freund und Helfer, 09.2000 CYbiz – Das Fachmagazin für Erfolg mit E-Commerce, Seiten 54-60

Spierling, D.: Im elektronischen Einkauf steckt der Gewinn, 03.2000 CYbiz – Das Fachmagazin für Erfolg mit E-Commerce, Seiten 18-23

Steimer, F.: Mit eCommerce zum Markterfolg, 2000 München u.a. Stern, L. W. / El-Ansary, A. I.: Marketing-Chanels – 4th ed., 1992 New York

Stojek, M. / Simon, R.: Mehr Profit durch Nähe zum Kunden –Customer Relationship Management als Form des E-Business zielt vorrangig auf Umsatzmaximierung, 06.2000 CYbiz – Das Fachmagazin für Erfolg mit E-Commerce, Seiten 8-15

Stolpmann, M.: Kundenbindung im E-Business, 2000 Bonn

Stolpmann, M.: Online-Marketingmix – Kunden finden, Kunden binden im E-Business - 2. Auflage, 2001 Bonn

Stoltenberg, S.: Spezial Webmarktforschung – Die Befragung, http://www.wiwo.de/WirtschaftsWoche/Wiwo_CDA/1,702,11040_10578,00.html, 29.01.2001

stratEDI GmbH: Der elektronische Geschäftsdatenaustausch – Electronic Data Interchange, http://www.ecin.de/edi/geschaeftsdatenaustausch, 19.10.1998

stratEDI GmbH: EDI Technologie, http://www.ecin.de/edi/technologie, 03.04.1999

stratEDI GmbH: Web-EDI für alle: Netzanschluss für KMU http://www.ecin.de/edi/webedi, 30.04.2000

Straub, S.: Die Generierung und Verwendung von Kundenprofilen als Grundlage des One-to-One Marketing im World Wide Web, Arbeitspapiere zur Wirtschaftswissenschaft Nr. 9, 2001 Trier, http://www.stefan-straub.de, 06.02.2001

tagma® eBusiness: http://www.ieb.net/ pdf/ringvorlesung/winter2000/ tagma_praesentation_ieb_WS2000-2001.pdf, 03.06.2001

Tiedke, D.:   Bedeutung des Online Marketing für die Kommunikationspolitik, in:
              Link, J. (Hrsg.): Wettbewerbsvorteile durch Online Marketing – 2. Auf-
              lage, 2000 Berlin u.a., Seiten 77-119

Traumann, P.: Marketing-Logistik in der Praxis, 1976 Main

UltimaRatio: Bluetooth, http://netlexikon.akademie.de, 08.12.2000

Uzelac, G.: Direct-Response-TV, in: Bullinger, H. / Berres, A. (Hrsg.): E-Business –
            Handbuch für den Mittelstand, 2000 Berlin Heidelberg, Seiten 415-438

von Dobschütz, L. / Barth, M. / Jäger-Goy, H. / Kütz, M. / Möller, H.P. (Hrsg.): IV-
            Controlling – Konzepte, Umsetzungen, Erfahrungen, 2000 Wiesbaden

von Radetzky, G.: Der Kunde ist noch längst nicht König – Power-Shopping, Name-
            your-Price-Modelle und Tauschbörsen, 11/2001 Computerwoche, Seiten
            114-115

Wamser, C. / Fink, D.: Electronic Marketing Management – die Spielregeln der neu-
            en Medien, in: Wamser, C. / Fink, D. (Hrsg.): Marketing-Management
            mit Multimedia, 1997 Wiesbaden, Seiten 41-50

Wamser, C. / Fink, D. (Hrsg.): Marketing-Management mit Multimedia, 1997 Wies-
            baden

Webagency: Was ist e-Commerce?, http://www.webagency.de/ infopool/e-
            commerce-knowhow/ak981021.htm, 26.11.1999

Weber, J. / Schäffer, U.: Balanced Scorecard & Controlling – 2. Auflage, 2000 Wies-
            baden

Weiber, R. (Hrsg.): Handbuch Electronic Business, 2000 Wiesbaden

Weiber, R.:   Was ist Marketing? Ein informationsökonomischer Erklärungsansatz – 2.
            Auflage, 1996 Arbeitspapier zur Marketingtheorie Nr. 1 des Lehrstuhls
            für Marketing an der Universität Trier

Weigmann, K.: Die Karten werden neu gemischt – Was sich durch den Wegfall des
            Rabattgesetzes und der Zugabenverordnung ändert, 03.2001 CYbiz –
            Das Fachmagazin für Erfolg mit E-Commerce, Seiten 52-54

Werbeformen: http://www.werbeformen.de, 23.09.2001

Whatis?com: Personal Digital Assistant, http://netlexikon.akademie.de, 26.07.1999

Wiedemann, B. / Büssow, T.: Measuring Market Performance – Zur Gestaltung eines
            Marketing- und Vertriebscontrolling in der Energiewirtschaft, Control-
            ling – Zeitschrift für erfolgsorientierte Unternehmenssteuerung, 2001
            München u.a., Seiten 211-218

Wiegran, G. / Koth, H: firma.nach.maß – Erfolgreiches E-Business mit individuellen
            Produkten, Preisen und Profilen, 2000 München

Wilson, R. F.: Die fünf Prinzipien des Webmarketings, http://
www.ecin.de/marketing/wilson/wilson_prinzipien.html, 03.12.1999

Wilson, R. F.: Email-Marketing – Beziehungspflege oder Werbemüll? – Teil 1,
http://www.ecin.de/marketing/wilson/wilson_email.html, 03.12.1999

Wilson, R. F.: Email-Marketing – Beziehungspflege oder Werbemüll? – Teil 2,
http://www.ecin.de/marketing/wilson/wilson_email-2.html, 03.12.1999

Wilson, R. F.: Viral Marketing: Wie ansteckend ist Ihre Online-Werbung?,
http://www.ecin.de/marketing/wilson/ wilson-viral.html, 08.03.2000

Wöhe, G.:   Einführung in die allgemeine Betriebswirtschaftslehre – 20. Auflage,
2000 München

Wüpping, J.: Produktkonfiguratoren für die kundenindividuelle Serienfertigung, 1999
Industrie-Management, Seiten 65-69

Zerfaß, A. / Haasis, K.: Multimedia im Mittelstand: Anwendungsfelder, Chancen,
Handlungsmöglichkeiten, in: Haasis, K. / Zerfaß, A. (Hrsg.): Digitale
Wertschöpfung – Multimedia und Internet als Chance für den Mit-
telstand, 1999 Heidelberg, Seiten 3-24

Stichwortverzeichnis

Weitere Titel aus dem Programm

Helmut Dohmann/Gerhard Fuchs/Karim Khakzar (Hrsg.)
Die Praxis des e-Business
Technische, betriebswirtschaftliche und rechtliche Aspekte

2001. ca. 360 S. Br. ca. € 34,50   ISBN 3-528-05774-2

Inhalt: e-Business-Systeme - Netzwerke und Sicherheit - Betriebswirtschaftliche und rechtliche Aspekte - Multimedia - Anwendungen

Volker Warschburger/Christian Jost
Nachhaltig erfolgreiches E-Marketing
Online-Marketing als Managementaufgabe:
Grundlagen und Realisierung

2001. ca. 300 S. mit 42 Abb. Br. ca. € 34,50   ISBN 3-528-05771-8

Inhalt: Erfolgsorientiertes E-Business – Strategische Ziele des E-Marketing – Strategisches Marketingpotenzial unter Nutzung der neuen Medien – E-Business Marketingmix – Marktforschung unter E-Business Gesichtspunkten – Produktpolitik/Programmpolitik für das E-Business unter Marketinggesichtspunkten – Kontrahierungspolitik für das E-Business – Distributionspolitik für das E-Business – Kommunikationspolitik für das E-Business

Michael Nenninger/Oliver Lawrenz
B2B-Erfolg durch eMarkets
Best Practice: Von der Beschaffung über eProcurement zum Net Market Maker

2001. XX, 477 S. mit 133 Abb. Geb. € 49,00   ISBN 3-528-05760-2

Inhalt: B2B Strategien - Business Modelle - Kritische Erfolgsfaktoren - Konzepte der Realisierung - eMarket Modelle verschiedener Anbieter - eServices - B2B Architekturen - Case Studies

Abraham-Lincoln-Straße 46
65189 Wiesbaden
Fax 0611.7878-400
www.vieweg.de

Stand 1.10.2001. Änderungen vorbehalten.
Erhältlich im Buchhandel oder im Verlag.

Weitere Titel aus dem Programm

Hans Jochen Koop/K. Konrad Jäckel/Anja L van Offern
Erfolgsfaktor Content Management
Vom Web Content bis zum Knowledge Management
2001. XVI, 289 S. mit 17 Abb. u. 21 Tab. Geb. € 49,00

ISBN 3-528-05769-6

Oliver Lawrenz/Knut Hildebrand/Michael Nenninger/Thomas Hillek
Supply Chain Management
Strategien, Konzepte und Erfahrungen auf dem Weg zu digitalen
Wertschöpfungsnetzwerken
2., überarb. u. erw. Aufl. 2001. XIV, 374 S. Geb. € 49,00

ISBN 3-528-15742-9

Matthias Meyer/Stefan Weingärtner/Fabian Döring
Kundenmanagement in der Network Economy
Business Intelligence mit CRM und e-CRM
2001. ca. 250 S. Geb. ca. € 49,00   ISBN 3-528-05766-1

Jürgen Lohr/Andreas Deppe
Der CMS-Guide
Content Management-Systeme: Erfolgsfaktoren, Geschäftsmodelle,
Produktübersicht
2001. XVI, 201 S. mit 14 Abb. Geb. € 99,00   ISBN 3-528-05768-8